“十三五”普通高校职业技能实训规划教材

Photoshop CC
图像设计与制作技能实训

李 彬 贺跃龙 **主 编**
刘 洋 黄银生 李 倩 **副主编**

航空工业出版社
北 京

内 容 提 要

全书共 13 个模块，包含 65 个技能实训任务（约 178 个操作技能），以“任务驱动+案例引导”为线索，全面讲解了 Photoshop 图像处理的核心功能应用，主要包括了 Photoshop CC 快速入门、Photoshop CC 图像处理基础技能、选区的创建与修改、图像的绘制与修饰、图层管理与应用、路径的绘制与编辑、文字的输入与编辑、通道和蒙版的应用、色彩的调整与编辑、神奇滤镜的功能和应用、文件自动化、Web 图像和动画等内容。在本书最后模块安排了 9 个典型商业案例，做到学以致用、融会贯通。

为方便教学和学习，本书还配有学习资源包（含电子版的同步练习册、素材与 PSD 结果文件、教学视频、电子课件、Photoshop 快捷键文档等资源），全面提升 Photoshop CC 图像设计与制作技能。

特别声明

图书在版编目（CIP）数据

Photoshop CC 图像设计与制作技能实训 / 李彬, 贺跃龙主编.—— 北京：航空工业出版社, 2019.12

“十三五”普通高校职业技能实训规划教材

ISBN 978-7-5165-2138-0

Ⅰ. ①P… Ⅱ. ①李… ②贺… Ⅲ. ①图象处理软件－高等职业教育－教材 Ⅳ. ①TP391.413

中国版本图书馆 CIP 数据核字(2019)第 292199 号

Photoshop CC 图像设计与制作技能实训

Photoshop CC Tuxiang Sheji yu Zhizuo Jineng Shixun

航空工业出版社出版发行

（北京市朝阳区北苑 2 号院　100012）

发行部电话：010-85672683　010-82665789

亿联印刷（天津）有限公司　　全国各地新华书店经售

2020 年 1 月第 1 版　　2020 年 1 月第 1 次印刷

开本：787×1092　1/16　　字数：460 千字

印张：18　　定价：59.80 元

前 言

Photoshop CC 是 Adobe 公司推出的主流软件版本，其功能更加强大，极大地丰富我们对数字图像的处理体验。该软件广泛应用于平面设计、数码艺术设计、广告设计、网页设计、界面设计等相关行业领域，深受广大设计从业者的青睐。

■本书内容

本书以 Photoshop CC 软件为基础，以“任务驱动 + 案例引导”为线索，系统全面地讲解了 Photoshop CC 图像设计与制作的相关功能应用。全书内容共 13 个模块，内容简介如下。

模块 01——Photoshop CC 快速入门，介绍 Photoshop CC 软件的入门知识，包括了软件的应用范围、图像颜色模式、文件的基本操作、浮动面板与工作界面的调整、Adobe Bridge 的应用等基础内容。

模块 02——Photoshop CC 图像处理基础技能，结合“调整视图”“客厅添加装饰物”“调整照片构图”“调整人偶姿势并添加背景”“旋转人物特效”等案例，完成图像处理基础技能的操作。

模块 03——选区的创建与修改，结合“绘制卡通柜子”“打造浪漫场景”“打造花纹的朦胧艺术效果”“更改人物唇彩和指甲颜色”“制作拼贴效果”等案例，完成选区的创建与修改技能的操作。

模块 04——图像的绘制与修饰，结合“更改人物衣饰颜色”“绘制心形花环和字母”“修复有墨渍的照片”“制作半彩图像效果”“添加花饰和背景”“为黑白照片添加颜色”等案例，完成图像绘制与修饰技能的操作。

模块 05——图层的管理与应用，结合“制作相册页”“制作‘烈火劫’文字特效”“制作颓废人物场景”等案例，完成图层的管理与应用技能的操作。

模块 06——路径的绘制与编辑，结合“绘制卡通动物”“绘制小卡片”“绘制圆形花朵”“制作剪影效果” 等案例，完成路径的绘制与编辑技能的操作。

模块07——文字的输入与编辑，结合“制作宣传单页”“制作广告效果”“制作名片效果”等案例，完成文字的输入与编辑技能的操作。

模块08——通道和蒙版的应用，结合“调出图像的青色调”“图像添加波浪边框”“合成番茄皇冠图像”“合成傍晚的引路灯”“合成艺术效果”等案例，完成通道和蒙版的应用技能的操作。

模块09——色彩的调整与编辑，结合“调出朦胧、怀旧、山水调”“将图像转换为画像”“调出浪漫花海”“调出仙境色调”“制作钢笔画效果”“打造淡雅五彩色调”等案例，完成色彩的调整与编辑技能的操作。

模块10——神奇滤镜的功能与应用，结合“制作透明冰花图案”“制作格子艺术背景效果”“制作炫酷机器狗”“制作帷幕”“打造科技之眼”等案例，完成神奇滤镜功能与应用技能的操作。

模块11——文件自动化，结合“录制并播放动作”“制作色彩汇聚效果”“同时处理多个图像文件”“制作幻彩图像效果”等案例，完成文件自动化相关技能的操作。

模块12——Web图像和动画，结合“将网页详情页切片”“优化Web图像”“制作旋转的太阳小动画”“制作跑马灯小动画”等案例，完成Web图像和动画的相关技能的操作。

模块13——综合案例，结合“精美艺术字案例（透明塑料字、立体字）”“创意合成特效案例（水彩人物特效、合成火箭猫）”“艺术画效果案例（打造二次元动漫效果、打造彩铅手绘图像）”“商业广告设计案例（制作健康生活logo、制作请柬、鲜奶汇包装效果图）”9个商业案例，学以致用，将Photoshop图像设计与制作的知识与技能融会贯通。

■本书特色

内容全面，图文并茂。本书内容详实，系统全面。采用“步骤讲解＋配图说明”的方式进行编写，简化理论，突出应用，操作详细清晰，浅显易懂。在讲解过程中，随时穿插“提示”和“技巧”等小栏目，传授Photoshop图像处理的相关经验与技巧。

案例丰富，实用性强。以“任务驱动＋案例引导”为线索，帮助初学者认识并掌握相关工具、命令的用法，从而达到在实践中学以致用的目的。

视频教学，轻松学会。本书提供相关案例的素材文件和结果文件，方便读者学习时同步练习与参考；同时还配有与书中相关内容同步讲解的视频教学录像，对于不清楚的地方可以重复观看，从而轻松学会Photoshop CC的图像处理技能。

教学资料，省时省心。本书提供的PPT课件、教学大纲、教案、同步练习册等资料，方便老师教学参考使用。

编　者

2019年11月

目 录

模块 01 Photoshop CC 快速入门 1

模块 02 Photoshop CC 图像处理的基础技能 15

P16 P23 P26 P19

模块 03 选区的创建和修改 32

模块 04　图像的绘制与修饰　57

模块 05　图层的管理与应用　85

P74　P86　P104　P95

模块 06　路径的绘制与编辑　109

模块 07　文字的输入与编辑　133

P129

P166

P134

P142

P110

模块 08　通道和蒙版的应用　153

模块 09 色彩的调整与编辑 172

P183 P157 P160 P185 P173

模块 10 神奇滤镜的功能和应用 192

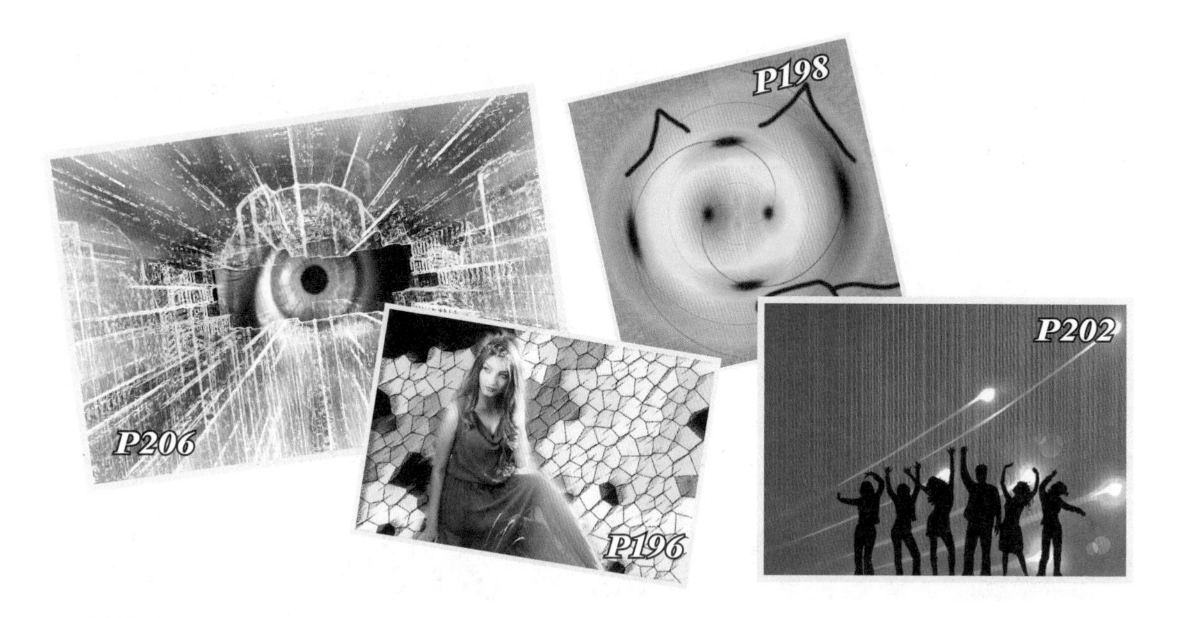

模块 11　文件自动化　212

模块 12 Web 图像和动画 229

模块 13 综合案例 249

P262

P243

P254

鲜奶汇

P271

P239

模块01 Photoshop CC 快速入门

Photoshop是Adobe公司旗下的集图像扫描、编辑修改、图像制作、广告创意等诸多功能于一体的图像处理软件，深受广大平面设计人员与电脑美术爱好者的喜爱。

本模块将介绍Photoshop CC的基础知识，帮助读者对Photoshop CC软件有个基本的了解，快速入门Photoshop。

能力目标

- 认知Photoshop CC
- 分类图像
- 更改图像颜色模式和文件格式
- 调整浮动面板
- 调整工作界面
- 用Adobe Bridge查看和管理图像文件

技能要求

- 打开、存储和关闭文件等Photoshop入门操作
- 图像的分类、颜色模式及文件格式
- 调整软件浮动面板
- 调整软件工作界面
- 使用Adobe Bridge查看和管理图像文件

任务一 Photoshop CC概述

在学习Photoshop CC图像处理技能之前，首先要了解和认识Photoshop软件，以及Photoshop的功能作用。通过学习本任务，了解Photoshop软件版本，认识Photoshop的应用领域。

01 认识Photoshop CC

Photoshop是目前世界上优秀的图像处理软件。Adobe Photoshop，简称PS，是一个由Adobe Systems开发和发行的图像处理软件。Photoshop主要处理以像素所构成的数字图像，CC是它的版本编号。

02 Photoshop CC的应用范围

Photoshop CC应用范围十分广泛，包括平面设计、3D动画、数码艺术、网页制作、矢量绘画和多媒体制作等方向。

（1）平面设计

在平面设计与制作中，Photoshop完全渗透到了平面广告、包装、海报、POP、书籍装帧、印刷、制版等各个环节，如图1-1所示。

图1-1 Photoshop平面设计图像

（2）界面设计

在界面设计中，Photoshop承担着主要的作用，通过渐变、图层样式和滤镜等功能可以制作出各种真实质感与特殊效果，被广泛应用于软件界面、游戏界面、手机操作界面、MP4、智能家电等，如图1-2所示。

图1-2 Photoshop界面设计图像

（3）插画设计

使用Photoshop可以绘制风格多样的插画和插图，其范围延生到网络、广告、CD封面、T恤等，插画已成为新文化群体表达文化意识形态的利器，如图1-3所示。

图1-3 Photoshop插画设计图像

（4）网页设计

Photoshop可用于设计和制作网页界面，将制作好的网页页面导入到Dreamweaver中进行处理，如图1-4所示。

图1-4 Photoshop网页设计图像

（5）绘画与数码艺术

Photoshop拥有超强的图像编辑功能，为数码艺术品的创作带来无限广阔的创作空间。可对图像进行修改、合成，从而制作出充满想象力与艺术力的作品，如图1-5所示。

图1-5 Photoshop数码艺术图像

（6）数码照片处理

在数码摄影后期处理中，Photoshop更占据了举足轻重的地位，可以使数码作品进行二次创作。对作品进行校色、图像修饰与修复、创意特效与合成等，如图1-6所示。

（7）动画与CG设计

使用Photoshop制作人物皮肤贴图、场景贴图和各种质感的材质不仅效果逼真，还可以为动画渲染节省宝贵的时间，如图1-7所示。

图1-6 Photoshop动画渲染效果

图1-7 Photoshop人物图像处理效果

（8）效果图后期

制作建筑或室内效果图时，渲染出的图片通常都要在Photoshop中做后期处理。例如，人物、车辆、植物、天空、景观和各种装饰品都可以在Photoshop中添加，可以增加画面的美感并节省渲染时间，如图1-8所示。

图1-8 Photoshop建筑效果图像

任务二 图像分类

计算机中的图像可分为位图和矢量图两种类型。不同的图像类型具有不同的特点。在处理图像时需了解处理图像的类型。通过学习本任务，掌握位图与矢量图的特点及区别，以及分辨率与图像清晰度的关系。

01 位图

位图也叫做点阵图、栅格图像、像素图，它是由像素组成的。如图1-9所示，位图图像放大到一定程度后就能看到组成图像的无数单个方块。

位图的特点是可以表现色彩的变化和颜色的细微过度，产生逼真的效果，但在保存时，需要记录每一个像素的位置和颜色值，因此，占用的存储空间也较大。

① 100%显示比例

② 600%显示比例

图1-9 图像的显示比例不同

位图包含固定数量的像素，在对其缩放或旋转时，Photoshop无法生成新的像素，它只能将原有的像素变大以填充多出的空间，产生的结果往往会使清晰的图像变得模糊。

02 分辨率

分辨率是指单位长度内包含的像素点的数量。它的单位通常为像素/英寸（ppi），如72ppi表示每英寸包含72个像素点。分辨率决定了位图细节的精细程度，通常情况下，分辨率越高，包含的像素越多，图像就越清晰，如图1-10所示。

① 分辨率高

② 分辨率低

图1-10 图像的分辨率不同

03 矢量图

矢量图也叫做向量图，是缩放也不会失真的图像格式，如图1-11所示。

图1-11 矢量图

矢量的最大优点是轮廓的形状更容易修改和控制，但是对于单独的对象，色彩上变化的实现没有位图方便。矢量图形与分辨率无关，既可以将它们缩放到任意尺寸，也可以按任意分辨率打印，而不会丢失细节或降低清晰度。

任务三 更改颜色模式和文件格式

更改图像的颜色模式和文件格式，学习在Photoshop CC中打开、存储和关闭文件等操作。通过学习本任务，了解并掌握Photoshop CC软件的基本操作，包括打开、存储和关闭文件等。

参考效果图

①RGB颜色模式效果

②灰度模式效果

图1-12 任务参考效果图

01 打开文件

在Photoshop CC进行图像编辑时，都需要先进行“打开文件”的操作，下面动手打开“魅惑蓝.jpg”文件。

Step 01 执行“文件→打开”命令，如图1-13所示。

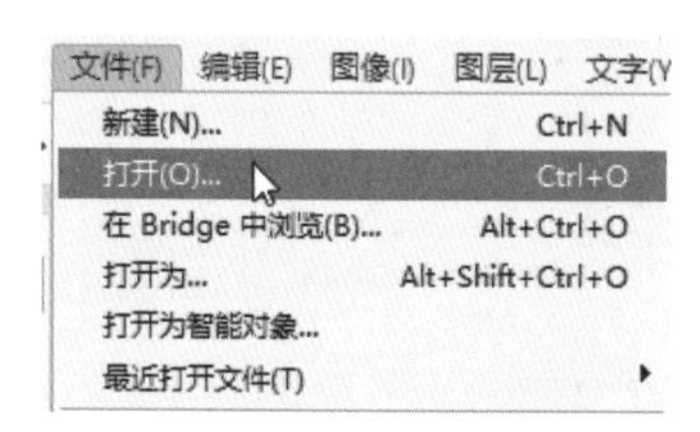

图1-13 “文件→打开”命令

Step 02 打开“打开”对话框，在左上角选择文件路径，然后选择一个要打开的文件（素材文件\模块01\魅惑蓝.jpg），单击“打开”按钮，如图1-14所示。

图1-14 “打开”对话框

Step 03 通过前面的操作，在Photoshop CC中打开文件，如图1-15所示。

图1-15 在Photoshop CC中打开文件

技巧

在Photoshop CC操作界面中，双击空白区域可以快速打开“打开”对话框。

02 更改颜色模式

颜色模式是一种记录图像颜色的方式，用户可以根据需要调整颜色模式。下面动手将图像颜色模式更改为灰度模式。

Step 01 执行“图像→模式”命令，在弹出的子菜单中，带“√”符号的选项表示当前颜色模式，如图1-16所示。

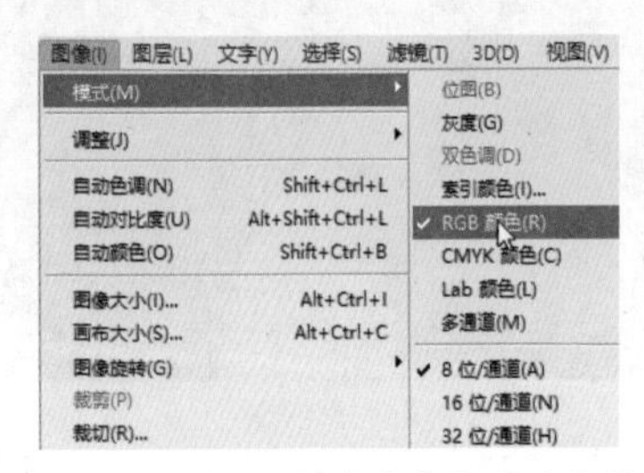

图1-16 “图像→模式”命令的子菜单

Step 02 在“模式”下方子菜单中，选择需要转换的颜色模式命令，例如“灰度”命令，如图1-17所示。

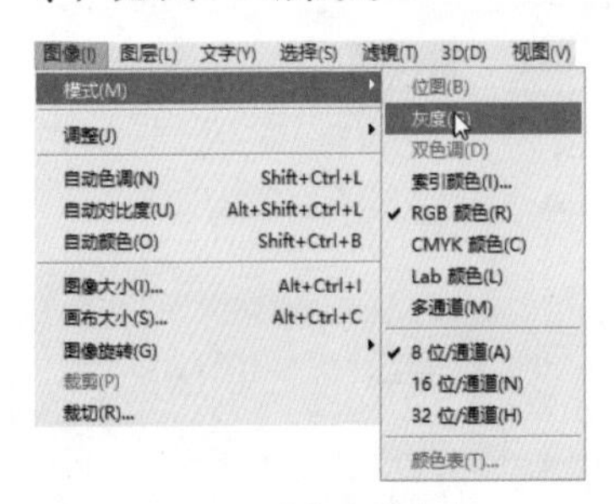

图1-17 “灰度”命令

Step 03 弹出“信息”对话框，单击“扔掉”按钮，如图1-18所示。将RGB颜色模式转换为灰度模式。

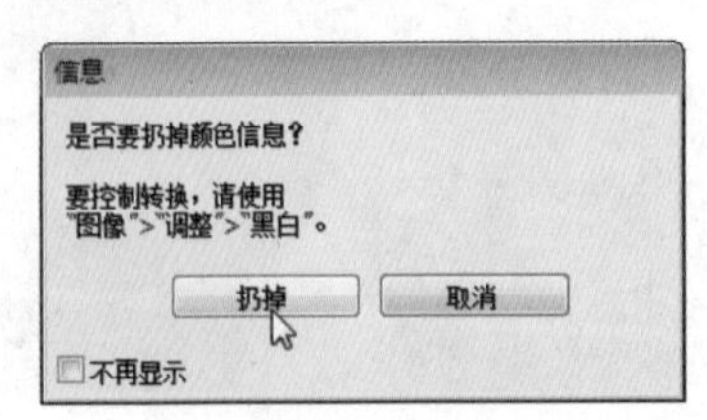

图1-18 “信息”对话框

03 更改文件格式并保存副本

文件格式是电脑记录图像文件的方式。用户在保存文件时，可以选择最适用的文件格式。下面动手保存图像文件的格式为TIFF格式。

Step 01 执行“文件→存储为”命令，打开“存储为”对话框，在左上角选择存储路径，在下方设置“文件名”，如图1-19所示。

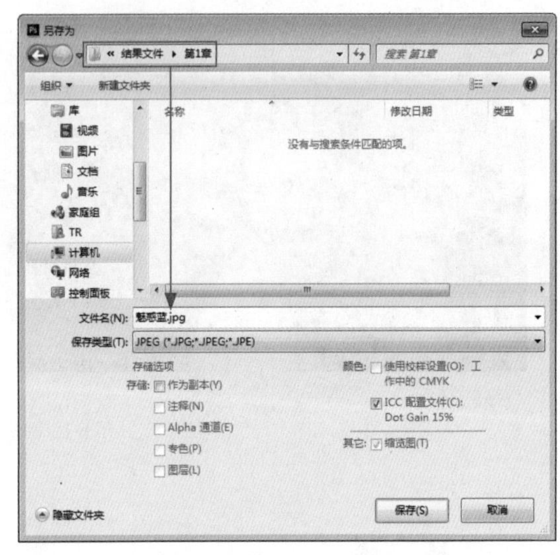

图1-19 “存储为”对话框

Step 02 在“保存类型”下拉列表框中，选择需要更改的文件格式，如选择TIFF格式，如图1-20所示。

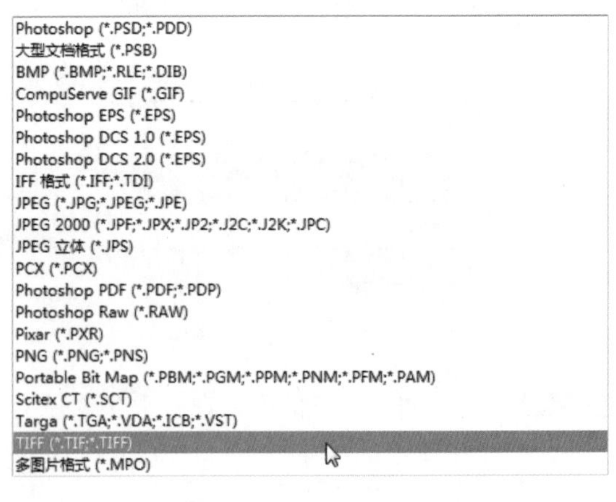

图1-20 Photoshop支持的文件格式

Step 03 弹出相应文件格式设置对话框，单击“确定”按钮保存图像文件。

技巧

执行“文件→存储”命令，或按“Ctrl+S”组合键将直接保存文件。

04 关闭文件

执行“文件→关闭”命令，可以关闭当前文件。执行“文件→关闭全部”命令，可以关闭所有打开文件。

任务四 调整浮动面板

Photoshop CC提供了浮动面板，用户可根据需要调整面板大小或者组合面板等。通过本任务的学习，掌握面板的基本调整方法，包括面板的选择、面板的组合，面板大小的调整、面板的折叠与展开等操作。

参考效果图

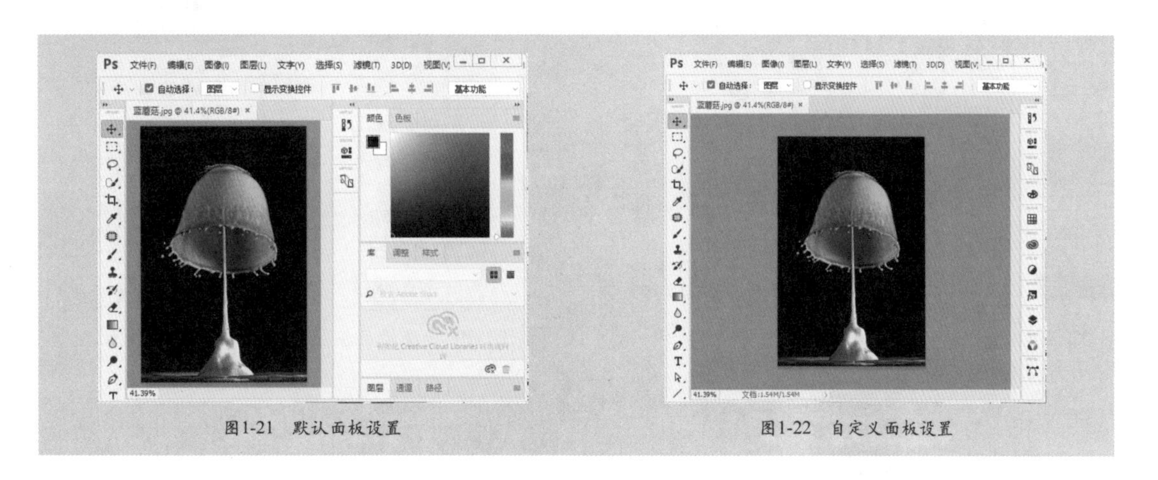

图1-21 默认面板设置

图1-22 自定义面板设置

01 选择面板

启动Photoshop CC，打开文件后，进入默认操作界面。操作界面包括菜单栏、工具选项栏、文档窗口、状态栏，以及面板等组件，如图1-23所示。

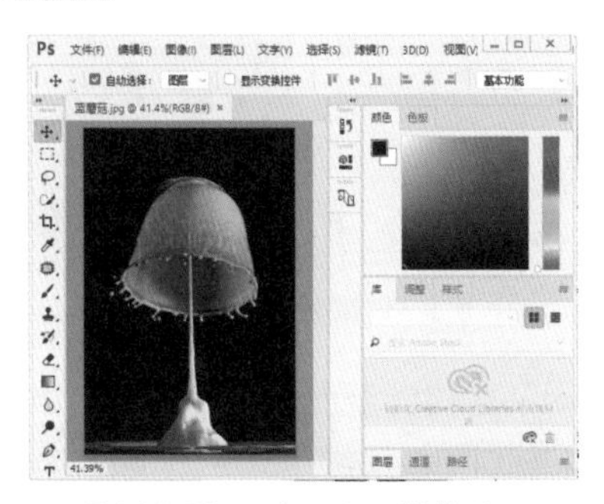

图1-23 Photoshop默认操作界面

在面板选项卡中，单击一个面板名称，即可显示该面板的选项，如图1-24所示。

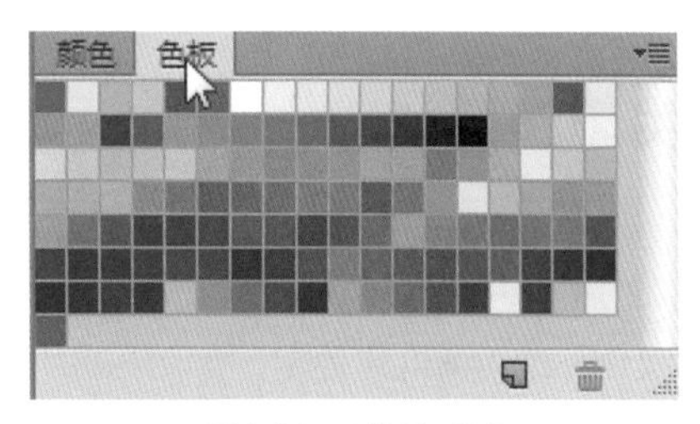

图1-24 面板选项卡

02 组合面板

组合面板可以将两个或者多个面板合并到一个面板中。下面动手完成面板的组合。

Step 01 执行“窗口→导航器”命令，打开导航器面板组，如图1-25所示。

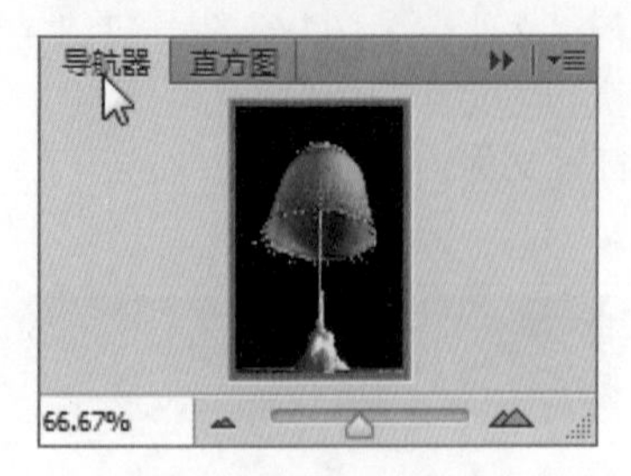

图1-25 导航器面板组

Step 02 将鼠标指针放在面板的标题栏上，单击并将其拖动到另一个面板的标题栏上，出现蓝色框时，释放鼠标，如图1-26所示。

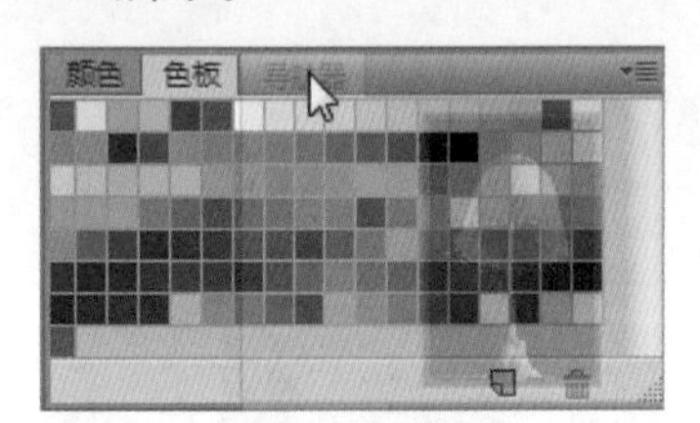

图1-26 拖动面板

Step 03 通过前面的操作，即可将它与目标面板组合，如图1-27所示。

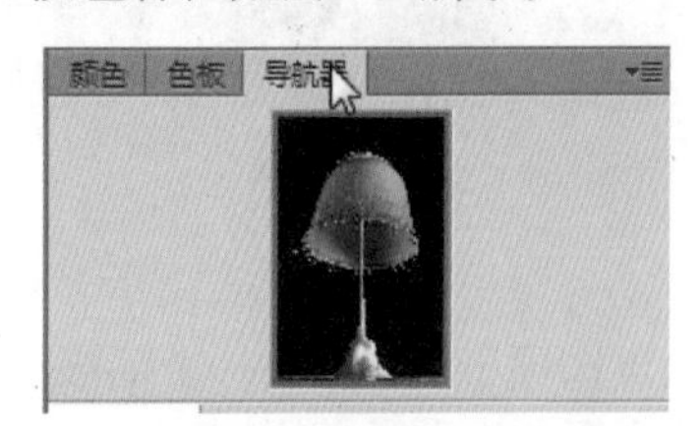

图1-27 完成面板组合

03 关闭面板

可以将一些暂时不需要的面板关闭，使操作界面更加简洁。例如，单击直方图面板右上角的“关闭”按钮将其关闭，如图1-28所示。

图1-28 关闭面板

> **技巧**
>
> 单击任意面板右上角的“扩展”按钮，选择“关闭选项卡组”命令，可以关闭整个面板组。

04 折叠/展开面板

单击面板右上角的“折叠”按钮，可以将面板折叠为图标，如图1-29所示；单击面板右上角的“展开”按钮，可以将面板重新展开，如图1-30所示。

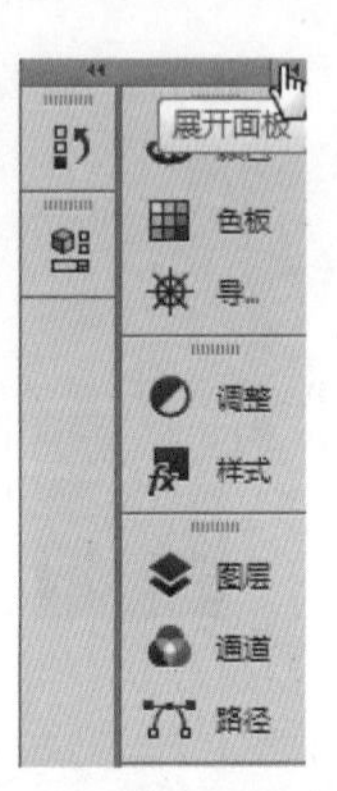

图1-29 折叠的面板　　图1-30 展开的面板

05 调整面板的宽度与高度

当面板处于浮动状态时，移动鼠标指针至面板左侧或右侧边框，当鼠标指针变为形状时，拖动鼠标即可调整面板的宽度，如图1-31所示。

图1-31 调整面板的宽度

移动鼠标指针至面板下侧边框，当鼠标指针变为形状时，拖动鼠标即可调整面板的高度，如图1-32所示。

图1-32 调整面板的高度

移动鼠标指针至面板（左）右下角边框，当鼠标指针变为↘形状，拖动可同时调整面板宽度和高度，如图1-33和图1-34所示。

图1-33 鼠标指针至面板左下角边框调整

图1-34 鼠标指针至面板右下角边框调整

任务五 调整工作界面

Photoshop CC提供了非常人性化的工作界面。用户可以根据自己的使用习惯调整工作界面。通过学习本任务，掌握工作界面的基本调整方法，包括预设工作区、屏幕模式、窗口排列方式和更改操作界面颜色等操作。

01 预设工作区

Photoshop CC为简化工作，专门为用户设计了几种预设工作区。例如，绘画、摄影和动画等。下面动手将当前默认工作区切换到绘画工作区。

Step 01 启动Photoshop CC，打开文件后，当前使用的是默认工作区，如图1-35所示。

图1-35 打开文件后的默认工作区

Step 02 执行“窗口→工作区→绘画”命令，如图1-36所示。

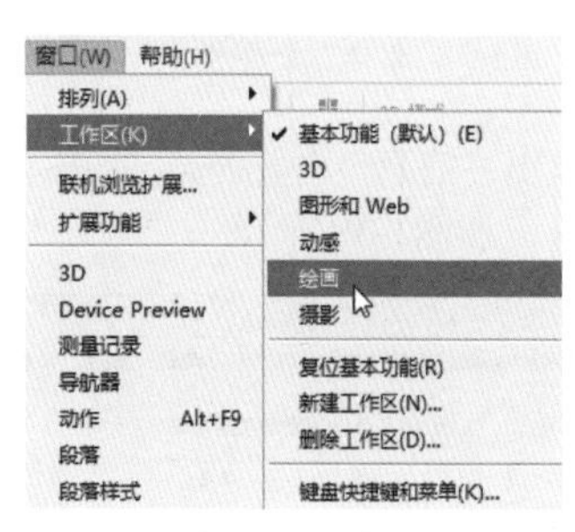

图1-36 执行“窗口→工作区→绘画”命令

Step 03 通过前面的操作，切换到绘画工作区，该工作区会列出绘画常用的操作面板，如图1-37所示。

图1-37 绘画工作区

技巧

长时间进行绘图操作后，工作界面通常会变得杂乱。执行“窗口→工作区→复位绘图”命令，可以恢复默认的绘图工作区。其他工作区的复位方式相同。

02 屏幕模式

Photoshop CC为用户提供了一组屏幕模式，切换方法也很方便。下面动手将屏幕切换到全屏模式。

Step 01 单击工具箱底部的“屏幕模式”按钮，显示一组用于切换屏幕模式的命令。包括标准屏幕模式、带有菜单栏的全屏模式、全屏模式。例如，选择“全屏模式”命令，如图1-38所示。

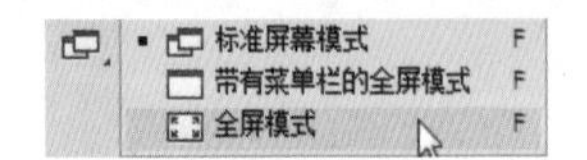

图1-38 选择“全屏模式”命令

Step 02 弹出“信息”对话框，单击“全屏”按钮，如图1-39所示。

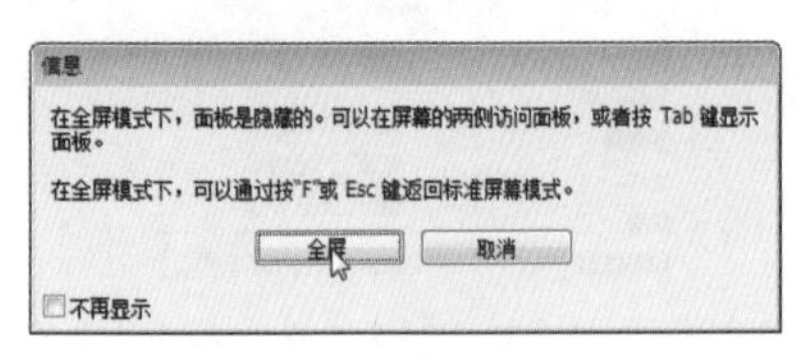

图1-39 “信息”对话框

Step 03 通过前面的操作，切换到全屏模式中，效果如图1-40所示。

图1-40 切换到全屏模式中的效果

技巧

按“F”键可在各个屏幕模式间切换。

03 窗口排列方式

如果打开了多个图像文件，可选择窗口排列方式。下面动手将窗口排列方式设置为三联水平。

Step 01 启动Photoshop CC后，打开多个图像文件，如图1-41所示。

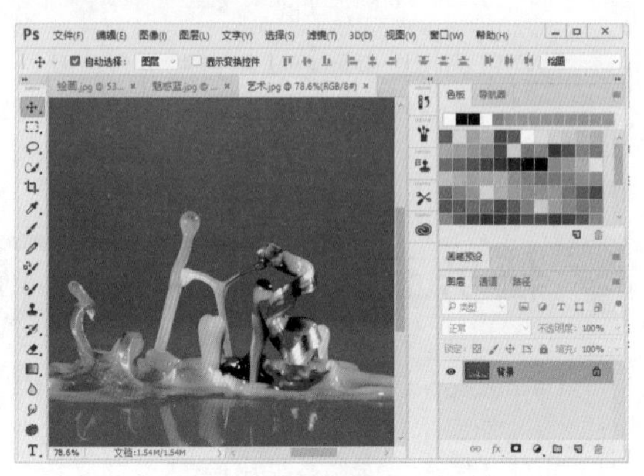

图1-41 打开多个图像文件的界面

Step 02 执行“窗口→排列”命令，在子菜单中，选择排列方式，例如：选择“三联水平”命令，如图1-42所示。

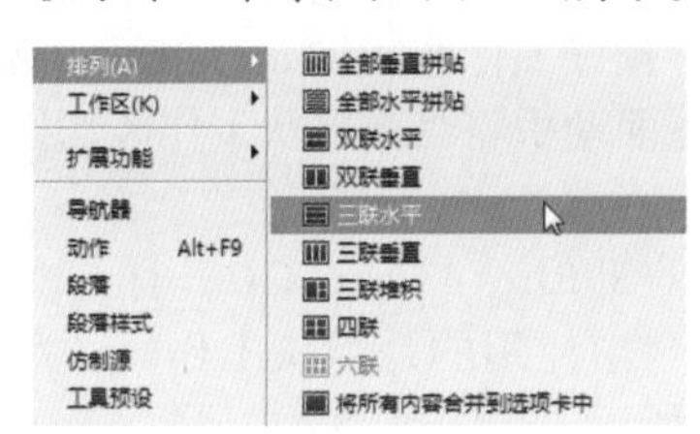

图1-42 选择窗口的排列方式

Step 03 通过前面的操作，得到三联水平排列方式，效果如图1-43所示。

图1-43 三联水平的排列效果

提示

默认情况下，窗口的排列方式是“将所有内容合并到选项卡中”，它的含义是全部屏幕只显示一个图像，其他图像最小化到选项卡中。

04 更改操作界面颜色

根据工作环境的不同，用户可以更改Photoshop CC操作界面的颜色。下面动手更改操作界面的颜色并添加图像边界投影。

Step 01 启动Photoshop CC，打开图像文件，进入Photoshop CC操作界面，如图1-44所示。

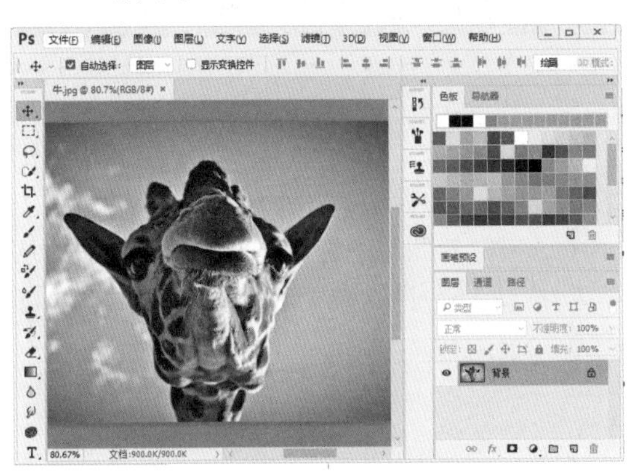

图1-44 Photoshop CC操作界面

Step 02 执行“编辑→首选项→界面”命令；在“外观”栏中，设置“颜色方案”为深黑色，如图1-45所示。

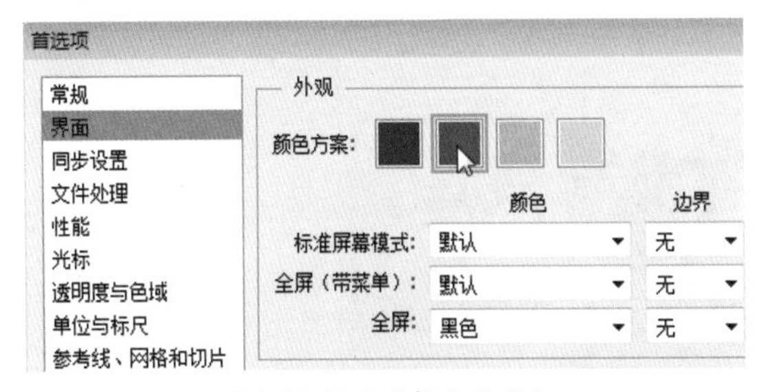

图1-45 设置“颜色方案”

Step 03 在“外观”栏中，在“标准屏幕模式”下拉列表框中，选择自定颜色选项，如图1-46所示。

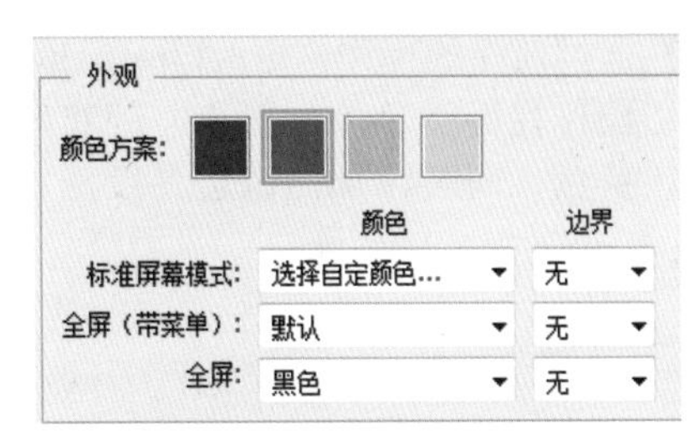

图1-46 选择自定颜色选项

Step 04 在弹出的“拾色器（自定画布颜色）”对话框中，在“#”选项栏后面输入颜色值“#EBED1E”，单击“确定”按钮，如图1-47所示。

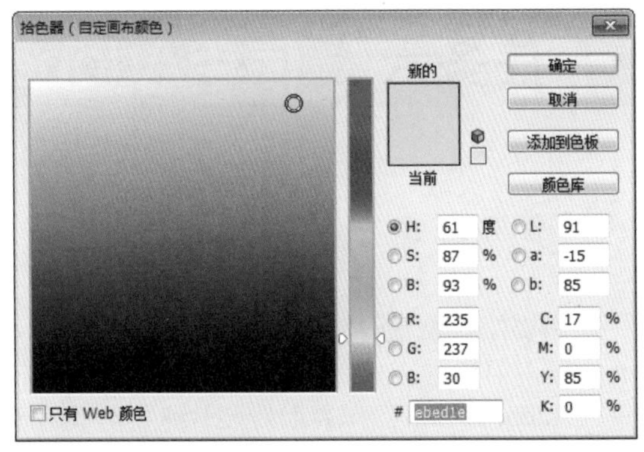

图1-47 输入颜色值

提示

在“拾色器”对话框中，#文本框代表一种十六进制颜色值。#后面是三位十六进制数，分别代表红、绿、蓝。#000000：值最小，表示三色皆无，视为黑色；#FFFFFF：值最大，表示红、绿、蓝三种光色混合后为白色。

Step 05 继续在“标准屏幕模式”列表框中，设置“标准屏幕模式”的“边界”为投影，如图1-48所示。

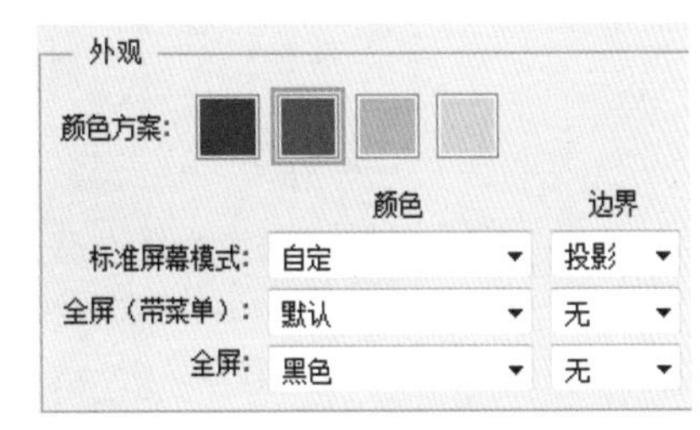

图1-48 设置投影边界

Step 06 通过前面的操作，更改Photoshop CC操作界面颜色为深黑色，画布颜色为黄色，同时添加图像边界投影，如图1-49所示。

图1-49 调整后的操作界面效果

任务六 使用Adobe Bridge查看和管理图像

任务内容

当要处理大量的数码照片时，可以利用Adobe Bridge可以对照片进行标记、分类等操作，从而方便对照片进行分类和管理。在Photoshoop CC中执行“文件→在Bridge中浏览”命令，就可以进入Adobe Bridge操作界面对照片进行分类和整理。

任务要求

学会使用Adobe Bridge查看和打开图像。

参考效果图

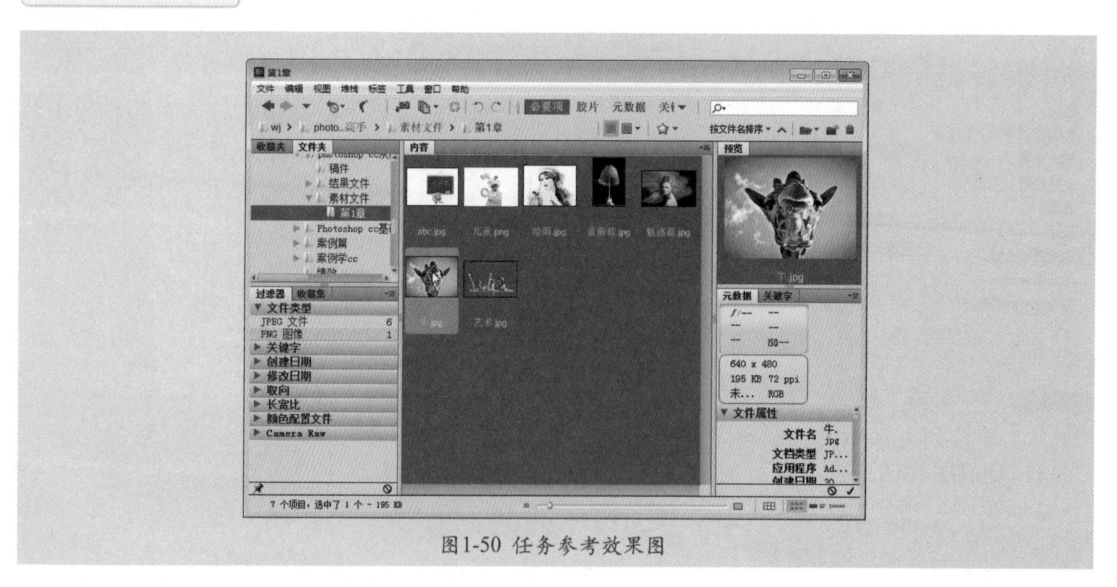

图1-50 任务参考效果图

Adobe Bridge是一款Photoshop CC自带的看图软件。在Bridge中浏览图像的操作方法如下：

Step 01 启动Photoshop CC，执行“文件→在Bridge中浏览”命令，打开Adobe Bridge操作界面，如图1-51所示。

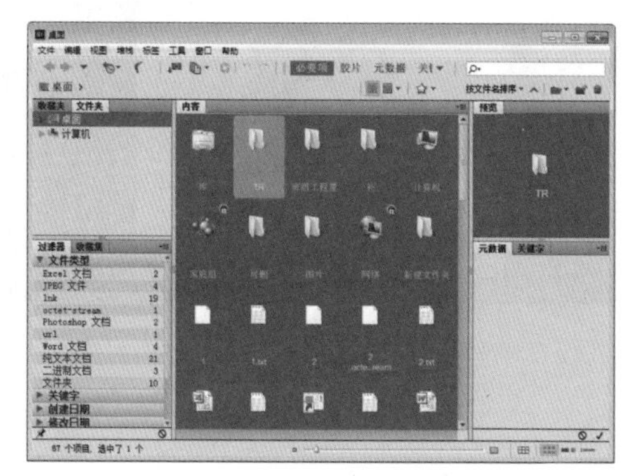

图1-51 Adobe Bridge操作界面

Step 02 在左上角选中目标路径，在“内容”栏中，会列出目标文件夹中的所有图像，如图1-52所示。

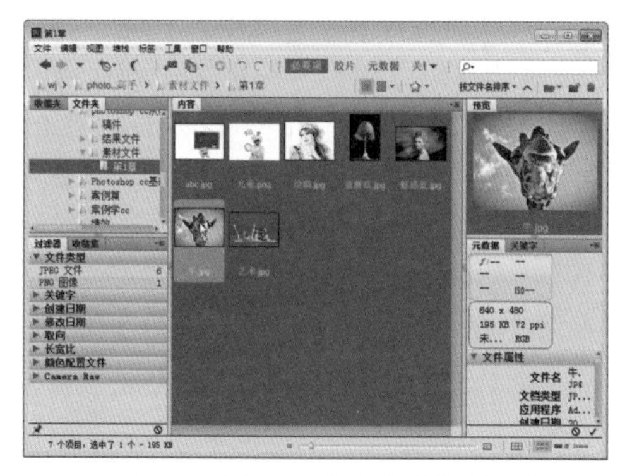

图1-52 列出目标文件夹中的所有图像

Step 03 双击目标图像，即可在Photoshop CC中打开该图像，如图1-53所示。

图1-53 在Photoshop CC中打开图像

Step 04 在Adobe Bridge面板中，单击窗口右上方的下三角按钮，可以选择“胶片”“元数据”“关键字”和“预览”等不同工作区。例如，选中“胶片”工作区，如图1-54所示。

图1-54 选中“胶片”工作区

Step 05 鼠标在图像上单击，会出现细节查看窗口，如图1-55所示。

图1-55 细节查看窗口

Step 06 拖动该窗口，可以查看图像的其他细节，如图1-56所示。

图1-56 查看图像的其他细节

Step 07 在“视图”菜单中，可以选择视图模式，包括“全屏”“幻灯片放映”和“审阅”等模式。例如，选择“审阅”模式，如图1-57所示。

图1-57 “视图”菜单

Step 08 通过前面的操作，进入“审阅”视图模式，效果如图1-58所示。

图1-58 “审阅”视图

小 结

本模块由6个任务组成。任务一和任务二主要介绍Photoshop CC在数码照片处理、效果图后期处理、平面设计等领域中的卓越表现，以及图像的分类；任务三到任务六则在讲解Photoshop入门知识的同时，还穿插了9个操作实例，旨在引导读者快速掌握Photoshop CC的入门操作，主要包括：Photoshop CC中的文件操作（打开、存储和关闭文件），调整浮动面板（选择、组合面板，调整面板大小、折叠与展开面板），调整Photoshop工作界面（预设工作区、屏幕模式、窗口排列方式和更改操作界面颜色），Adobe Bridge的应用（对图片进行标记、分类、管理等）。读者应速熟悉和掌握本模块内容，为后面的学习夯实基础。

模块02 Photoshop CC图像处理的基础技能

万丈高楼平地起。只有掌握了软件的基础操作，才能实现对软件的高级应用。

本模块将通过视图调整、图像变换、图像裁剪等几个任务的操作过程，让读者快速了解并熟练掌握Photoshop CC图像处理的基础技能。

能力目标

- 调整视图
- 为客厅添加装饰物
- 调整照片构图
- 调整人偶姿势并添加背景
- 旋转人物特效

技能要求

- 使用视图调整工具调整图像方向、位置、大小
- 运用图像的变换功能为客厅添加装饰物
- 运用裁剪工具裁剪图像并重新构图
- 使用内容识别填充功能去除图像污点
- 使用操控变形和图像等比例缩放功能智能变换图像
- 运用自由变换功能为人物图像制作简单的影像特效

Photoshop CC

任务一 调整视图

任务内容

在Photoshop CC中处理图像时，通常需要放大图像或者调整图像方向，以便于对图像细节进行调整；又或者需要通过缩小图像，以预览整个图像效果。这时，就需要使用视图调整工具来调整图像的方向、位置、大小。

任务要求

学会使用视图调整工具调整图像大小、位置和方向。

参考效果图

图2-1 任务参考效果图

01 缩放视图

在Photoshop中，可以通过缩放视图功能更快速和更准确地设计与制作图像。选择工具箱中的缩放工具[图标]，其选项栏如图2-2所示。

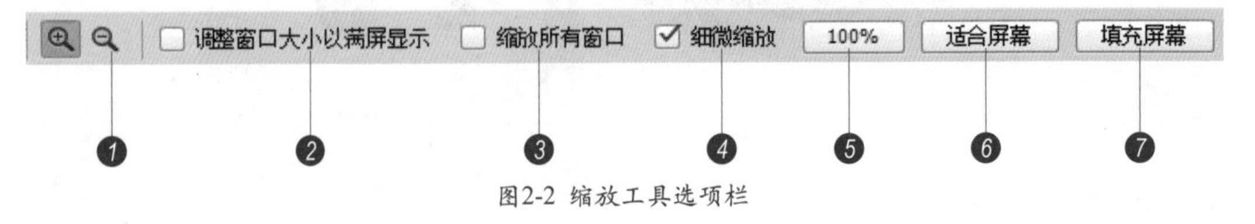

图2-2 缩放工具选项栏

❶ 放大/缩小：按下按钮后，单击鼠标可以放大窗口，按下按钮后，单击鼠标可以缩小窗口。

❷ 调整窗口大小以满屏显示：以满屏显示在缩放窗口的同时自动调整窗口的大小。

❸ 缩放所有窗口：同时缩放所有打开的文档窗口。

❹ 细微缩放：选中该项后，在画面中单击并向左侧或右侧拖动鼠标，能够以平滑的方式快速放大或缩小窗口；取消选中时，在画面中单击并拖动鼠标，可以拖出一个矩形选框，放开鼠标后，矩形选框内的图像会放大至整个窗口。按住“Alt”键操作可以缩小矩形选框内的图像。

❺ 100%：单击该按钮，图像以实际像素即100%的比例显示，也可以双击缩放工具来进行同样的调整。

❻ 适合屏幕：单击该按钮，可以在窗口中最大化显示完整的图像，也可以双击抓手工具来进行同样的调整。

❼ 填充屏幕：单击该按钮，可以在整个屏幕范围内最大化显示完整的图像。

下面使用缩放工具放大视图。

Step 01 打开“素材文件\模块02\玫瑰.jpg”文件。在工具箱中，单击缩放工具图标，如图2-3所示。

图2-3 单击缩放工具图标

Step 02 将鼠标指针放在画面中，鼠标指针会变成可放大状态，单击可以放大窗口的显示比例，如图2-4所示。

图2-4 放大窗口的显示比例

技巧

按住“Alt”键，滑动鼠标滚轮即可快速放大或缩小视图。按“Ctrl++”组合键可以快速放大视图，按“Ctrl+-”组合键可以快速缩小视图。

02 平移视图

如果要重点查看图像某一区域，可以使用抓手工具移动画面，使需要查看的图像区域移动到中心位置。使用抓手工具，单击并拖动鼠标，即可移动画面，如图2-5所示。

图2-5 使用抓手工具移动画面

技巧

使用其他工具时，按住空格键可切换到“抓手工具”。

03 旋转视图

如果需要调整视图的方向，可以使用旋转视图工具旋转画布，就像在纸上绘画一样方便。下面运用旋转视图工具旋转视图方向。

Step 01 选择旋转视图工具，在窗口中单击鼠标会出现一个罗盘，红色指针指向北方，如图2-6所示。

图2-6 罗盘的红色指针指向北方

Step 02 按顺时针或逆时针拖动鼠标，即可旋转视图方向，如图2-7所示。

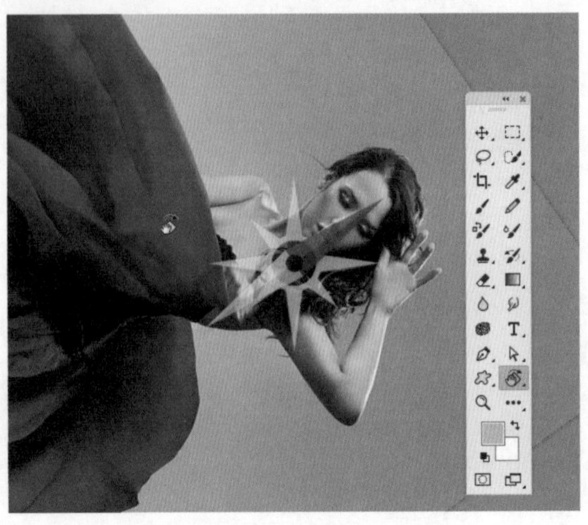

图2-7 旋转视图方向

任务二 为客厅添加装饰物

任务内容

在Photoshop CC中合成图像时，添加的素材图像通常都需要调整大小、角度后才符合要求。这时就可以使用软件提供的变换功能缩放图像，或者对图像进行变形操作，以使其符合实际需要。

任务要求

学会图像的变换操作，包括缩放图像、透视变换图像、扭曲图像等。

参考效果图

图2-8 任务效果参考图

01 选择与移动图像

移动工具是最常用的工具之一，无论是移动图层、选区内的图像，还是将其他文档中的图像拖入当前文档，都需要使用移动工具。

选择工具箱中的移动工具，其选项栏如图2-9所示。

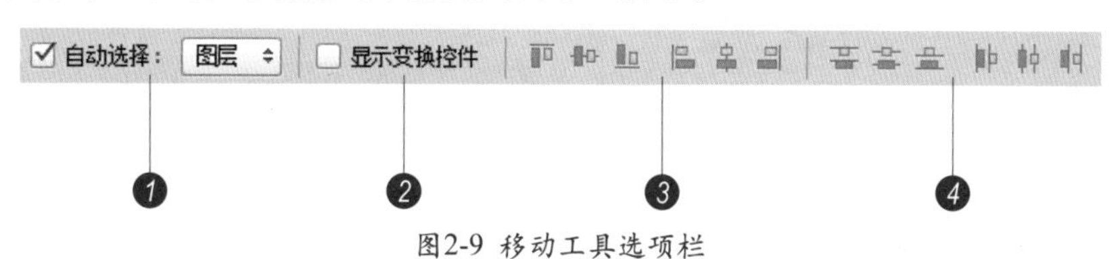

图2-9 移动工具选项栏

❶ 自动选择：如果文档中包含多个图层或组，选择“图层”，使用移动工具在画面单击时，可以自动选择包含像素的最顶层的图层；选择“组”，可以选择包含像素的最顶层的图层所在的图层组。

❷ 显示变换控件：选中该项后，选择一个图层时，就会在图层内容的周围显示定界框，我们可以拖动控制点来对图像进行变化操作。

❸ 对齐图层：选择了两个或者两个以上的图层，可单击相应的按钮将所选图层对齐，这些按钮包括顶对齐、垂直居中对齐、底对齐、左对齐、水平居中对齐和右对齐等选项。

❹ 分布图层：如果选择了3个或3个以上的图层，可单击相应的按钮使所选图层按照一定的规则均匀分布，包括顶分布、垂直居中分布、按底分布、按左分布、水平居中分布和按右分布等选项。

下面使用移动工具选择和移动女孩图像。

Step 01 打开“素材文件\模块02\客厅.jpg”文件如图2-10所示。

图2-10 打开客厅文件

Step 02 打开“素材文件\模块02\女孩.tif”文件，如图2-11所示。

图2-11 打开女孩文件

Step 03 向外拖动“女孩.tif”文件标题栏，使其处于浮动状态，如图2-12所示。

图2-12 使女孩文件处于浮动状态

Step 04 选择移动工具，单击鼠标选中女孩图像，将女孩图像拖动到客厅图像中，如图2-13所示，关闭女孩图像。

图2-13 将女孩图像拖动到客厅图像中

02 旋转与缩放图像

旋转和缩放图像也称为图像的变换操作，即对图像进行形状大小的调整。下面动手旋转和缩放女孩图像。

Step 01 切换到客厅图像中。执行“编辑→变换→缩放”命令，进入缩放状态，如图2-14所示。

图2-14 进入缩放状态

提示

进入变换状态后，图像周围会出现定界框与控制点。默认情况，控制点位于对象的中心，它用于定义对象的变换中心，拖动它可以移动变换中心点的位置。

Step 02 将鼠标指针放在定界框四周控制点上，当鼠标指针变成可缩放状态时，单击并拖动鼠标可缩放对象，如图2-15所示。

图2-15 缩放对象

Step 03 将鼠标指针放在定界框内部，拖动鼠标即可移动图像，如图2-16所示。

图2-16 移动图像

Step 04 执行“编辑→变换→旋转”命令，进入旋转状态。将鼠标指针放在定界框外，当鼠标指针变成可旋转状态↲时，单击并拖动鼠标旋转对象，如图2-17所示。

图2-17 进入旋转状态

Step 05 操作完成后，在定界框内双击鼠标或按“Enter”键确认操作，效果如图2-18所示。

图2-18 确认操作后的效果

03 透视与变形

透视命令可以对图像进行透视变换，调整图像的透视角度。变形命令则通过在图像中创建变形网格，从而进行更精确的变换。下面对地毯图像进行透视与变形。

Step 01 打开“素材文件\模块02\地毯.tif”文件，将地毯文件拖动到客厅文件中，如图2-19所示。

图2-19 将地毯文件拖动到客厅中

Step 02 执行“编辑→变换→透视”命令，显示定界框，将鼠标指针放在定界框周围的控制点上，鼠标指针会变成状态▶，单击并拖动鼠标可进行透视变换，如图2-20所示。

图2-20 透视变换

Step 03 执行“编辑→变换→变形”命令，显示变形网格，如图2-21所示。

Step 04 将鼠标指针放在网格内，鼠标指针变成可变形状态▶，单击并拖动网格控制点即可进行变形，如图2-22所示。

图2-21 显示变形网格

图2-22 拖动网格控制点进行变形

04 斜切与扭曲对象

斜切可以沿垂直或水平方向变换对象，扭曲可以任意方向和角度变换对象。下面对花盆进行斜切或扭曲操作。

Step 01 打开“素材文件\模块02\花盆.tif”文件，并使用移动工具将其移动到客厅图像中，调整位置和大小，如图2-23所示。

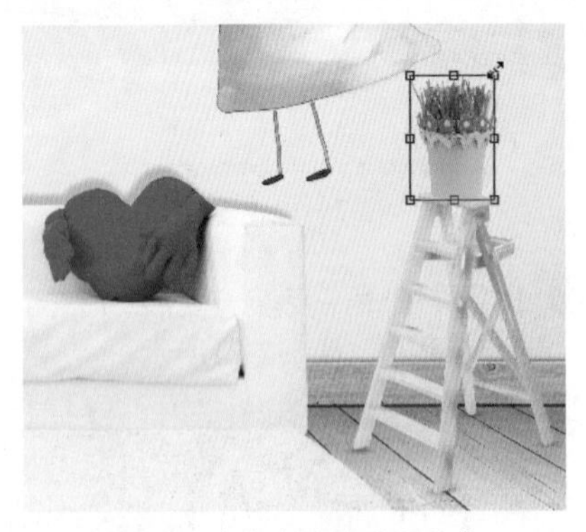

图2-23 将花盆移动到客厅中

Step 02 执行“编辑→变换→斜切”命令，显示定界框，将鼠标指针放在定界框外侧，鼠标指针会变成或形状，单击并拖动鼠标可以沿垂直或水平方向斜切对象，如图2-24所示。

图2-24 斜切花盆对象

Step 03 执行“编辑→变换→扭曲”命令，显示定界框，将鼠标指针放在定界框周围的控制点，鼠标指针会变成形状，单击并拖动鼠标可以扭曲对象，如图2-25所示。按下“Enter”键确认变换即可。

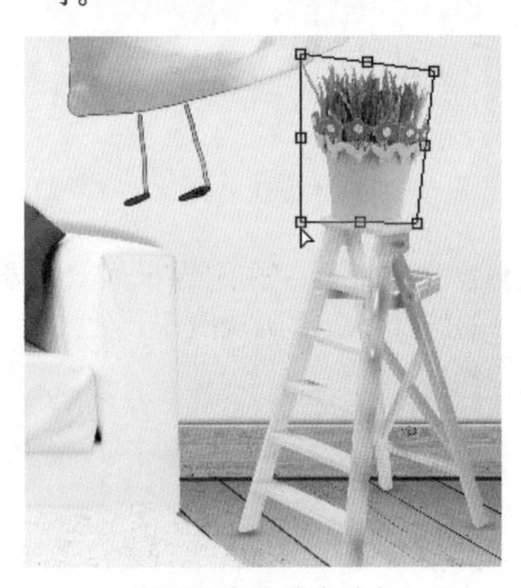

图2-25 扭曲花盆对象

技巧

执行“编辑→自由变换”命令，或按“Ctrl+T”组合键可以进入自由变换状态。在自由变换状态中，可以对图像进行缩放和旋转变换。

任务三 调整照片构图

任务内容

在处理照片时可以利用裁剪工具对照片进行二次构图，从而弥补前期拍摄时构图上的不足，使照片更加完美。

任务要求

学会使用裁剪工具裁剪图像。

参考效果图

图2-26 任务参考效果图

01 裁剪图像

图像过宽或者空白太多，都可以使用裁剪工具进行裁剪。选择工具箱中的裁剪工具，选项栏会切换到裁剪工具选项栏，如图2-27所示。

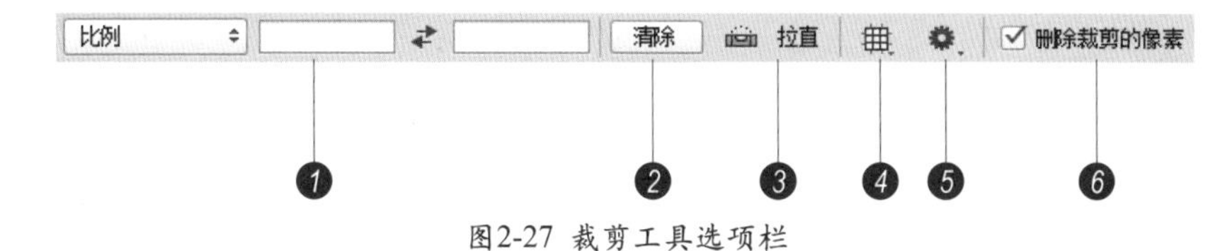

图2-27 裁剪工具选项栏

❶ 使用预设裁剪：单击此按钮可以打开预设的裁剪选项，包括“比例”“原始比例”“前面的图像”等预设裁剪方式。

❷ 清除：单击该按钮，可以清除前面设置的“宽度”“高度”和“分辨率”值，恢复空白设置。

❸ 拉直图像：单击“拉直”按钮，在照片上当击并拖动鼠标绘制一条直线，让先与地平线、建筑物墙面和其他关键元素对齐，即可自动将画面拉直。

❹ 视图选项：在打开的列表中选择进行裁剪时的视图显示方式。

❺ 设置其他裁切选项：单击“设置”按钮⚙，可以打开下拉面板，在该面板中，可以设置其他选项，包括“使用经典模式”和“启用裁剪屏蔽”等。

❻ 删除裁剪的像素：默认情况下，Photoshop CC会将裁剪掉的图像保留在文件中（可使用移动工具拖动图像，将隐藏的图像内容显示出来）。如果要彻底删除被裁剪的图像，即可选中该选项，再进行裁剪。下面动手裁剪云层图像。

Step 01 打开“素材文件\模块02\云层.jpg”文件，如图2-28所示。

图2-28 打开云层

Step 02 选择工具箱中的裁剪工具，将鼠标指针移动至图像中按住鼠标左键不放，任意拖出一个裁剪框，释放鼠标后，裁剪区域外部屏蔽图像变暗，如图2-29所示。

图2-29 裁剪区域外部屏蔽图像变暗

Step 03 调整所裁剪的区域后，按“Enter”键确认完成裁剪，如图2-30所示。

图2-30 完成裁剪

02 调整画布尺寸

画布就好比我们在绘画时使用的纸张。在Photoshop CC中，可以随时调整画布的大小。下面动手更改画布的尺寸和颜色。

Step 01 执行“图像→画布大小”命令，打开“画布大小”对话框，更改“宽度”和“高度”分别为16.5和10.5厘米，设置“画布扩展颜色”为黑色，如图2-31所示。

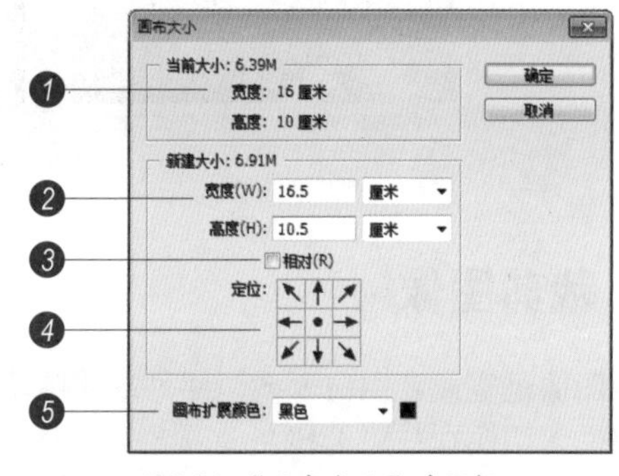

图2-31 “画布大小”对话框

❶ 当前大小：显示了图像宽度和高度的实际尺寸和文档的实际大小。

❷ 新建大小：在“宽度”和“高度”框中输入画布的尺寸。当输入的数值大于原来尺寸时会增加画布，反之则减小画布。

❸ 相对：选中该项，“宽度”和“高度”选项中的数值将代表实际增加或者减少的区域的大小。

❹ 定位：单击不同的方格，可以指示当前图像在新画布上的位置。

❺ 画布扩展颜色：在该下拉列表中可以选择填充新画布的颜色。

Step 02 通过前面的操作，扩展黑色画布，效果如图2-32所示。

图2-32 扩展黑色画布

03 旋转画布

旋转画布功能可以调整画布旋转角度，其作用与旋转视图工具一样。下面动手旋转和水平翻转画布。

Step 01 执行“图像→图像旋转”命令，在弹出的子菜单中，可以选择旋转角度，包括：180度、90度、任意角度等，例如，选择“水平翻转画布”命令，如图2-33所示。

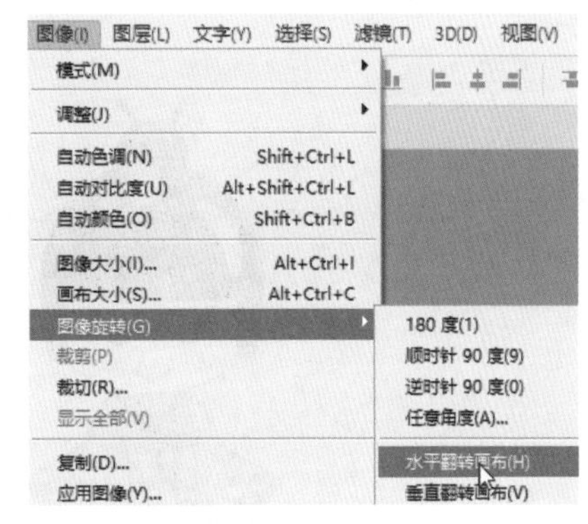

图2-33 “图像→图像旋转”命令的子菜单

Step 02 通过前面的操作，水平翻转画布，最终效果如图2-34所示。

图2-34 水平翻转画布的最终效果

任务四 调整人偶姿势并添加背景

任务内容

使用Photoshop处理图像的一个重要原则就是自然。使用Photoshop CC提供的内容识别填充功能、操控变形功能和图像等比例缩放功能，可以智能地去除图像污点和智能变换图像，从而制作出自然的图像效果。

任务要求

掌握内容识别填充、操控变形和图像等比例缩放功能的使用。

参考效果图

图2-35 任务参考效果图

01 内容识别填充

内容识别填充是“填充”命令的一个实用技能。它能够快速填充选区，填充选区的像素是通过感知周围内容得到的，填充结果会和周围环境自然融合。下面清除人偶头部多余的线条。

Step 01 打开“素材文件\模块02\人偶.tif”文件。在工具箱中，选择矩形选框工具 [icon]，如图2-36所示。

图2-36 选择矩形选框工具

Step 02 在人物头像的红色线条上，从左上角往右下角拖动鼠标，如图2-37所示。

图2-37 选中红色线条

Step 03 执行“编辑→填充”命令，在打开的“填充”对话框中，设置“使用”为内容识别，单击“确定”按钮，如图2-38所示。

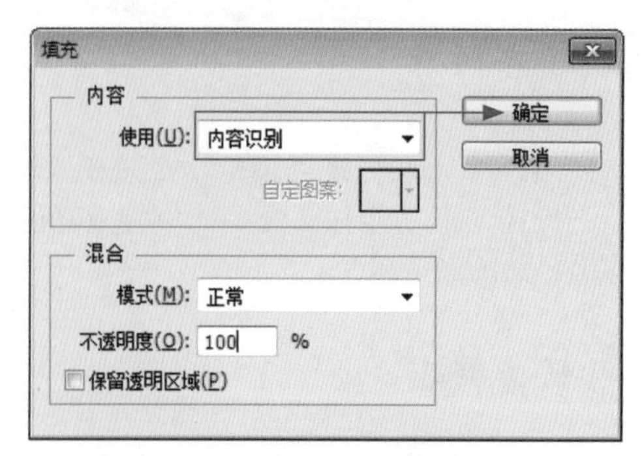

图2-38 “填充”对话框

Step 04 通过前面的操作，人物头部的多余线条被清除，效果如图2-39所示。

Step 05 按“Ctrl+D”组合键取消选区，如图2-40所示。

图2-39 红色线条已被清除

图2-40 取消选区

02 操控变形

Photoshop CC中的操控变形比变形网格还要强大。用户可以在图像的关键点上放置图钉，然后通过拖动图钉来对图像进行变形操作。下面使用“操控变形”命令，通过在人偶衣服、头发位置添加图钉等操作调整人偶的姿势。

Step 01 执行“编辑→操控变形”命令，在人物图像上显示变形网格，如图2-41所示。

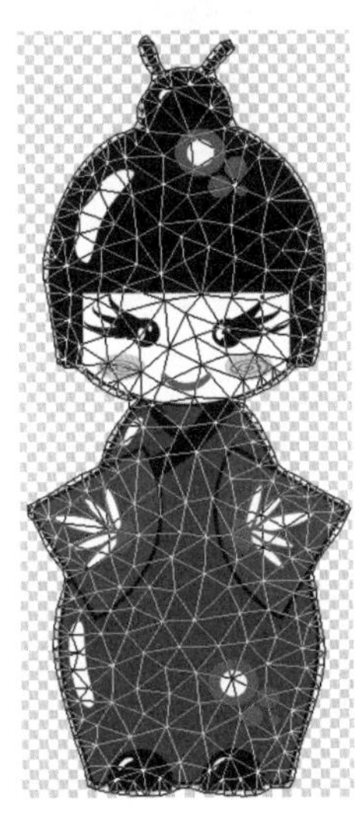
图2-41 显示变形网格

Step 02 在选项栏中，取消“显示网格”选项的选中状态。在人物衣服位置单击，添加图钉，如图2-42所示。

图2-42 添加图钉

Step 03 继续在图像上单击，添加其他固定图钉，如图2-43所示。

Step 04 拖动头发位置的图钉，调整头部旋转方向，如图2-44所示。

图2-43 继续添加图钉

图2-44 旋转头部

Step 05 在选项栏中，单击“提交操控变形”按钮✔，或按Enter键，确认变形，效果如图2-45所示。

图2-45 提交操控变形

03 图像等比例缩放

内容识别缩放是一项非常实用的缩放功能。普通缩放在调整图像时会影响所有的像素，而内容识别缩放则主要影响没有重要可视内容的区域中的像素。下面将为人偶图像添加和缩放调整背景。

Step 01 打开“素材文件\模块02\风车.jpg”文件，如图2-46所示。

图2-46 打开风车文件

Step 02 将风车拖动到人偶图像中，在图层面板中，将“图层1”移动到“人偶”图层下方，如图2-47所示。

图2-47 将“图层1”移动到“人偶”图层下方

Step 03 调整图层顺序后，得到人偶的背景效果，如图2-48所示。

图2-48 人偶的背景效果

Step 04 选中“图层1”，按“Ctrl+T”组合键，执行自由变换操作，拖动右下方的控制点，缩小图像，如图2-49所示。

图2-49 自由变换图像

Step 05 按“Enter”键确认变换。执行“编辑→内容识别比例”命令，向左侧拖动，压缩图像的宽度。太阳和风车等主体对象未受到影响，如图2-50所示。

图2-50 压缩图像的宽度

Step 06 按“Enter”键确认变换。在图层面板中，单击选中“人偶”图层，如图2-51所示。

图2-51 选中“人偶”图层

Step 07 按“Ctrl+T”组合键，执行自由变换操作，调整人偶大小和位置，最终图像效果如图2-52所示。

图2-52 最终图像效果

综合实战 旋转人物特效

任务内容

在摄影中，使用曲线构图可以为画面增加能量和动感。在Photoshop中，可以通过多次复制图像和自由变换操作不断地缩小和旋转图像角度，制作出旋转效果，然后再降低图层不透明度，模拟曲线构图，打造动态影像效果，体现画面的韵律性和趣味性。

任务要求

掌握自由变换操作的特点，能够使用自由变换操作制作一些简单的特殊效果。

参考效果图

图2-53 任务参考效果图

Step 01 打开“素材文件\模块02\红裙.tif”文件，如图2-54所示。

图2-54 打开红裙文件

Step 02 按“Ctrl+J”组合键复制“图层1”，得到“图层1拷贝”，如图2-55所示。

Step 03 在图层面板右上方，设置“不透明度”为60%，如图2-56所示。

图2-55 得到图层1拷贝

图2-56 设置透明度

Step 04 按“Ctrl+T”组合键，执行自由变换操作，将中心点拖动到定界框外合适的位置，如图2-57所示。

图2-57 将中心点拖动到定界框外合适的位置

Step 05 拖动右上角的节点，将图像向左旋转；继续按住“Shift”键拖动节点，等比例缩小图像，并移动到合适的位置，如图2-58所示。

图2-58 等比例缩小图像

Step 06 按“Shift+Ctrl+Alt+T”组合键变换并复制图像，如图2-59所示。

图2-59 变换并复制图像

Step 07 继续按“Shift+Ctrl+Alt+T”组合键30次，每按一次便生成一个新的图像，新图像位于单独的图层中，最终图像效果如图2-60所示。

图2-60 最终图像效果

小 结

本模块由4个任务和1个综合实战任务组成，主要介绍了Photoshop CC中的调整视图、图像变换、画布和图像大小、裁剪图像等处理图像的基本技能。其中，调整视图、裁剪图像和图像变换是Photoshop应用中的重点知识和技能。

模块中穿插了13个动手操作实例，旨在引导读者运用Photoshop CC基础操作对图像进行处理，完成“调整视图”“客厅添加装饰物”“调整照片构图”“调整人偶姿势并添加背景”“旋转人物特效”等任务。

模块03 选区的创建和修改

选区可以限定操作范围，方便对图像的部分进行编辑，而不会对图像的其他部分产生影响。本模块将带领读者学习Photoshop CC选区的创建和修改，使读者快速掌握Photoshop CC的选区操作技能。

能力目标

- 绘制卡通柜子
- 打造浪漫场景
- 打造花纹的朦胧艺术效果
- 更改人物唇彩和指甲颜色
- 制作拼贴效果

技能要求

- 使用选框工具等绘制卡通柜子
- 使用套索工具、磁性套索工具和魔棒工具等工具绘制浪漫场景
- 使用快速选择工具、“扩大选取”和“选取相似”命令打造花纹的朦胧艺术效果
- 使用“色彩范围”“快速蒙版”“填充”命令更改人物唇彩和指甲颜色
- 使用选区工具和“填充”命令制作拼贴艺术效果

Photoshop CC

任务一 绘制卡通柜子

任务内容

选框工具可以创建规则的选区。当在Photoshop中绘制一些简单的卡通图像时，可以先利用选框工具创建选区，再填充颜色就可以完成图像的绘制。下面就通过绘制卡通柜子，学习Photoshop CC中规则选区的创建方法。

任务要求

了解选框工具的基础操作，并能创建规则选区。

参考效果图

图3-1 任务参考效果图

01 矩形选框工具

矩形选框工具的作用是框选一定的图像区域。选择矩形选框工具后，其选项栏如图3-2所示。

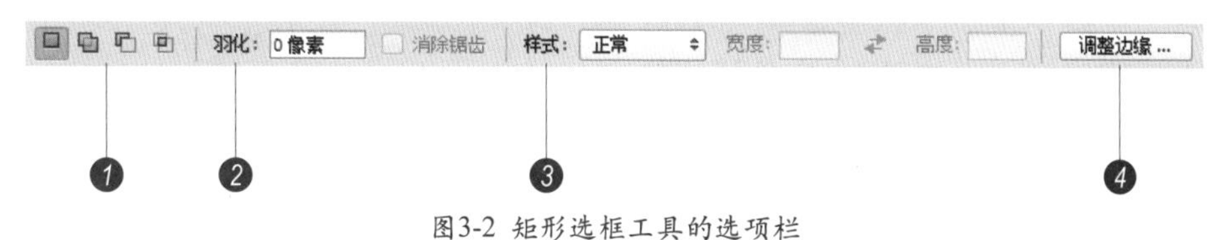

图3-2 矩形选框工具的选项栏

❶ 选区运算：如果图像中包含选区，要使用选框工具继续创建选区时，需要选择一个运算方式，使当前选区与新选区运算，生成新的选区。

❷ 羽化：用于设置选区的羽化范围。

❸ 样式：用于设置选区的创建方法。选择“正常”，可以通过拖动鼠标创建任意大小的选区；选择“固定比例”，可在右侧输入“宽度”和“高度”，创建固定比例的选区；选择“固定大小”，可在“宽度”和“高度”中输入选区的宽度与高度值，使用矩形选框工具⬚时，只需要在画面中单击便可以创建固定大小的选区。单击“高度和宽度互换”按钮⇄，可以切换“高度”与“宽度”值。

❹ 调整边缘：单击该按钮，可以打开“调整边缘”对话框，对选区进行平滑、羽化等细微处理。

下面使用矩形选框工具⬚创建矩形选区，设置柜子尺寸并填充前景色和背景色。

Step 01 按“Ctrl+N”组合键，执行“新建”命令，设置“宽度”和“高度”为17厘米，单击“确定”按钮，如图3-3所示。

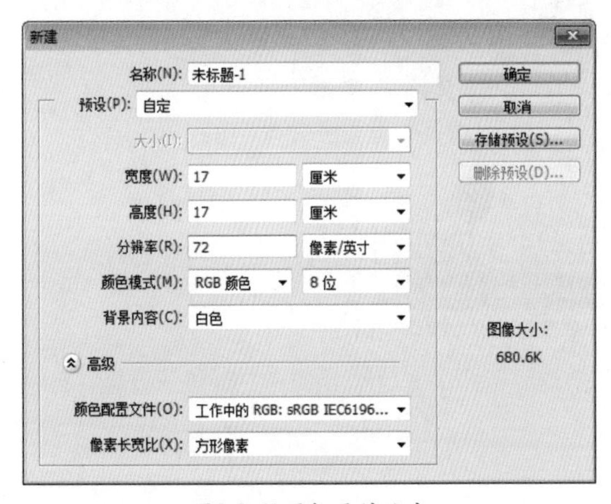

图3-3 设置柜子的尺寸

Step 02 在工具箱中，单击“设置前景色”图标。在弹出的“拾色器（前景色）”对话框中，设置颜色为黄色“#F7B639”，单击“确定”按钮，如图3-4所示。

Step 03 按“Alt+Delete”组合键，为背景填充前景色，效果如图3-5所示。

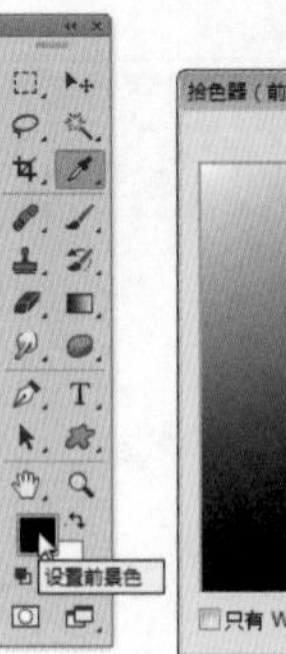

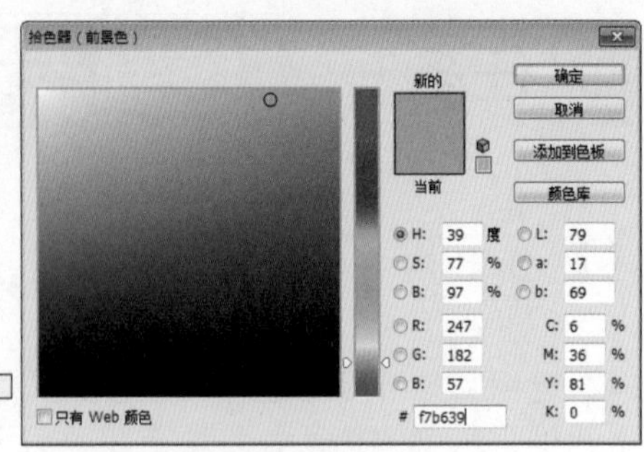

图3-4 设置颜色为黄色

图3-5 为背景填充前景色

技巧

在Photoshop CC中，按住“Alt+Delete”组合键可以填充前景色；按住“Ctrl+Delete”组合键可以填充背景色。

Step 04 选择矩形选框工具⬚，从左上至右下拖动鼠标，释放鼠标后，创建矩形选区，如图3-6所示。

图3-6 创建矩形选区

Step 05 设置前景色为黄色“#DBE000”，按下“Alt+Delete”组合键填充前景色，如图3-7所示。

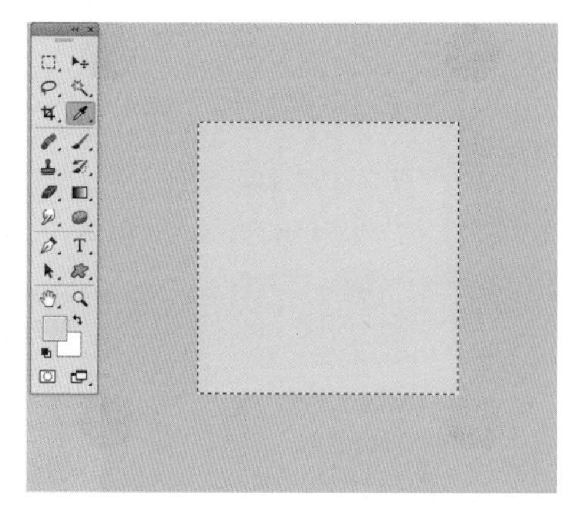

图3-7 填充矩形选区的前景色

Step 06 选择矩形选框工具，在下方拖动鼠标，继续创建矩形选区。设置前景色为绿色“#038E2A”，按“Alt+Delete”组合键，填充前景色，如图3-8所示。

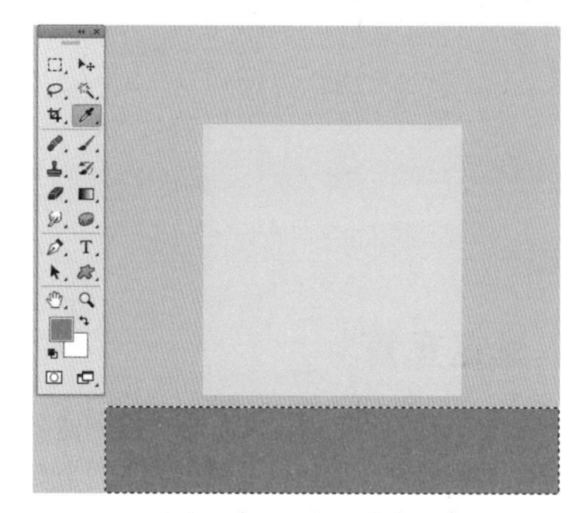

图3-8 继续创建矩形选区并填充前景色

02 椭圆选框工具

椭圆选框工具可用于创建椭圆形和正圆形选区。它与矩形选框工具的绘制方法和选项栏完全相同，只是该工具可以使用“消除锯齿”功能,选中该选项，Photoshop CC会在选区边缘1个像素宽的范围内添加与周围图像相近的颜色，使选区看上去光滑。

下面使用椭圆选框工具绘制柜子的四角和眼睛并填色。

Step 01 选择椭圆选框工具，在黄色矩形左上角单击定义圆心，如图3-9所示。

图3-9 单击定义圆心

Step 02 按住“Alt+Shift”组合键，向外拖动，可以绘制以单击点为圆心的正圆选区，如图3-10所示。

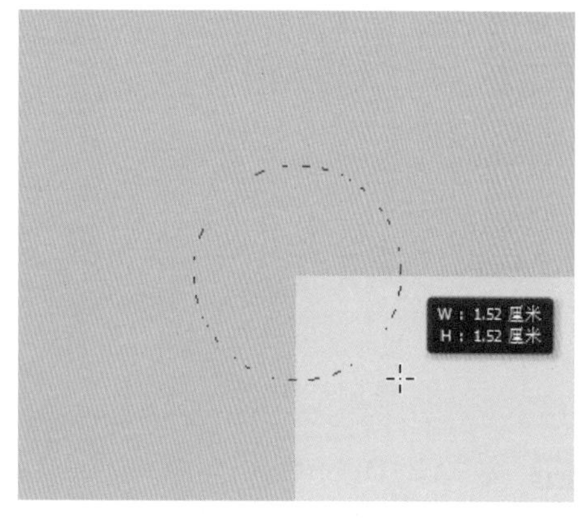

图3-10 绘制以单击点为圆心的正圆选区

Step 03 设置前景色为黑色“#000000”，按“Alt+Delete”组合键，为选区填充黑色，如图3-11所示。

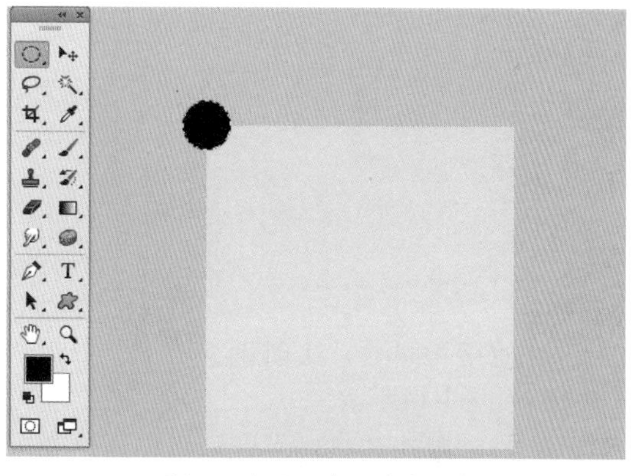

图3-11 为圆形选区填充黑色

技巧

在运用矩形（椭圆）选框工具创建选区时，若按住“Shift”键的同时拖动鼠标，可创建一个正方形（正圆）选区。按住“Alt+Shift”键的同时拖动鼠标，将以单击点为中心创建正方形（正圆）选区。

03 移动选区

创建选区后，还可以根据需要移动选区，具体操作如下：

Step 01 将鼠标指针移动到选区内，鼠标指针变换形状向右侧拖动鼠标，移动选区，如图3-12所示。

图3-12 移动选区

Step 02 按“Alt+Delete”组合键，为选区填充黑色，效果如图3-13所示所示。

图3-13 为选区填充黑色

Step 03 使用相同的方法创建下方的两个角，如图3-14所示。

Step 04 绘制眼珠和眼白，分别填充黑色和白色，如图3-15所示。

图3-14 创建下方的两个角

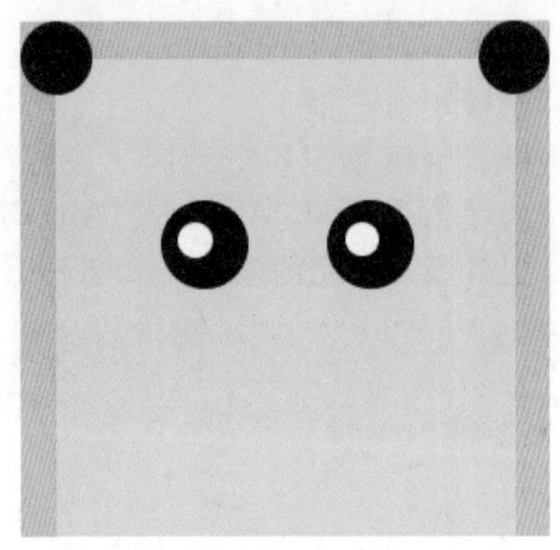

图3-15 绘制眼珠和眼白

04 选区运算

选区运算是在Photoshop中进行加减选区的操作规则。通过选区运算可以实现一些较为复杂的选区操作，如添加选区、减去选区、与选区交叉等。

Photoshop CC中选区的运算方式一共有4种——新选区、添加到选取、从选区减去、与选区交叉。选择任意选区工具，选项栏的选区运算按钮如图3-16所示。

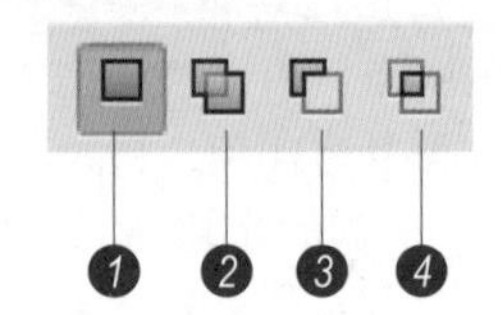

图3-16 任意选区工具的选项栏

❶ 新选区：新创建的选区会替换掉原有的选区，如图3-17所示。

❷ 添加到选区：可在原有选区的基础上添加新的选区，如图3-18所示。

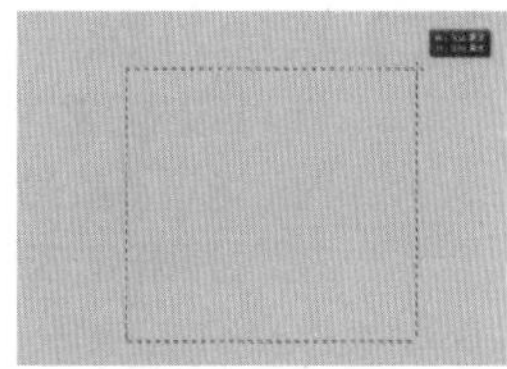

图3-17 新创建的选区

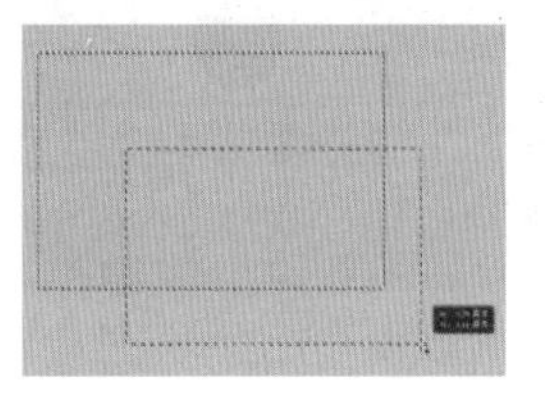
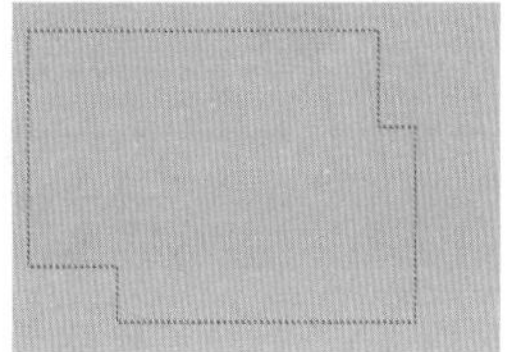

图3-18 添加到选区

❸ 从选区减去：可在原有选区中减去新创建的选区，如图3-19所示。

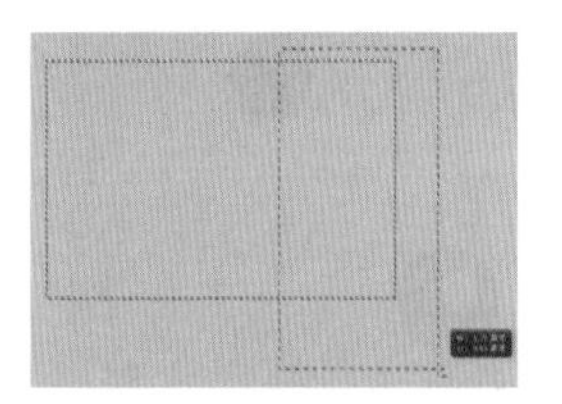

图3-19 从选区减去

❹ 与选区交叉：新建选区时只保留原有选区与新创建的选区相交的部分，如图3-20所示。

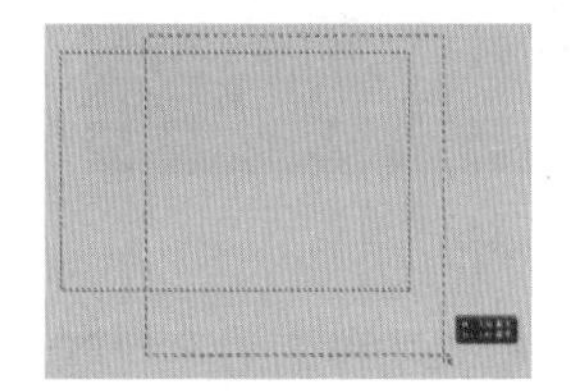

图3-20 与选区交叉

下面通过选区运算，绘制卡通柜子的嘴唇。

Step 01 选择椭圆选框工具◌，拖动鼠标绘制椭圆选区，如图3-21所示。

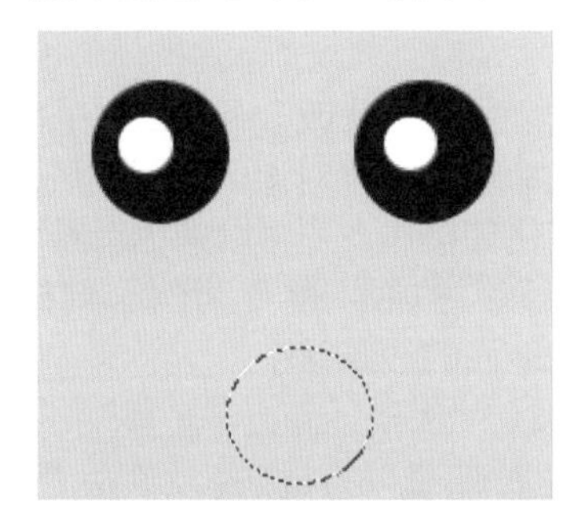

图3-21 绘制椭圆选区

Step 02 在选项栏中，单击“从选区减去”按钮▣。拖动鼠标进行选区运算，如图3-22所示。

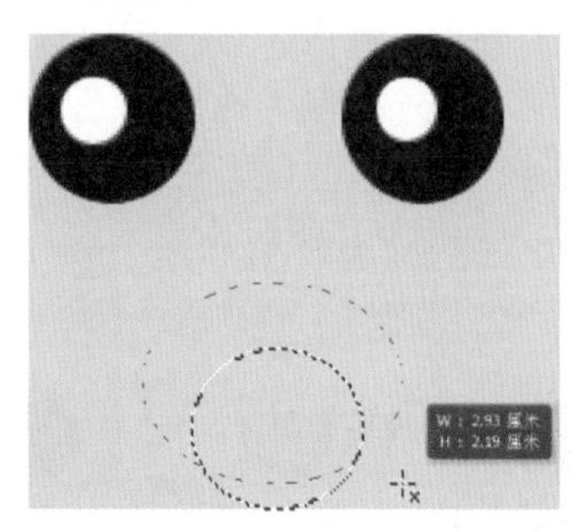

图3-22 进行选区运算

Step 03 释放鼠标后，从原选区减去新建选区，如图3-23所示。

图3-23 从原选区减去新建选区

Step 04 设置前景色为红色，为选区填充红色，如图3-24所示。

图3-24 填充红色

技巧

创建选区后，按住“Shift”键可以在当前选区上添加选区；按住“Alt”键可以在当前选区中减去绘制的选区；按住“Shift+Alt”组合键则可得到与当前选区相交的选区。

05 单行/单列选框工具

使用单行选框工具或单列选框工具可以选择图像的一行像素或一列像素。下面使用单行选框工具绘制卡通柜子地面的线条。

Step 01 选择单行选框工具，在地面位置单击，如图3-25所示。

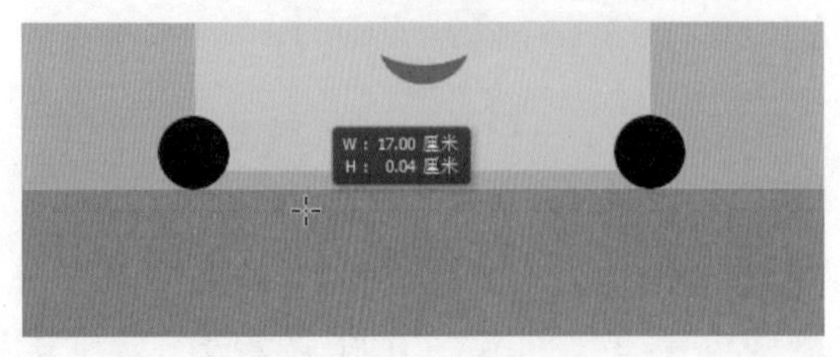

图3-25 在地面位置单击

Step 02 释放鼠标后，即可创建单行选区，如图3-26所示。

图3-26 创建单行选区

Step 03 设置前景色为黄色“#DBE000”，按下“Alt+Delete”组合键，为选区填充黄色，如图3-27所示。

图3-27 置前景色为黄色

06 隐藏选区

选区范围过小时，有时浮动的选区虚线会影响对图像整体效果的观察。在这样的情况下，可以先暂时隐藏选区。下面暂时隐藏地面上的单行选区。

Step 01 执行“视图→显示→选区边缘”命令就可以隐藏选区，如图3-28所示。这时，选区虽然被隐藏，但是它仍然存在，并限定我们操作的有效区域。

图3-28 隐藏选区

Step 02 再次执行“视图→显示→选区边缘”命令显示选区，按“↓”方向键，向下细微移动选区，如图3-29所示。

图3-29 向下细微移动选区

技巧

按下“Ctrl+H”组合键可快速隐藏和显示选区。

07 扩展选区

执行“选择→修改”命令，在子菜单中，选择相应命令，可以对选区进行扩展、收缩、平滑、羽化等操作，还可以选择边界宽度。

下面以“扩展”命令为例，继续扩展选区，创建地面的线条效果。

Step 01 执行“选择→修改→扩展”命令，设置“扩展量”为1像素，单击“确定”按钮，如图3-30所示。

图3-30 设置“扩展量”

Step 02 通过前面的操作，得到扩展选区，如图3-31所示。

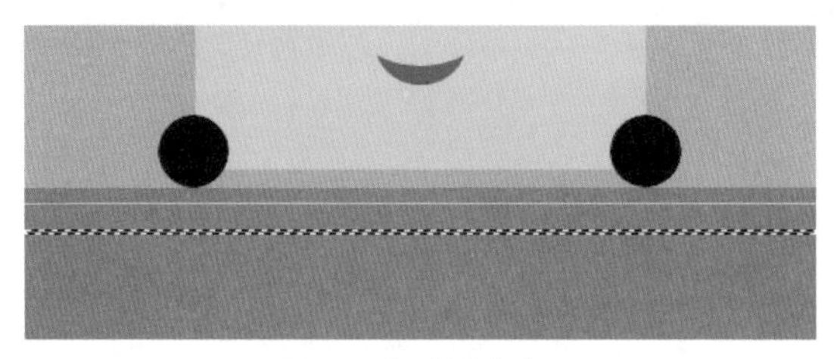

图3-31 得到扩展选区

Step 03 为选区填充黄色，并继续往下移动选区，如图3-32所示。

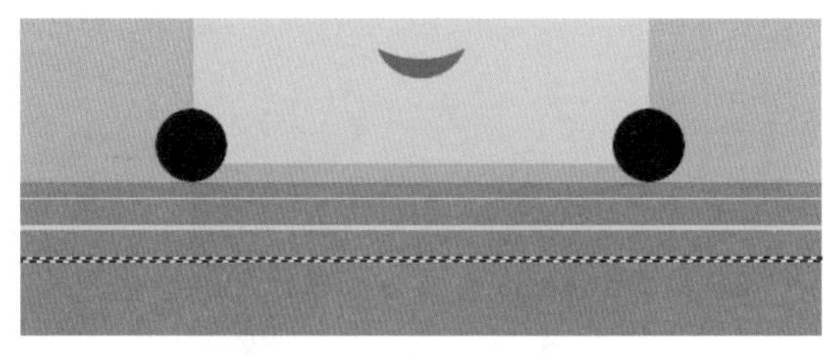

图3-32 为选区填充黄色

Step 04 使用相似的方法扩展选区（扩展量分别为2、3像素）和填充颜色，如图3-33所示。

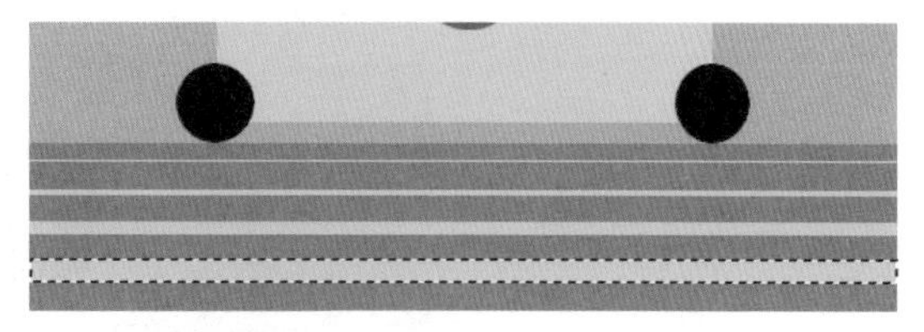

图3-33 继续扩展选区并填充颜色

08 取消选区

创建选区后，执行“选择→取消选择”命令，或者按“Ctrl＋D”组合键可以取消选区，如图3-34所示。

图3-34 取消选区

任务二 打造浪漫场景

任务内容

使用Photoshop进行图像创意合成或者后期修饰时，经常需要选取出人像、动物或者树叶等边缘复杂的对象。这时，就需要通过使用套索工具、魔棒工具等创建不规则选区来选中这些边缘复杂的对象。下面就通过浪漫场景的打造来学习不规则选区的创建方法。

任务要求

学会使用套索工具、磁性套索工具、魔棒工具创建不规则选区；了解“羽化”命令的用法及作用。

参考效果图

图3-35 任务参考效果图

01 磁性套索工具

磁性套索工具适用于形状不规则，边缘与背景对比强烈的图像。选择磁性套索工具后，其选项栏如图3-36所示。

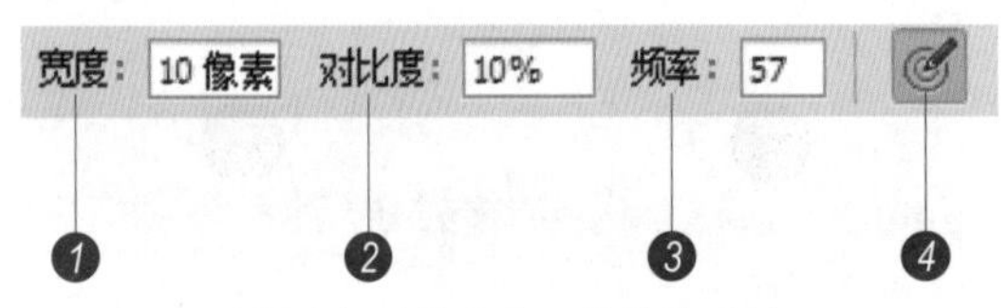

图3-36 磁性套索工具的选项栏

❶ 宽度：决定了以光标中心为基准，其周围有多少个像素能够被工具检测到，如果对象的边界不是特别清晰，需要使用较小的宽度值。

❷ 对比度：用于设置工具感应图像边缘的灵敏度。如果图像的边缘对比清晰，可将该值设置得高一些；如果边缘不是特别清晰，则设置得低一些。

❸ 频率：用于设置创建选区时生成的锚点的数量。该值越高，生成的锚点越多，捕捉到的边界越准确，但是过多的锚点会造成选区的边缘不够光滑。

❹ 钢笔压力：如果计算机配置有数位板和压感笔，可以按下该按钮，Photoshop会根据压感笔的压力自动调整工具的检测范围。

下面使用磁性套索工具选择对象，创建和闭合人物图像选区。

Step 01 打开“素材文件\模块03\人物.jpg”文件，如图3-37所示。

图3-37 打开人物文件

Step 02 使用磁性套索工具，在人物身体位置单击创建起点，如图3-38所示。

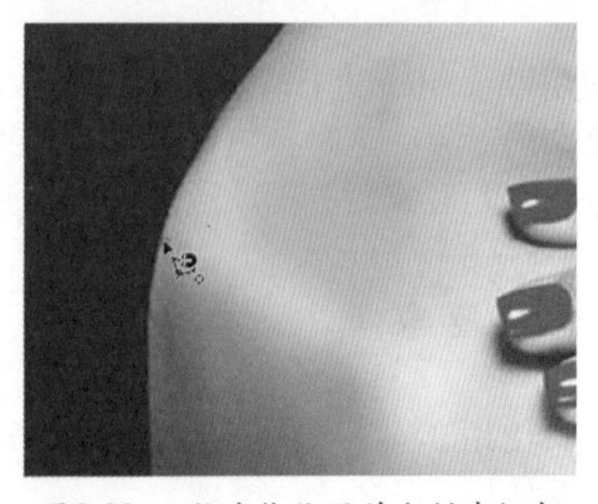
图3-38 人物身体位置单击创建起点

Step 03 沿着人物边缘拖动鼠标，创建选区，如图3-39所示。

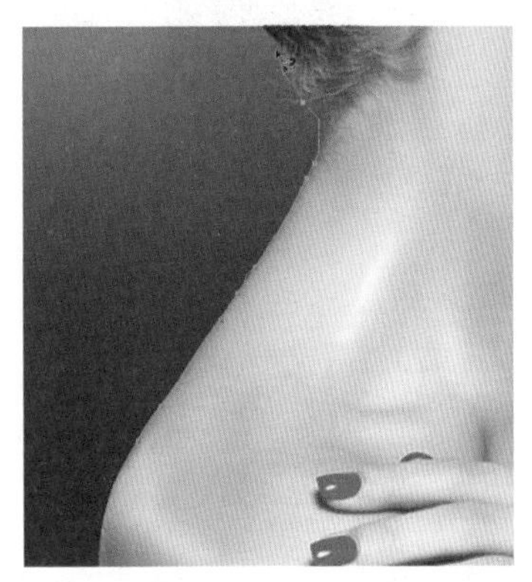

图3-39 创建选区

Step 04 单击鼠标可以手动定义锚点，当移动到起点重合位置时，鼠标指针呈可闭合状态，如图3-40所示。

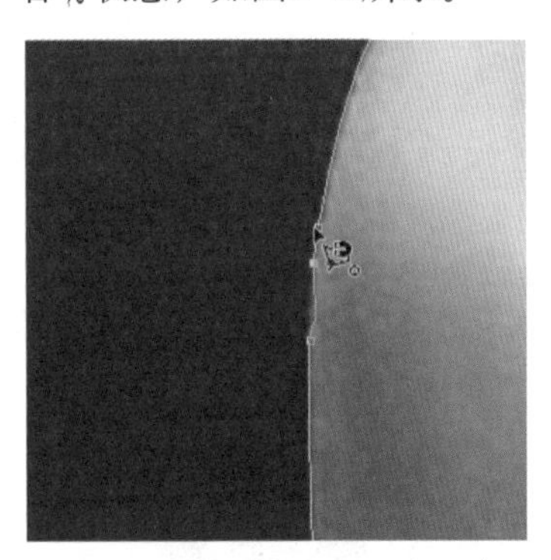

图3-40 鼠标指针呈可闭合状态

Step 05 通过前面的操作，单击鼠标即可闭合选区，如图3-41所示。

图3-41 闭合选区

技巧

放大视图可以使吸附更加准确，按空格键可以暂时切换到抓手工具进行视图调整。当吸附不准确时，按“Delete”键可以删除锚点。

Step 06 按“Ctrl+N”组合键，执行“新建”命令，设置画布“宽度”为10厘米、“高度”为7厘米、分辨率为200像素/英寸，单击“确定”按钮，如图3-42所示。

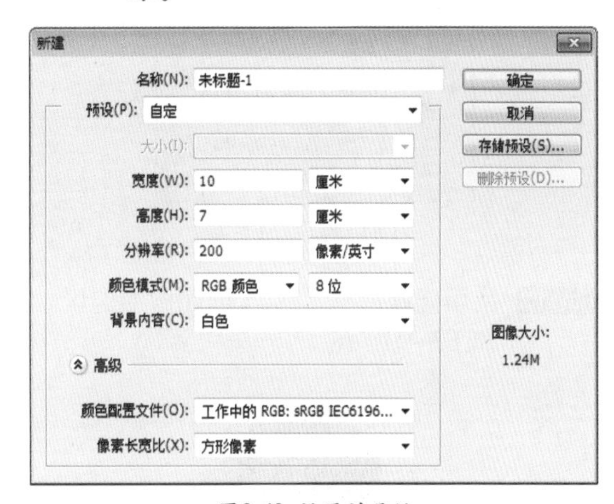

图3-42 设置的属性

Step 07 将人物图像复制、粘贴到文件中，调整大小和位置，如图3-43所示。

图3-43 复制、粘贴人物图像

02 羽化选区

“羽化”命令用于对选区进行羽化。羽化是通过建立选区和选区周围像素之间的转换边界来模糊边缘的方式这种模糊方式将丢失选区边缘的一些图像细节。根据“羽化”命令的这一特性，当羽化值设置得足够大时，可以制作朦胧的图像效果。下面使用“羽化”命令创建模糊的圆形背景。

Step 01 在图层面板中，单击背景图层，如图3-44所示。

图3-44 单击背景图层

Step 02 使用椭圆选框工具创建圆形选区，如图3-45所示。

图3-45 创建圆形选区

Step 03 执行“选择→修改→羽化”命令，设置“羽化半径”为20像素，单击“确定”按钮，如图3-46所示。

图3-46 设置“羽化半径”为20像素

Step 04 设置前景色为浅橙色“#FLD0B4”，按“Alt+Delete”组合键，为选区填充前景色，如图3-47所示。

图3-47 为选区填充前景色

技巧

按“Shift+F6”组合键，可以快速打开“羽化”对话框。

03 反向

创建选区后，可以反向选区。下面动手完成反向圆形选区的操作。

Step 01 执行“选择→反向”命令，即可选中图像中未选中的部分，如图3-48所示。

图3-48 选中图像中未选中的部分

技巧

按“Shift+Ctrl+I”组合键，可以快速反向选区。

Step 02 设置前景色为橙色“#F28C2F”，按“Alt+Delete”组合键，为选区填充橙色，如图3-49所示。

图3-49 为选区填充橙色

04 套索工具

套索工具用于选取一些外形比较复杂的图形轮廓，常用于创建粗略的轮廓选区。下面用套索工具选择左侧蝴蝶，并创建和填色选区。

Step 01 打开“素材文件\模块03\蝴蝶.tif”文件，选择工具箱中的套索工具，按住鼠标左键沿着主体边缘拖动，就会生成没有锚点（又称紧固点）的线条，如图3-50所示。

图3-50 打开蝴蝶文件

Step 02 继续拖动鼠标，一直到起点和终点相连接的位置，如图3-51所示。

图3-51 选中蝴蝶的一个翅膀

Step 03 释放鼠标左键，即可创建闭合的选区，如图3-52所示。

图3-52 创建闭合的选区

Step 04 将蝴蝶图像复制、粘贴到人物图像中，如图3-53所示。

图3-53 将蝴蝶图像复制、粘贴到人物图像中

Step 05 在图层面板中，单击背景图层，单击“创建新图层”按钮，如图3-54所示。

Step 06 通过前面的操作，新建“图层2”，如图3-55所示。

图3-54 单击背景图层

图3-55 新建“图层2”

Step 07 执行“选择→修改→羽化”命令，设置“羽化半径”为100像素，单击“确定”按钮，如图3-56所示。

图3-56 设置“羽化半径”

Step 08 设置前景色为白色，按“Alt+Delete”组合键为选区填充白色，如图3-57所示。

图3-57 为选区填充白色

05 描边选区

使用“描边”命令可以为选区添加描边效果。下面描边圆形选区，添加描边颜色为黄色。

Step 01 在图层面板中，单击选择“背景”图层，如图3-58所示。

图3-58 选择“背景”图层

Step 02 执行“编辑→描边”命令，在“描边”对话框中，设置“宽度”为10像素，单击“颜色”色块，如图3-59所示。

Step 03 在弹出的“拾色器（描边颜色）”对话框中，设置描边颜色为黄色“#FFF100”，单击“确定”按钮，如图3-60所示。

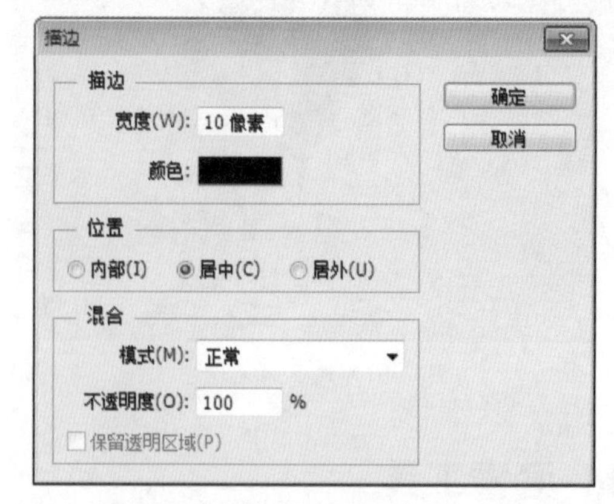

图3-59 在“描边”对话框中进行设置

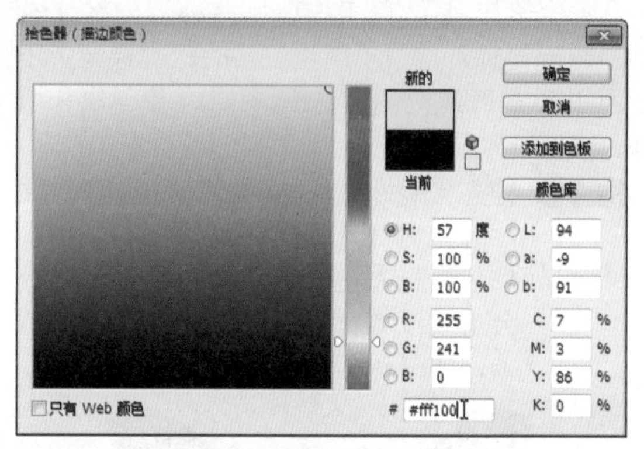

图3-60 设置描边颜色为黄色

Step 04 返回“描边”对话框中，单击“确定”按钮，得到黄色描边效果，按“Ctrl+D”取消选区，关闭除背景图层以外的所有图层，选区描边效果如图3-61所示。

图3-61 选区描边效果

06 魔棒工具

魔棒工具用于获取与取样点颜色相似部分的选区。使用魔棒工具在画面中单击，即可快速选择与光标单击点颜色相似的图像区域。选择工具箱中的魔棒工具后，其选项栏如图3-62所示。

图3-62 魔棒工具的选项栏

❶ 取样大小：用于设置魔棒工具的取样范围。选择"取样点"可对光标所在位置的像素进行取样；选择"3×3平均"，可对鼠标指针所在位置3个像素区域内的平均颜色进行取样，其他选项以此类推。

❷ 容差：控制创建选区范围的大小。输入数值越小，要求的颜色越相近，选取范围就越小，相反，则颜色相差越大，选取范围就越大。

❸ 消除锯齿：模糊羽化边缘像素，使其与背景像素产生颜色的逐渐过度，从而去掉边缘明显的锯齿状。

❹ 连续：选中该复选框时，只选取与鼠标单击处相连接区域中相近的颜色；如果不选择该复选项框，则选取整个图像中相近的颜色。

❺ 对所有图层取样：用于有多个图层的文件，选中该复选框时，选取文件中所有图层中相同或相近颜色的区域；不选中时，只选取当前图层中相同或相近颜色的区域。

下面使用魔棒工具选择水草图像，制作拼贴效果。

Step 01 打开"素材文件\模块03\水草.jpg"文件，选择魔棒工具，移动鼠标到白色背景位置，如图3-63所示。

图3-63 打开水草文件

Step 02 单击鼠标左键，选择白色背景，如图3-64所示。

图3-64 选择白色背景

Step 03 按"Ctrl+Shift+I"组合键，反向选区，选中水草图像，如图3-65所示。

图3-65 反向选区，选中水草图像

Step 04 将水草复制、粘贴到人物图像中，如图3-66所示。

图3-66 将水草复制、粘贴到人物图像中

图3-67 设置图层混合模式

Step 05 选中“图层3”，在图层面板中，单击左上角的“图层混合模式”下拉按钮，设置图层混合模式为“划分”，如图3-67所示。

Step 06 通过前面的操作，得到图层混合效果，完成浪漫场景的打造，最终图像效果如图3-68所示。

图3-68 最终图像效果

任务三 打造花纹的朦胧艺术效果

任务内容

当想要在图像中选择某种颜色的图像，但这些颜色的图像又比较分散，这时就可利用快速选择工具并配合“扩大选取”或“选取相似”命令来扩展选区，从而选取想要的图像。下面就通过打造花纹的朦胧艺术效果，学习快速选择工具、“扩大选取”和“选取相似”命令的用法。

任务要求

学会使用快速选择工具创建选区；掌握“扩大选取”和“选取相似”命令的用法及区别。

参考效果图

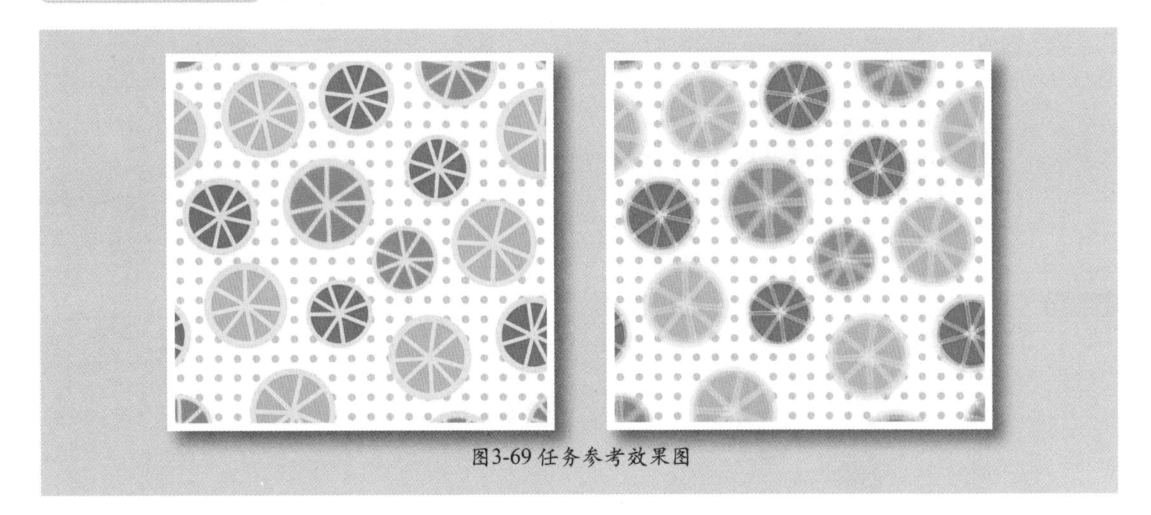
图3-69 任务参考效果图

01 快速选择工具

快速选择工具会自动分析涂抹区域并寻找到边缘使其与背景分离。快速选择工具选项栏如图3-70所示。

图3-70 选择工具的选项栏

❶ 选区运算按钮：按下新选区按钮，可创建一个新的选区；按下添加到选区按钮，可在原选区的基础上添加绘制的选区；按下从选区减去按钮，可在原选区的基础上减去当前绘制的选区。

❷ 笔尖下拉面板：单击按钮，可在下拉面板中选择笔尖，设置笔尖大小、硬度和间距。

❸ 对所有图层取样：可基于所有图层创建选区。

❹ 自动增强：勾选该复选框会自动将选区向图像边缘进一步流动并应用一些边缘调整。

使用快速选择工具创建选区，将经过区域的相近颜色像素转换为选择区域。

Step 01 打开“素材文件\模块03\花纹.jpg”文件，如图3-71所示。

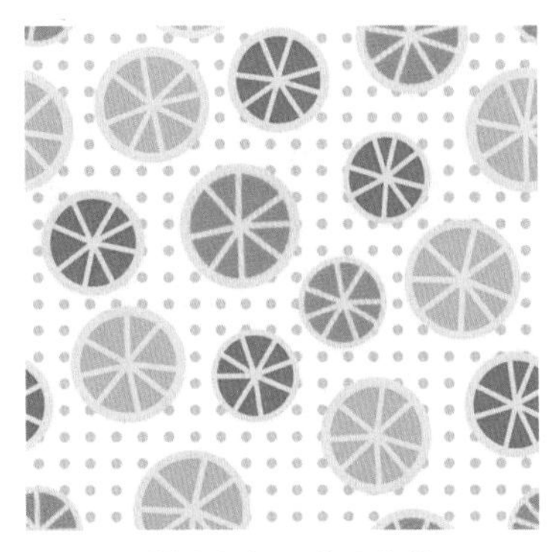
图3-71 打开花纹文件

Step 02 选择快速选择工具，在图像上要创建选区的区域拖动鼠标，释放鼠标后，鼠标经过区域的相近颜色像素转换为选择区域，如图3-72所示。

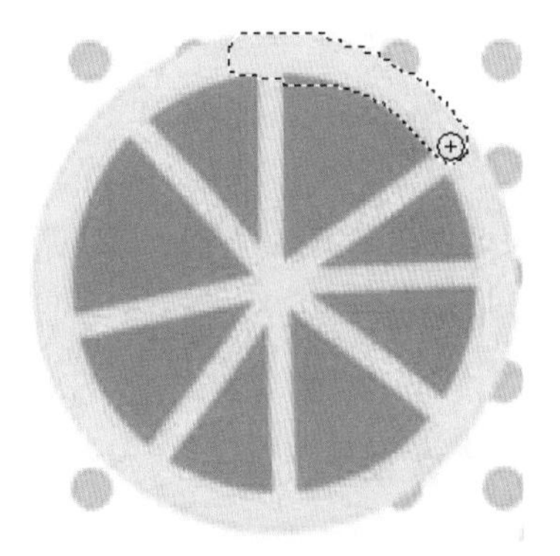
图3-72 将相近颜色像素转换为选择区域

02 扩大选取与选取相似

“扩大选取”与“选取相似”都是用于扩展选区的命令。其中“扩大选取”命令可以选择整个图像中与已有选区相邻且颜色相似的图像区域；“选取相似”命令则可以选择整个图像中与已有选区颜色相似的所有图像区域。

下面将扩展前面创建的选区，制作创意花纹的朦胧艺术效果。

Step 01 执行“选择→扩大选取”命令扩大选择区域，这时会选中相邻的黄色，如图3-73所示。

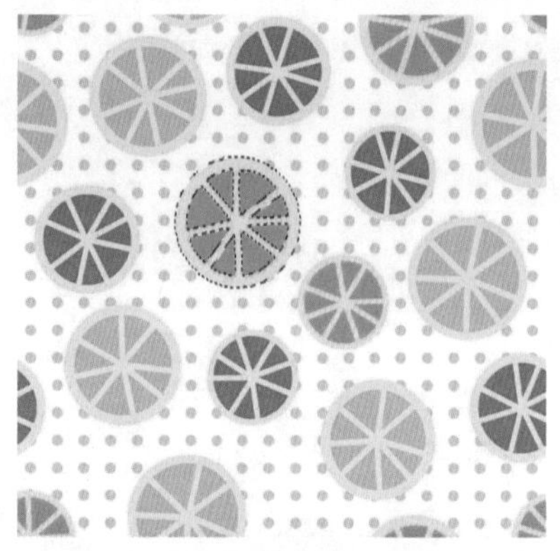

图3-73 选中相邻的黄色

Step 02 执行“选择→选取相似”命令扩大选择区域，这时会选中图像中所有的黄色，如图3-74所示。

图3-74 选中图像中所有的黄色

Step 03 执行“滤镜→像素化→碎片”命令，得到花纹的朦胧艺术效果，如图3-75所示。

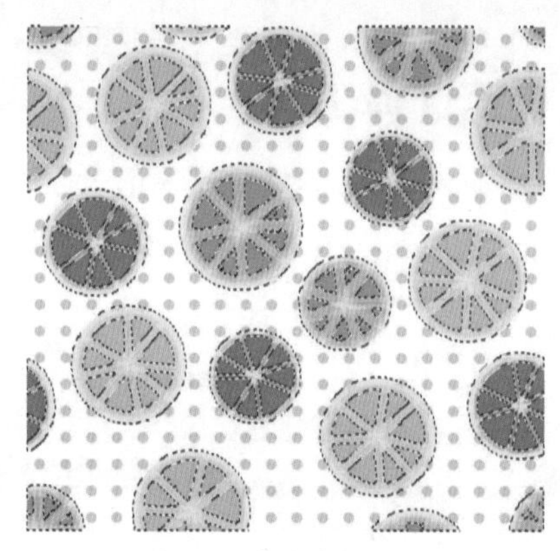

图3-75 最终效果图像

任务四 更改人物唇彩和指甲颜色

任务内容

如果要选择大范围颜色相似的图像，可以利用“色彩范围”命令快速创建选区，选择图像。创建选区后，根据需要还可以使用“快速蒙版”的方法对选区进行修改。下面就通过更改人物唇彩和指甲颜色，学习“色彩范围”命令和“快速蒙版”的使用方法。

任务要求

学会使用“色彩范围”命令创建选区；学会使用“快速蒙版”调整选区，并利用“填充”命令改变选区颜色。

参考效果图

图3-76 任务参考效果图

01 色彩范围

“色彩范围”命令可以根据图像的颜色创建选区，该命令提供了丰富的控制选项，具有更高的选择精度。执行“选择→色彩范围”命令，打开“色彩范围”对话框，其对话框如图3-77所示。

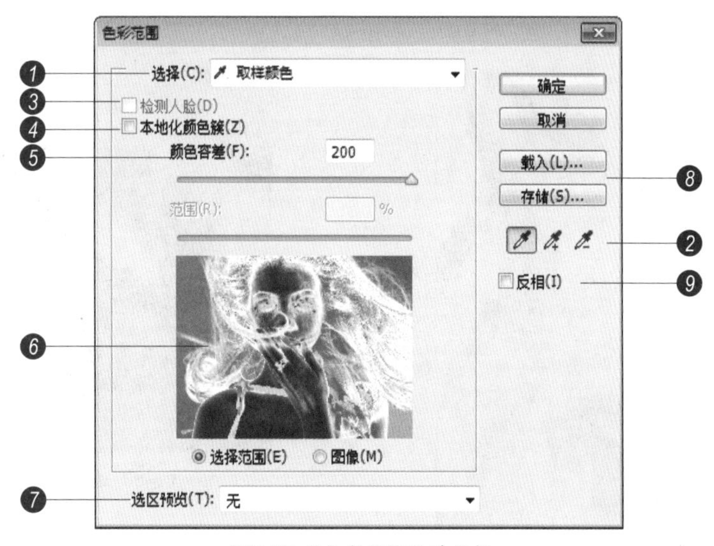

图3-77 “色彩范围”对话框

❶ 选择：在下拉列表中选择各种颜色选项，包括“取样颜色”“红色”“黄色”“高光”“中间调”“溢色”等。

❷ 吸管工具：选择“取样颜色”时，可将光标放在图像上，或“色彩范围”对话框的预览图像上单击进行取样。单击“添加到取样”

按钮后进行取样，可以添加选区；单击“从取样中减去”按钮后进行取样，会减少选区。

❸ 检测人脸：选择人像或人物皮肤时，可选中该项，以便更加准确地选择肤色。

❹ 本地化颜色簇：选中该选项后，拖动“范围”滑块可以控制要包含在蒙版中的颜色与取样点的最大和最小距离。

❺ 颜色容差：用于控制颜色的选择范围，该值越高，包含的颜色越广。

❻ 选区预览图：选区预览图包含了两个选项，选中“选择范围”时，预览区的图像中，白色代表被选择的区域，黑色代表了未选择的区域，灰色代表了被部分选择的区域；选中“图像”时，则预览区内会显示彩色图像。

❼ 选区预览：用于设置文档窗口中选区的预览方式。

❽ 载入/存储：单击“存储”按钮，可以将当前的设置状态保存为选区预设；单击“载入”按钮，可以载入存储的选区预设文件。

❾ 反相：实现选择区域与未被选择区域间的相互切换。

下面使用“色彩范围”命令，通过颜色取样和设置“颜色容差”创建选区。

Step 01 打开“素材文件\模块03\红指甲.jpg”文件，如图3-78所示。

图3-78 打开红指甲文件

Step 02 执行“选择→色彩范围”命令，进入“色彩范围”对话框。设置“选择”为“取样颜色”，如图3-79所示。

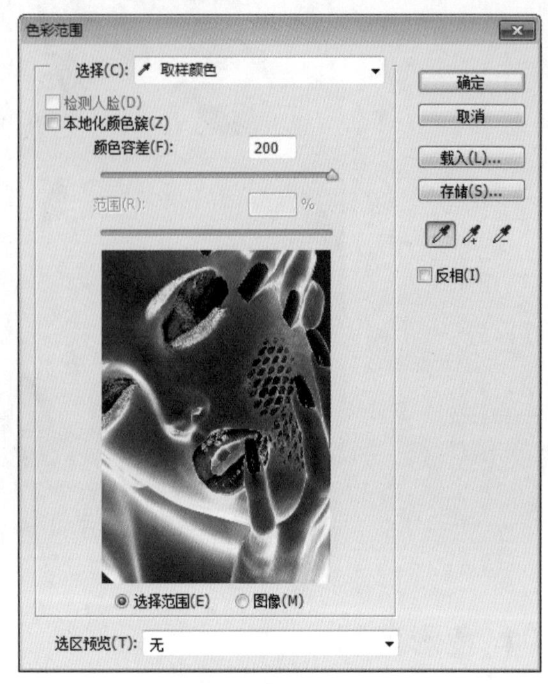

图3-79 “色彩范围”对话框

Step 03 在人物红色嘴唇上单击，进行颜色取样，如图3-80所示。

图3-80 进行颜色取样

Step 04 在“色彩范围”对话框中，设置“颜色容差”为100，单击“确定”按钮，如图3-81所示。

Step 05 通过前面的操作，选中图像中红色嘴唇和红色指甲，如图3-82所示。

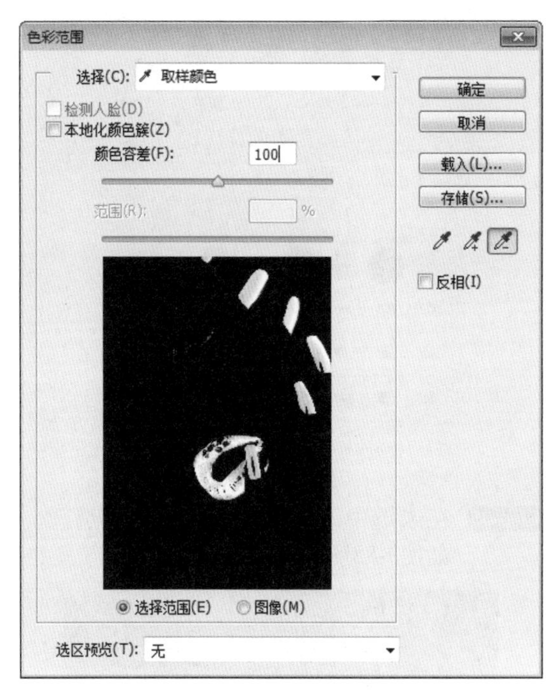

图3-81 设置“颜色容差”为100

图3-82 红色嘴唇和红色指甲已被选中

02 快速蒙版

快速蒙版是一种选区转换工具，它能将选区转换成为一种临时的蒙版图像，方便我们使用画笔、滤镜等工具编辑蒙版后，再将蒙版图像转换为选区，从而实现选区调整。

双击工具箱中的“以快速蒙版模式编辑”按钮，弹出“快速蒙版选项”对话框，通过对话框可对快速蒙版进行设置。“快速蒙版”对话框如图3-83所示。

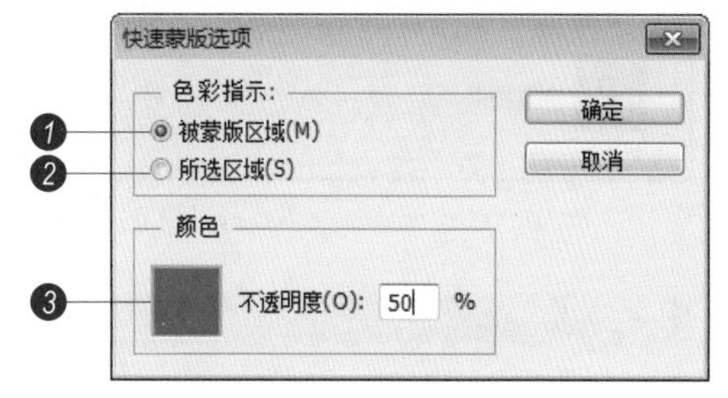

图3-83 “快速蒙版”对话框

❶ 被蒙版区域：将“色彩指示”设置为“被蒙版区域”后，选区之外的图像将被蒙版颜色覆盖。

❷ 所选区域：如果将“色彩指示”设置为“所选区域”，则选中的区域将被蒙版颜色覆盖。

❸ 颜色：单击颜色块，可在打开的“拾色器”中设置蒙版颜色；“不透明度”可设置蒙版的不透明度。

下面使用快速蒙版修改选区，设置、修改、编辑嘴唇和指甲的颜色。

Step 01 按“Ctrl++”组合键，放大视图，前面使用“色彩范围”命令选中的嘴唇和指甲不太完整，如图3-84所示。

图3-84 放大视图

Step 02 双击工具箱底部的“进入快速蒙版编辑模式”按钮，打开“快速蒙版选项”对话框，设置蒙版颜色为黑色，单击“确定”按钮，如图3-85所示。

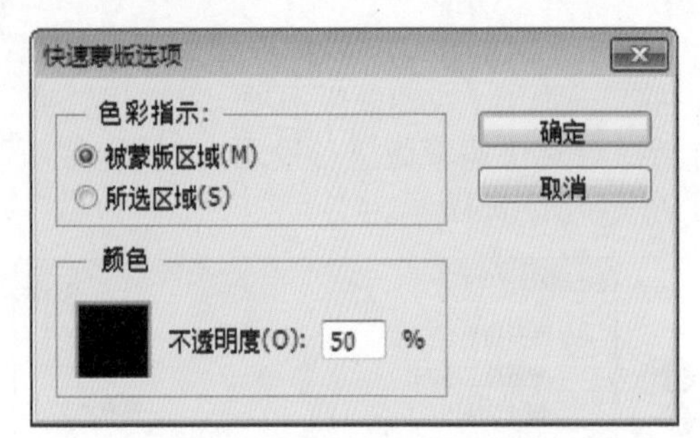

图3-85 在“快速蒙版选项”对话框中设置

提示

蒙版的默认颜色为红色，为了与当前选择区域红色相区分，本例更改蒙版颜色为黑色。

Step 03 单击工具箱中底部的“进入快速蒙版编辑模式”按钮，切换到快速蒙版编辑模式。此时选区外的范围被黑色蒙版遮挡，如图3-86所示。

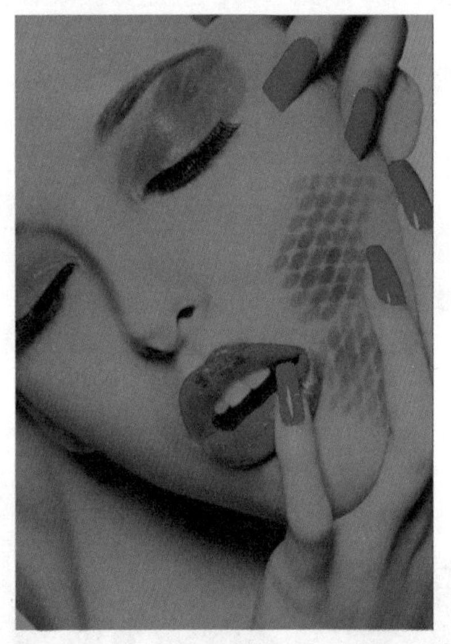

图3-86 切换到快速蒙版编辑模式

技巧

按“Q”键可以直接进入快速蒙版状态，再次按“Q”键可以退出快速蒙版状态。

Step 04 工具箱中的前景色会自动变为白色，选择工具箱中的画笔工具，在选项栏中，单击“画笔预设”图标，在下拉面板中，设置“大小”为15像素，如图3-87所示。

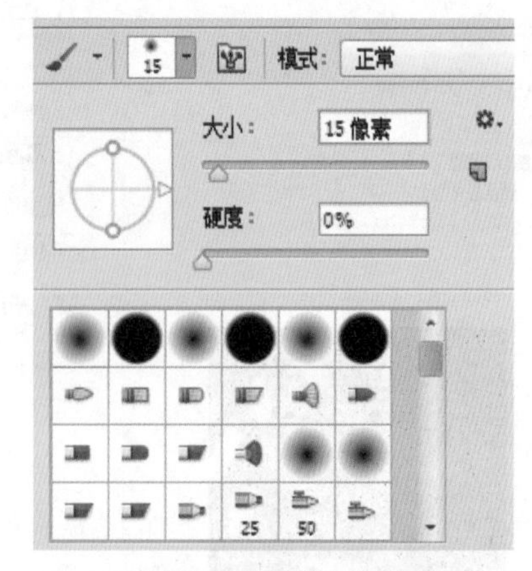

图3-87 设置画笔工具选项

Step 05 在未选中区域进行涂抹，添加选区，如图3-88所示。

图3-88 在未选中区域进行涂抹

Step 06 单击工具箱中的“以标准模式编辑”按钮，即可退出快速蒙版，切换到标准编辑模式，得到修改后的选区，如图3-89所示。

图3-89 切换到标准编辑模式

03 填充

使用“填充”命令可以在选区内填充颜色或图案，在填充时还可以设置不透明度和混合模式。

下面使用“填充”命令填充嘴唇和指甲选区，填充嘴唇和指甲颜色。

Step 01 设置前景色为洋红色“#E61AF3”，执行“编辑→填充”命令，在打开的“填充”对话框中，设置“使用”为前景色、模式为“颜色”，单击“确定”按钮，如图3-90所示。

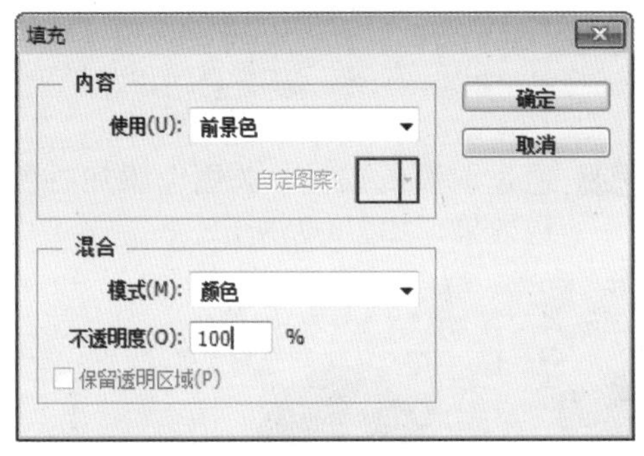

图3-90 在“填充”对话框中进行设置

> **技巧**
>
> 按“Shift+F5”组合键，可以打开“填充”对话框。

Step 02 通过前面的操作，为选区填充颜色，如图3-91所示。

图3-91 最终效果图像

综合实战 制作拼贴效果

任务内容

拼贴是一种艺术效果，在Photoshop中利用选区工具就可以打造出错位、层次丰富的拼贴艺术效果。本任务的主要内容包括：①使用选框工具创建选区；②利用描边命令为选区描边；③执行自由变换操作，适当地旋转选区角度，制作出随意的边框效果；④使用同样的方法多制作几个边框，从而形成错落有致的拼贴效果；⑤绘制一个圆形边框，给画面添加一些装饰效果。

任务要求

使用选区工具并配合填充命令，制作错位的拼贴艺术效果。

参考效果图

图3-92 任务参考效果图

Step 01 打开“素材文件\模块03\婴儿.jpg”文件。使用矩形选框工具创建选区，如图3-93所示。

图3-93 打开婴儿文件

Step 02 执行“编辑→描边”命令，在“描边”对话框中，设置“宽度”为10像素、颜色为白色、“位置”为居外，单击“确定”按钮，如图3-94所示。

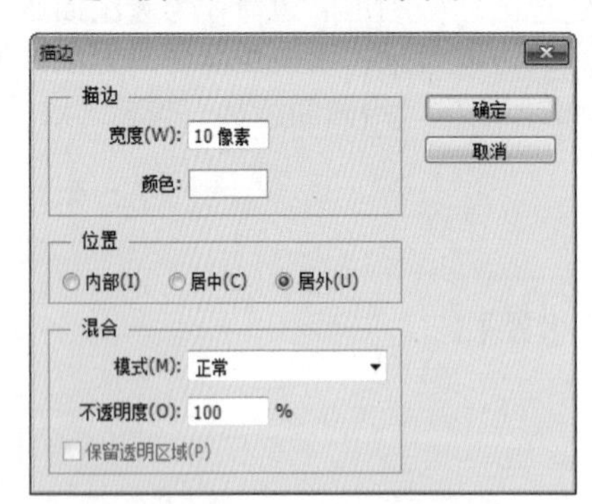

图3-94 在“描边”对话框中设置

Step 03 通过前面的操作，为图像添加白色描边效果，如图3-95所示。

图3-95 为图像添加白色描边效果

Step 04 按“Ctrl+T”组合键，执行自由变换操作，拖动右上角变换点适当旋转图像，如图3-96所示。

图3-96 适当旋转图像

Step 05 按回车键确认变换，执行“选择→取消选择”命令，取消选区，如图3-97所示。

图3-97 取消选区

Step 06 使用相似的方法创建其他白色描边效果，如图3-98所示。

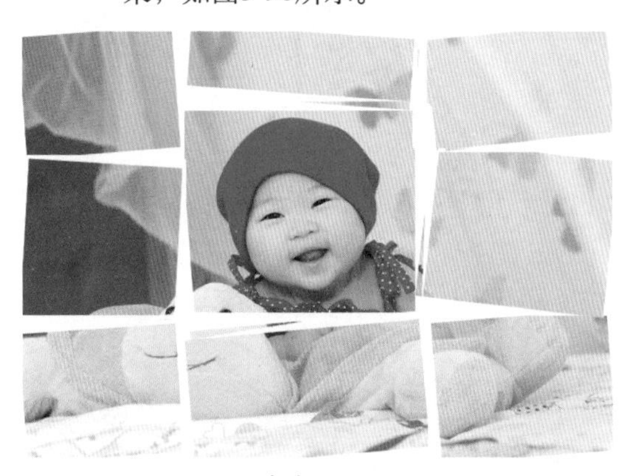

图3-98 创建其他白色描边效果

Step 07 使用椭圆选框工具创建选区，如图3-99所示。

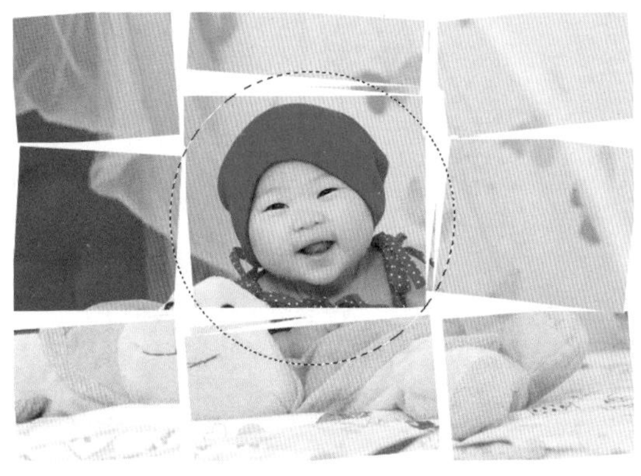

图3-99 创建选区

Step 08 执行“编辑→描边”命令，在“描边”对话框中，设置“宽度”为15像素、颜色为黄色“#FEE905”、“位置”为居外，单击“确定”按钮，如图3-100所示。

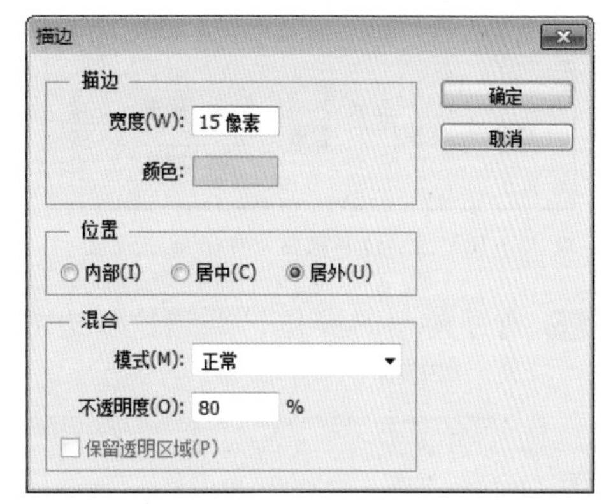

图3-100 在“描边”对话框中设置

Step 09 通过前面的操作，得到黄色描边效果，如图3-101所示。

图3-101 黄色描边效果

Step 10 执行“选择→全部”命令，选中全部图像，如图3-102所示。

图3-102 选中全部图像

Step 11 执行“选择→修改→边界”命令，在“边界选区”对话框中，设置“宽度”为50像素，单击“确定”按钮，如图3-103所示。

图3-103 在“边界选区”对话框中设置

Step 12 通过前面的操作，得到扩展边界效果，如图3-104所示。

图3-104 扩展边界效果

Step 13 设置前景色为黄色“#FEE905”，背景色为白色。按“Alt+Delete”组合键，为选区填充黄色，如图3-105所示。

Step 14 按“Ctrl+Delete”组合键，为选区填充背景白色，如图3-106所示。

Step 15 按“Ctrl+D”组合键取消选区，得到最终效果，如图3-107所示。

图3-105 为选区填充黄色

图3-106 为选区填充背景白色

图3-107 最终效果图像

小 结

本模块由4个任务和1个综合实战任务组成，主要介绍在Photoshop CC中选区的基本操作方法，包括规则选区和不规则选区的创建，选区的移动、隐藏、取消、运算等。其中，矩形选框工具、椭圆选框工具等可以创建规则选区，套索工具、魔棒工具可以创建不规则选区，是本模块的重点内容。

模块中穿插了19个操作实例，旨在引导读者如何运用Photoshop工具和命令完成“绘制卡通柜子”“打造浪漫场景”“打造花纹的朦胧艺术效果”“更改人物唇彩和指甲颜色”“制作拼贴效果”等任务。

模块04 图像的绘制与修饰

Photoshop CC不仅可以绘制图像，还可以对图像进行修复处理。

本模块将带领读者学习Photoshop CC中图像绘制与修饰的方法，帮助读者全面掌握Photoshop CC的图形绘制与修饰技能。

能力目标

- 更改人物衣饰颜色
- 绘制心形花环和字母
- 修复墨渍和红眼照片
- 制作半彩图像效果
- 为人物图像添加花饰和背景
- 为黑白照片添加颜色

技能要求

- 使用油漆桶工具、渐变工具更改人物衣饰颜色
- 个性化设置笔尖形状和属性，绘制七彩心形图案和字母
- 使用污点修复画笔工具、红眼工具修复照片墨渍和红眼
- 使用颜色替换工具和海绵工具制作半彩图像效果
- 使用仿制图章工具、图案图章工具为人物图像添加花饰和背景
- 使用画笔工具并结合图层混合模式为黑白照片添加颜色

Photoshop CC

任务一 更改人物衣饰颜色

任务内容

为了让画面整体色调更加和谐统一，有时需要更改画面中人物衣饰颜色。这时就可以利用Photoshop CC中的油漆桶工具、渐变工具等工具来改变衣服颜色。

任务要求

了解Photoshop CC中颜色设置和基础填充技能，能够使用油漆桶工具、渐变工具填充颜色。

参考效果图

图4-1 任务参考效果图

01 设置前景色

Photoshop CC的工具箱底部有一组前景色和背景色设置图标，在Photoshop中所有要被用于图像中的颜色都会在前景色或者背景色中表现出来。默认情况下前景色为黑色，背景色为白色，如图4-2所示。

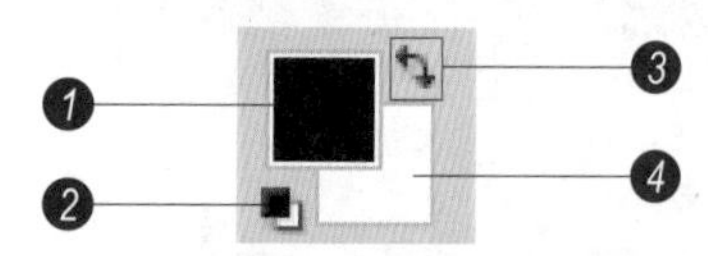

图4-2 前景色和背景色设置图标

❶ 设置前景色：该色块中显示的是当前所使用的前景颜色。单击该色块，弹出“拾色器（前景色）”对话框，在其中可对前景色进行设置。

❷ 默认前景色和背景色：单击此按钮，可将前景色和背景色调整到默认状态（前景色为黑色，背景色为白色）。

❸ 切换前景色和背景色：单击此按钮，可使前景色和背景色互换。

❹ 设置背景色：该色块中显示的是当前所使用的背景颜色。单击该色块，弹出“拾色器（背景色）”对话框，在其中可对背景色进行设置。

下面动手设置前景色为浅红色，背景色为浅紫色。

Step 01 打开“素材文件\模块04\卧姿.png”文

件，如图4-3所示。

图4-3 打开卧姿文件

Step 02 在工具箱中，单击“设置前景色”图标。在弹出的“拾色器（前景色）”对话框中，设置颜色值“#E8D8E5”，单击“确定”按钮，如图4-4所示。

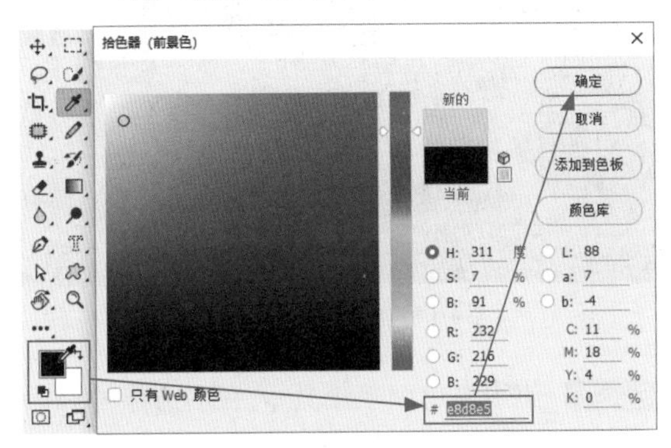

图4-4 在“拾色器（前景色）”对话框中设置

Step 03 通过前面的操作，设置前景色为浅红色。单击“设置背景色”图标。在弹出的“拾色器（背景色）”对话框中，设置颜色值“#BEC1F7”，单击“确定”按钮，如图4-5所示。

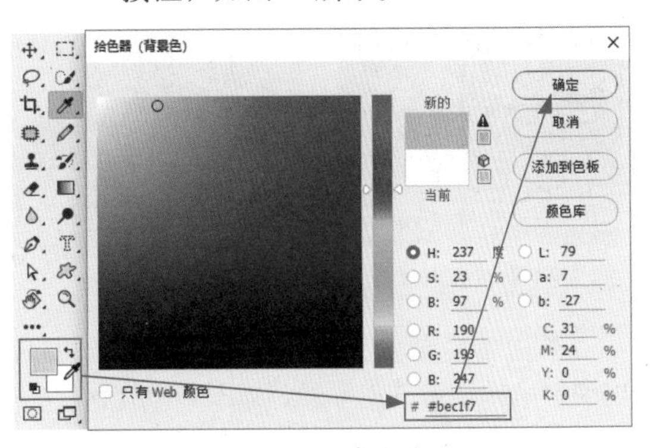

图4-5 设置颜色值

Step 04 通过前面的操作，将背景色设置为浅紫色，如图4-6所示。

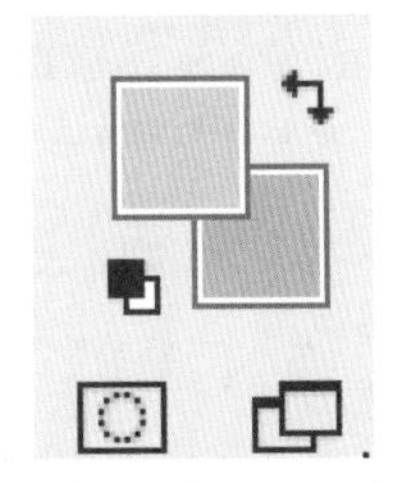

图4-6 背景色已经被设置为浅紫色

技巧

按“D”键可以恢复默认的前景色和背景色设置；按“X”键，可以快速切换前景色和背景色的颜色。

02 渐变工具

渐变工具是一种特殊的填充工具，通过它可以填充过渡颜色。在工具箱中选择渐变工具后，其选项栏如图4-7所示。

图4-7 渐变工具的选项栏

❶ 渐变颜色条：渐变色条中显示了当前的渐变颜色，单击它右侧的按钮，可以在打开的下拉面板中选择一个预设的渐变。如果直接单击渐变颜色条，则会弹出“渐变编辑器”。

❷ 渐变类型：按下线性渐变按钮，可

以创建以直线从起点到终点的渐变,如图4-8所示；按下径向渐变按钮，可创建以圆形图案从起点到终点的渐变，如图4-9所示；

图4-8 线性渐变

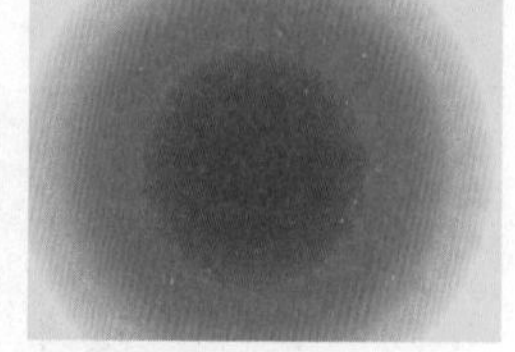
图4-9 径向渐变

单击角度渐变按钮，可创建围绕起点以逆时针扫描方式的渐变，如图4-10所示；

图4-10 逆时针扫描方式的渐变

单击对称渐变按钮，可创建使用均衡的线性渐变在起点的任意一侧渐变，如图4-11所示；单击菱形渐变按钮，以菱形方式从起点向外渐变，终点定义菱形的一个角，如图4-12所示。

图4-11 对称渐变

图4-12 菱形渐变

❸ 模式：设置应用渐变时的混合模式。

❹ 不透明度：设置渐变的不透明度。

❺ 反向：可转换渐变中的颜色顺序，得到反方向的渐变结果。

❻ 仿色：选中该项，可使渐变效果更加平滑。它主要用于防止打印时出现条带化现象，但在屏幕上并不能明显地体现出作用。

❼ 透明区域：选中该项，可以创建包含透明像素的渐变；取消选中则创建实色渐变。

下面使用渐变工具为衣服填充颜色。

Step 01 选择快速选择工具，在人物衣服上拖动创建选区，如图4-13所示。

图4-13 在人物衣服上拖动创建选区

Step 02 按“Q”键进入快速蒙版状态，如图4-14所示。

图4-14 进入快速蒙版状态

Step 03 使用黑色画笔工具在右方涂抹修改选区，如图4-15所示。

图4-15 在右方涂抹修改选区

Step 04 按“Q”键退出快速蒙版状态，如图4-16所示。

Step 05 选择渐变工具，在选项栏中，单击渐变色条右侧的按钮，在下拉列表框中，选择“前景色到背景色渐变”，单击“线性渐变”按钮，设置“模式”为亮光，如图4-17所示。

图4-16 退出快速蒙版状态

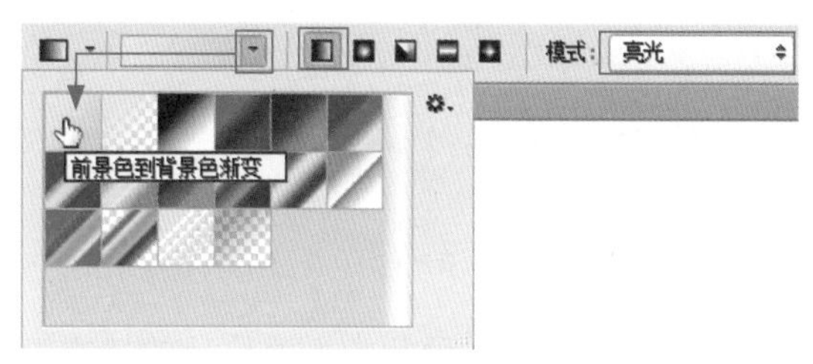

图4-17 线性渐变

Step 06 在衣服右侧，往右上方拖动鼠标，如图4-18所示。

图4-18 选中衣服

Step 07 释放鼠标后，得到渐变填充效果，如图4-19所示。

图4-19 渐变填充效果

03 吸管工具

吸管工具可以从当前图像上进行取样，同时将色样应用于前景色、背景色和其他区域，选择工具箱中的吸管工具，其选项栏如图4-20所示。

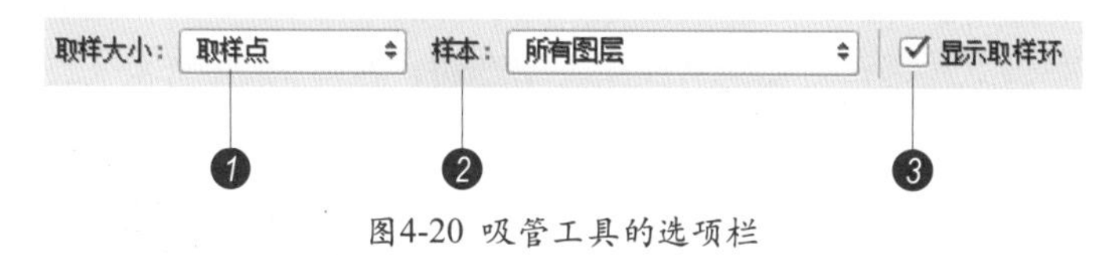

图4-20 吸管工具的选项栏

❶ 取样大小：用于设置“吸管工具的取样范围。选择“取样点”，可拾取光标所在位置像素的精确颜色；选择“3×3平均”，可拾取光标所在位置3个像素区域内的平均颜色；选择“5×5平均”，可拾取光标所在的位置5个像素区域内的平均颜色；其他选项依次类推。

❷ 样本：选择“当前图层”表示只在当前图层上取样；选择“所有图层”表示在所有图层上取样。

❸ 显示取样环：选中该项，可在拾取颜色时显示取样环。

下面动手用吸管工具在人物衣服上进行颜色取样。

Step 01 选择吸管工具，移动鼠标至衣服位置，此时，鼠标指针呈吸管形状，单击鼠标左键，如图4-21所示。

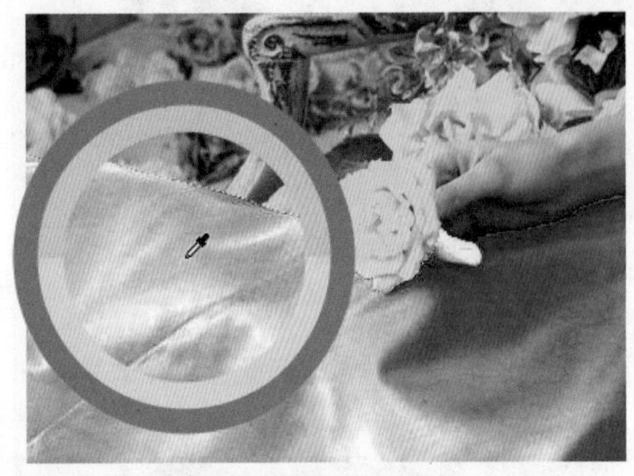

图4-21 吸取衣服颜色

Step 02 通过前面的操作，将前景色由浅红色更改为粉红色，如图4-22所示。

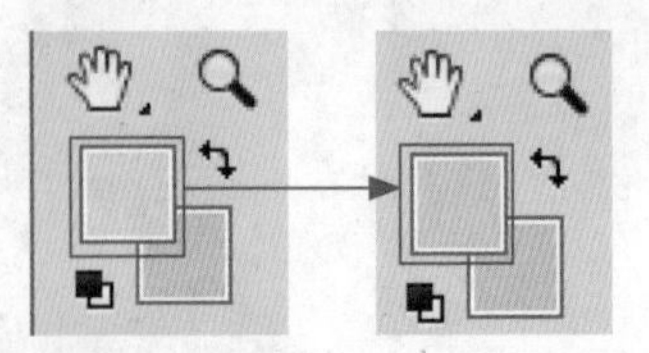

图4-22 前景色已由浅红色更改为粉红色

技巧

使用画笔工具绘制图像时，按下“Alt”键就可临时切换到吸管工具，吸取颜色。

04 油漆桶工具

油漆桶工具可以根据图像的颜色容差填充颜色或图案，是一种非常方便快捷的填充工具。选择油漆桶工具后，其选项栏如图4-23所示。

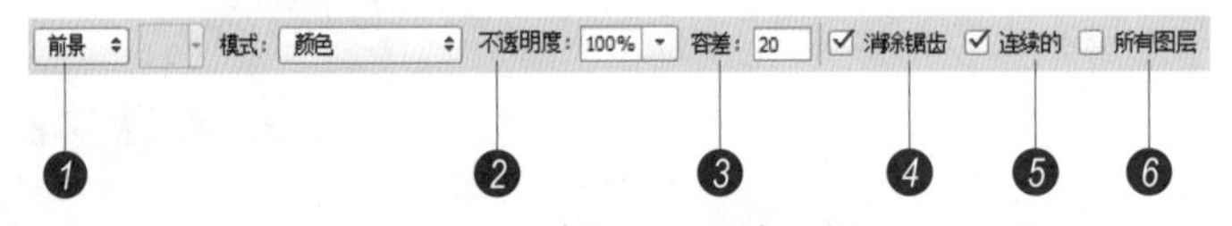

图4-23 油漆桶工具的选项栏

❶ 填充内容：单击油漆桶右侧的按钮，可以在下拉列表中选择填充内容，包括“前景色”和“图案”。

❷ 模式/不透明度：用于设置填充内容的混合模式和不透明度。

❸ 容差：用于定义必须填充的像素的颜色相似程度。低容差会填充颜色值范围内与单击点像素非常相似的像素，高容差则填充更大范围内的像素。

❹ 消除锯齿：可以平滑填充选区边缘。

❺ 连续的：勾选该复选框，只填充与鼠标单击点相邻的像素；取消该复选框的选中可填充图像中所有相似的像素。

❻ 所有图层：勾选该复选框，表示基于所有可见图层中的合并颜色数据填充像素；取消选中则仅填充当前图层。

下面动手用油漆桶工具填充人物头部的花朵颜色。

Step 01 选择油漆桶工具，在选项栏中，设置填充为前景、“模式”为变亮、“容差”为20，如图4-24所示。

图4-24 油漆桶工具的选项栏

Step 02 在人物头部花朵上单击，填充粉红色，如图4-25所示。

图4-25 填充粉红色

Step 03 设置前景色为黄色“#ECF405”，继续使用油漆桶工具在花心位置单击，填充黄色，如图4-26所示。

图4-26 填充黄色花心

任务二 绘制心形花环和字母

任务内容

Photoshop CC内置了许多的画笔样式。用户通过设置不同的笔尖形状和属性绘制出各种各样的图像效果。

任务要求

了解画笔工具和铅笔工具的使用方法，掌握画笔笔尖形状及属性的设置。

参考效果图

图4-27 任务参考效果图

01 画笔工具

画笔工具是用于绘制图像的工具。画笔的笔触形态、大小及材质，都可以根据需要随意调整。

（1）画笔选项栏

选择画笔工具后，其选项栏如图4-28所示。

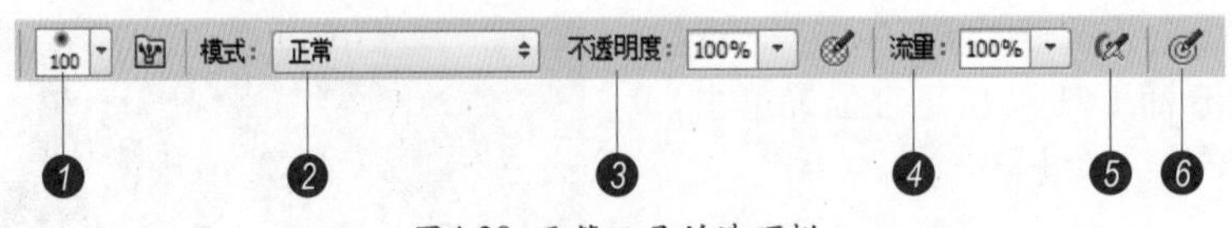

图4-28 画笔工具的选项栏

❶ 画笔下拉面板：单击按钮▾，打开画笔下拉面板，在面板中可以选择笔尖，设置画笔的大小和硬度。

❷ 模式：在下拉列表中可以选择画笔笔迹颜色与下面像素的混合模式。

❸ 不透明度：用于设置画笔的不透明度，该值越低，线条的透明度越高。

❹ 流量：设置当光标移动到某个区域上方时应用颜色的速率。在某个区域上方涂抹时，如果一直按住鼠标按键，颜色将根据流动的速率增加，直至达到不透明度设置。

❺ 喷枪：单击该按钮，可以启用喷枪功能，Photoshop会根据鼠标按键的单击程度确定画笔线条的填充数量。

❻ 压力：始终对画笔“大小”使用压力，当关闭该选项时，将通过“画笔预设”控制画笔压力。

（2）画笔下拉面板

在选项栏中，打开画笔下拉面板，如图4-29所示。

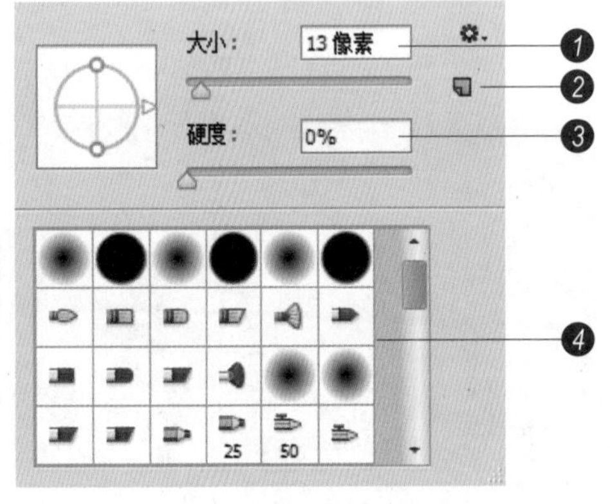

图4-29 画笔下拉面板

❶ 大小：拖动滑块或者在文本框中输入数值可以调整画笔的大小。

❷ 创建新的预设：单击该按钮，可以打开“画笔名称”对话框，输入画笔的名称后，单击“确定”按钮，可以将当前画笔保存为一个预设的画笔。

❸ 硬度：用于设置画笔笔尖的硬度。

❹ 笔尖形状：Photoshop提供了三种类型的笔尖：圆形笔尖、毛刷笔尖以及图像样本笔尖。

（3）画笔面板

画笔除了可以在选项栏中进行设置外，还可以通过画笔面板进行更丰富的设置。执行“窗口→画笔”菜单命令，就可以调出画笔面板，如图4-30所示。

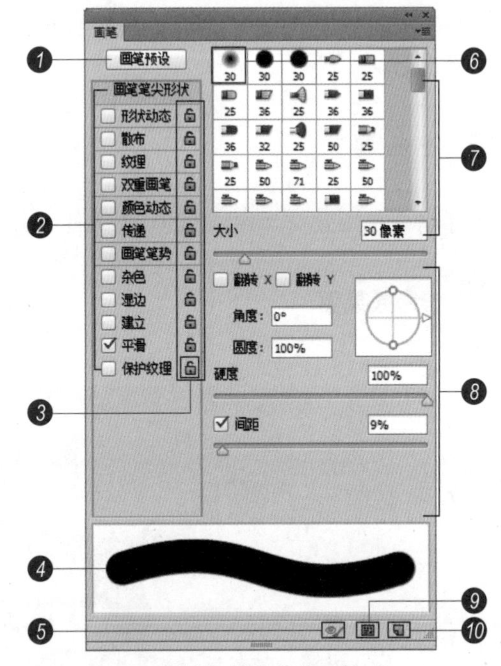

图4-30 调出画笔面板

❶ 画笔预设：单击该图标可以打开画笔预设面板。

❷ 画笔设置：改变画笔的角度、圆度，以及为其添加纹理、颜色动态等。

❸ 锁定/未锁定：锁定或未锁定画笔笔尖形状。

❹ 画笔描边预览：可预览选择的画笔笔尖形状。

❺ 显示画笔样式：使用毛刷笔尖时，显示笔尖样式。

❻ 选中的画笔笔尖：当前选择的画笔笔尖。

❼ 画笔笔尖：显示了Photoshop提供的预设画笔笔尖。

❽ 画笔参数选项：用于调整画笔参数。

❾ 打开预设管理器：可以打开“预设管理器”。

❿ 创建新画笔：对预设画笔进行调整，可单击该按钮，将其保存为一个新的预设画笔。

下面动手使用画笔工具绘制七彩心形图案。

Step 01 打开“素材文件\模块04\家庭.jpg”文件，如图4-31所示。

图4-31 打开家庭文件

Step 02 选择画笔工具，在选项栏中，单击按钮，在打开的画笔下拉面板中，单击右上角的扩展按钮，在打开的快捷菜单中，选择“特殊效果画笔”。载入画笔后，选择散落玫瑰画笔，如图4-32所示。

Step 03 执行“窗口→画笔”命令，打开画笔面板。单击“画笔笔尖形状”选项，设置“大小”为70像素、“间距”为104%，如图4-33所示。

Step 04 单击“形状动态”复选项，设置“大小抖动”为57%、“最小直径”为0%、“角度抖动”为75%、“圆度抖动”为84%、“最小圆度”为1%，如图4-34所示。

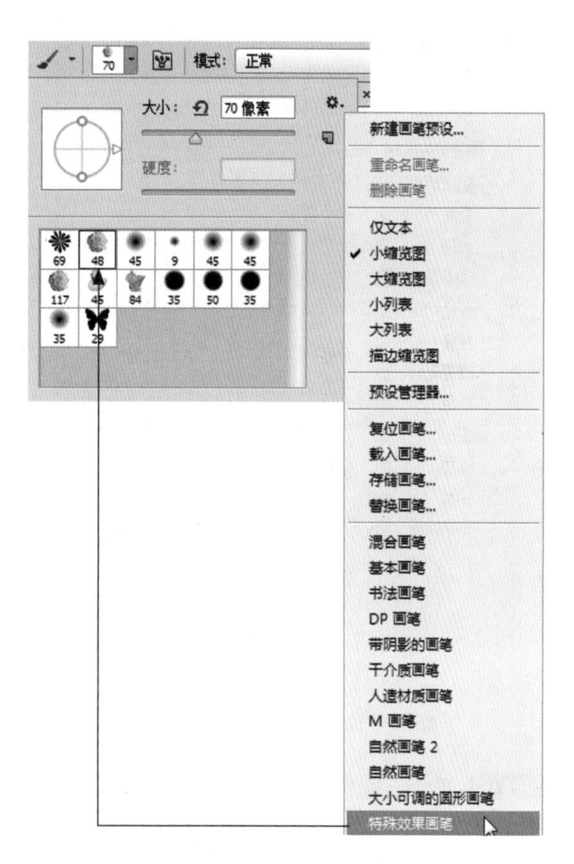

图4-32 选择散落玫瑰画笔

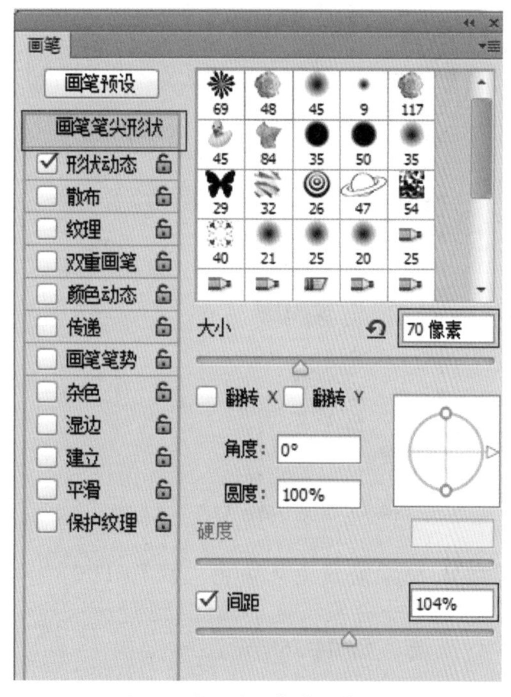

图4-33 在画笔面板中进行设置

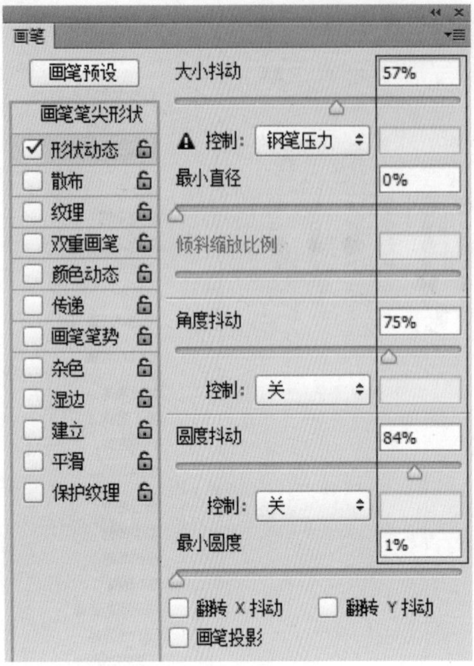

图4-34 设置“形状动态”复选项

Step 05 单击“颜色动态”复选项，设置“色相抖动”为49%、“饱和度抖动”“亮度抖动”和“纯度”为0%，如图4-35所示。

图4-35 设置“颜色动态”复选项

Step 06 设置前景色为黄色“#FFF100”，从右上往左下拖动鼠标绘制左侧心形图案，如图4-36所示。

图4-36 绘制左侧心形图案

Step 07 从左上往右下拖动鼠标，绘制右侧心形图案，如图4-37所示。

图4-37 绘制右侧心形图案

Step 08 按“[”键缩小画笔尺寸为60像素，拖动鼠标绘制稍小的心形图案，如图4-38所示。

图4-38 绘制稍小的心形图案

Step 09 按“[”键缩小画笔尺寸为30像素，拖动鼠标绘制内侧的心形图案，如图4-39所示。

图4-39 绘制内侧的心形图案

技巧

按“[”键可快速缩小画笔；按“]”键可快速放大画笔。按“Shift+]”组合键可以将画笔硬度快速变大，按“Shift+[”组合键可以将画笔硬度快速变小。

02 铅笔工具

铅笔工具用于绘制硬边线条。铅笔工具选项栏与画笔工具选项栏基本相同，只是多了个“自动抹除”设置项，如图4-40所示。

图4-40 铅笔工具的选项栏

“自动抹除”复选项是铅笔工具特有的功能。选中该复选框后，当图像的颜色与前景色相同时，则铅笔工具会自动抹除前景色而填入背景颜色；当图像的颜色与背景色相同时，则铅笔工具会自动抹除背景色而填入前景色。

下面动手使用铅笔工具绘制baby字母。

Step 01 设置前景色为红色“#E60012”、背景色为白色“#FFFFFF”。选择铅笔工具，在选项栏的画笔下拉面板中，选择“硬边圆”笔刷，“大小”为15像素，选中“自动抹除”复选项，如图4-41所示。

Step 02 拖动铅笔工具绘制竖笔划，如图4-42所示。

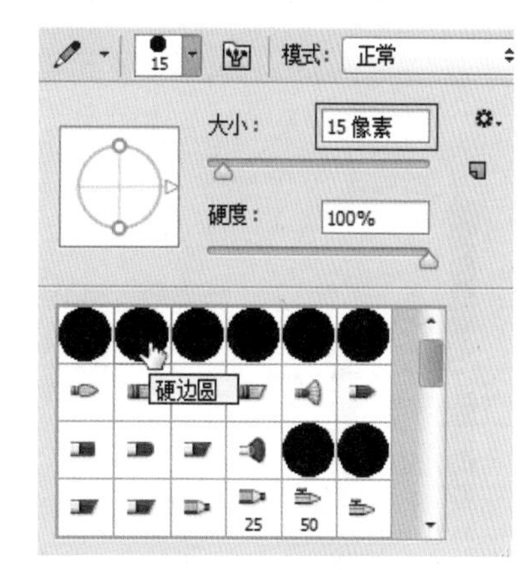

图4-41 设置画笔属性

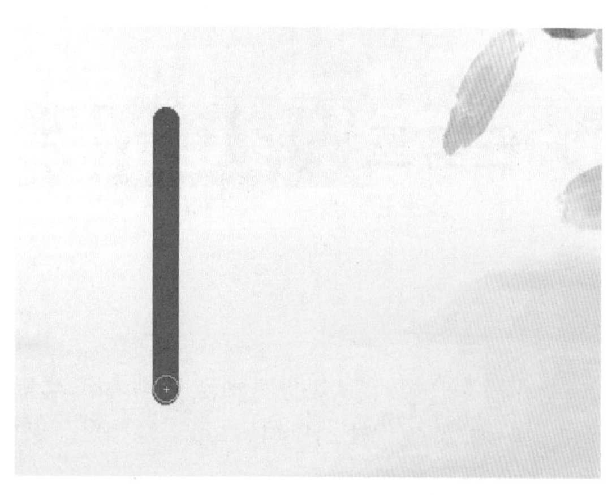

图4-42 绘制竖笔划

Step 03 释放鼠标后，重新拖动，绘制横笔划。自动抹除前景红色，填入背景白色，如图4-43所示。

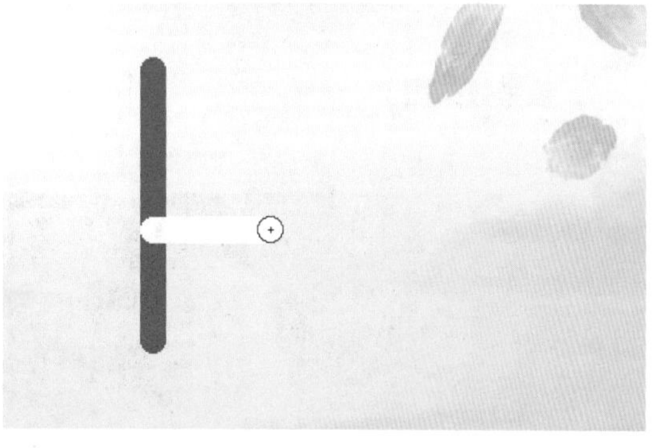

图4-43 绘制横笔划

Step 04 释放鼠标后，继续重新拖动，绘制竖笔划。自动抹除背景白色，填入前景红色，如图4-44所示。

Step 05 使用相同的方法绘制其他笔划，完成字母绘制，最终图像效果如图4-45所示。

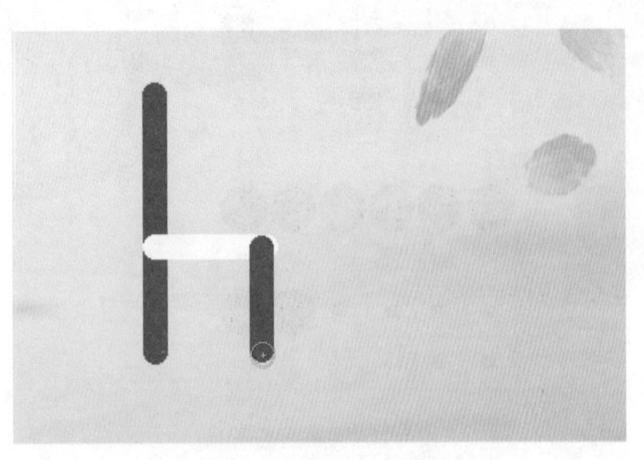

图4-44 绘制竖笔划

图4-45 最终图像效果

任务三 修复有墨渍的照片

任务内容

在处理图像时，总会遇到图像中有很多瑕疵的情况，如照片上有污点，拍摄时产生的红眼等情况。这时可以使用Photoshop CC中的污点修复画笔工具、红眼工具、修复画笔工具等工具来进行修复。

任务要求

学会使用污点修复画笔、修复画笔工具修复图像中的污点；学会使用红眼工具去除红眼；学会利用加深工具和减淡工具均匀肤色。

参考效果图

图4-46 任务参考效果图

01 污点修复画笔工具

污点修复画笔工具可以修复图像中存在的瑕疵或污点。该工具不需要取样，直接在污点上单击或拖动即可。选择该工具后，其选项栏如图4-47所示。

图4-47 污点修复画笔工具的选项栏

❶ 模式：用于设置修复图像时使用的回合模式。

❷ 类型：用于设置修复方法。“近似匹配”的作用为将所涂抹的区域以周围的像素进行覆盖；“创建纹理”的作用为以其他的纹理进行覆盖；“内容识别”是由软件自动分析周围图像的特点，将图像进行拼接组合后填充在该区域并进行融合，从而达到快速无缝的拼接效果。

❸ 对所有图层取样：选中该复选框，可从所有的可见图层中提取数据。若取消选中该复选框，则仅能从被选取的图层中提取数据。

下面动手使用污点修复画笔工具修复人物手臂上的污点。

Step 01 打开“素材文件\模块04\污渍照片.jpg”文件，如图4-48所示。

图4-48 打开污渍照片文件

Step 02 使用污点修复画笔工具，在人物手臂的污渍上涂抹，如图4-49所示。

Step 03 释放鼠标后，人物手臂上的一个污渍被清除，如图4-50所示。

Step 04 多次单击，直到人物手臂上的所有污渍都被清除，如图4-51所示。

图4-49 在人物手臂的污渍上涂抹

图4-50 人物手臂上的一个污渍被清除

图4-51 人物手臂上的所有污渍都被清除

02 修复画笔工具

修复画笔工具通过用图像中的像素作为样本进行绘制，从而修复画面中的瑕疵。使用修复画笔工具修复图像时，需要先按住“Alt”键在干净的图像区域取样，再将取样图像复制到修复区域并自然融合，其选项栏如图4-52所示。

图4-52 修复画笔工具的选项栏

❶ 模式：在下拉列表中可以设置修复图像的混合模式。

❷ 源：设置用于修复像素的源。选择“取样”，可以从图像的像素上取样；选择“图案”，则可在图案下拉列表中选择一个图案作为取样，效果类似于使用图案图章绘制图案。

❸ 对齐：选中该项，会对象素进行连续取样，在修复过程中，取样点随修复位置的移动而变化；取消选中，则在修复过程中始终以一个取样点为起始点。

❹ 样本：用于设置从指定的图层中进行数据取样；如果要从当前图层及其下方的可见图层中取样，可以选择“当前和下方图层”；如果仅从当前图层中取样，可选择“当前图层”；如果要从所有可见图层中取样，可选择“所有图层”。

下面动手使用修复画笔工具修复人物额头上的污点。

Step 01 选择修复画笔工具，在人物额头干净位置，按住“Alt”键，单击进行材质取样，如图4-53所示。

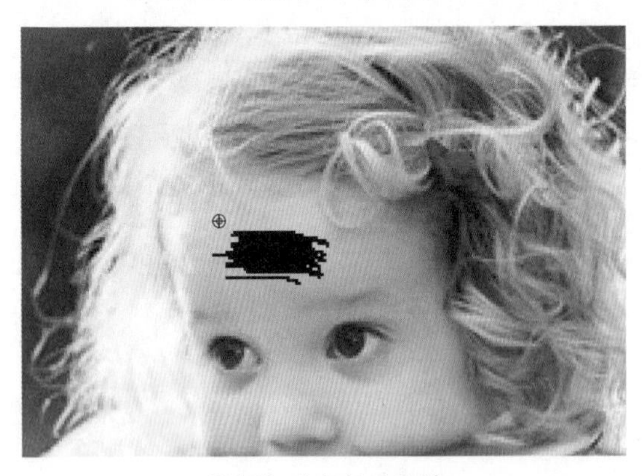

图4-53 进行材质取样

Step 02 在污渍上拖动鼠标，进行修复操作，如图4-54所示。

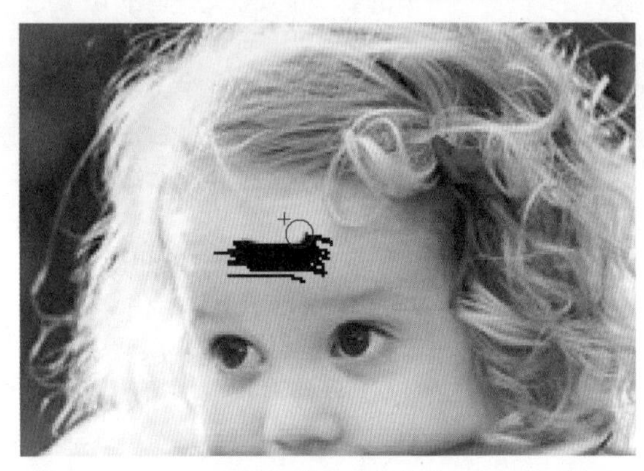

图4-54 进行修复操作

Step 03 释放鼠标后，得到污渍修复效果，如图4-55所示。

图4-55 得到污渍修复效果

Step 04 继续在人物额头干净位置，按住“Alt”键，单击进行材质取样，如图4-56所示。

Step 05 重复取样和修复操作，去除额头上的所有污渍，如图4-57所示。

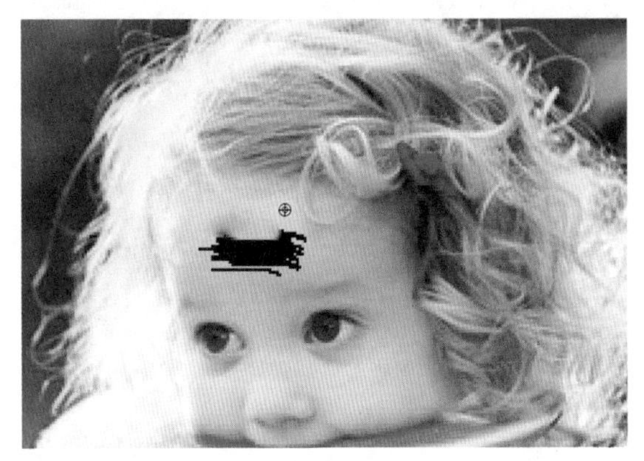

图4-56 进行材质取样

图4-57 去除额头上的所有污渍

03 减淡与加深工具

减淡工具主要是对图像进行加光处理，以达到提亮图像的目的。加深工具主要是对图像进行减光处理以达到压暗图像的目的。这两个工具的选项栏参数是相同的，如图4-58所示。

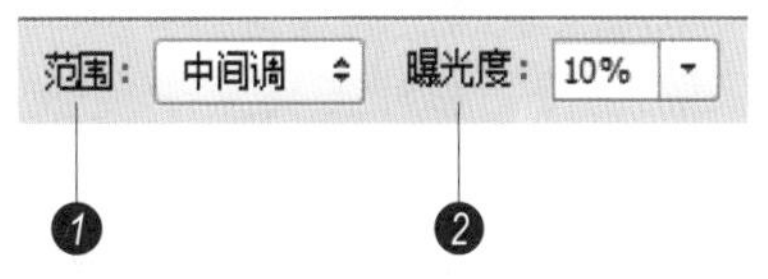

图4-58 减淡工具和加深工具的选项栏

❶ 范围：可选择要修改的色调。选择“阴影”，可处理图像的暗色调；选择“中间调”，可处理图像的中间调；选择“高光”，则处理图像的亮部色调。

❷ 曝光度：可为减淡工具和加深工具指定曝光。该值越高，效果越明显。

前面修复额头污渍后，额头肤色偏黑，接下来使用减淡工具调整额头肤色。

选择减淡工具，在选项栏中，设置“范围”为中间调、“曝光度”为10%，在额头位置涂抹，减淡肤色，效果如图4-59所示。

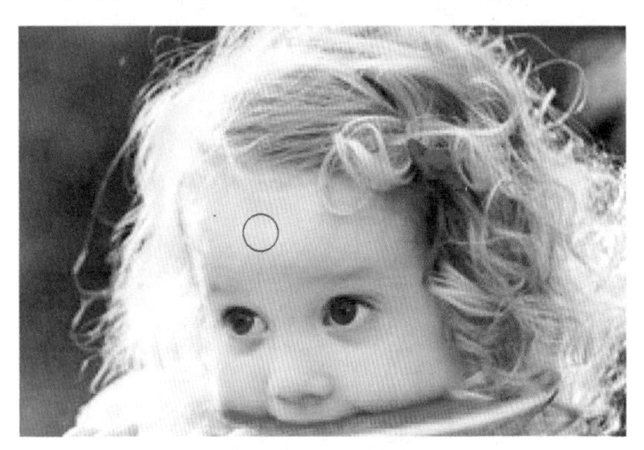

图4-59 设置减淡工具的选项

04 修补工具

修补工具可以用其他区域或图案中的像素来修复选中的区域。选择修补工具后，其选项栏如图4-60所示。

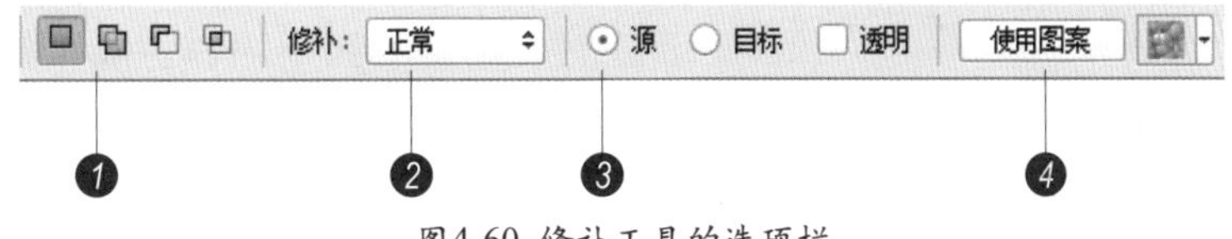

图4-60 修补工具的选项栏

❶ 运算按钮：此处是针对应用创建选区的工具进行的操作，可以对选区进行添加等操作。

❷ 修补：用于设置修补方式。选择“源”，当将选区拖至要修补的区域以后，放开鼠标就会用当前选区中的图像修补原来选中的内容；选择“目标”，则会将选中的图像复

制到目标区域。

❸ 透明：设置所修复图像的透明度。

❹ 使用图案：选中该复选框后，可以应用图案对选择的区域进行修复。

下面动手使用修补工具修补左上角的墨渍。

Step 01 使用修补工具沿着墨渍拖动鼠标，如图4-61所示。

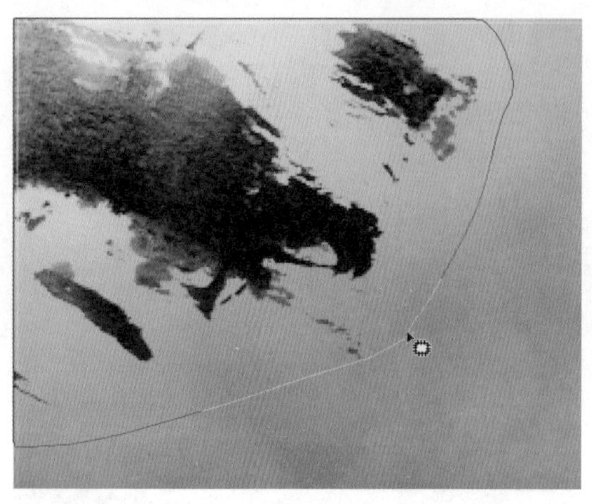

图4-61 沿着墨渍拖动鼠标

Step 02 释放鼠标后，自动创建墨渍选区，如图4-62所示。

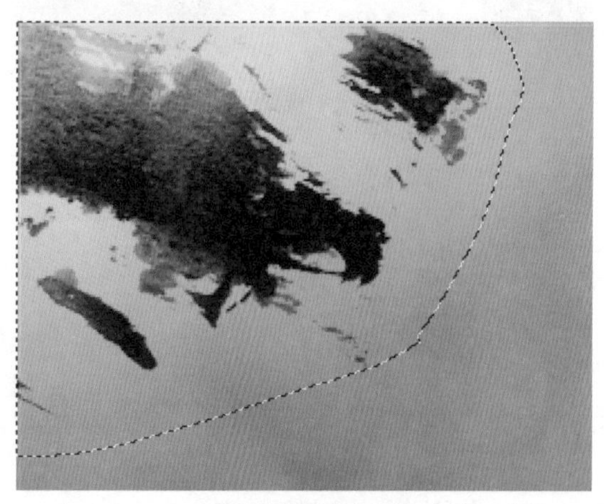

图4-62 创建墨渍选区

Step 03 将修补工具移动到选区内，拖动选区到采样目标区域，如图4-63所示。

Step 04 释放鼠标后，清除左上角的墨渍，如图4-64所示。

Step 05 重复修补操作后，使修复效果更加自然，效果如图4-65所示。

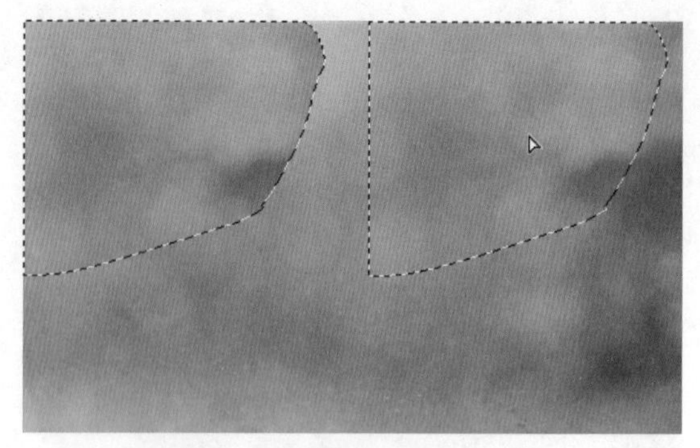

图4-63 拖动选区到采样目标区域

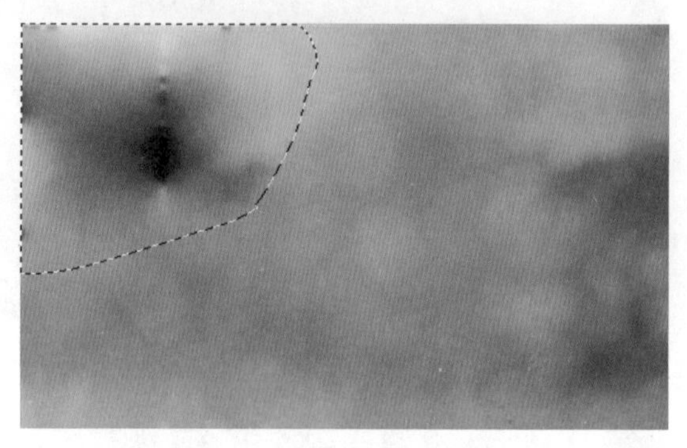

图4-64 清除左上角的墨渍

图4-65 重复修补操作后的效果

05 红眼工具

红眼工具可以去除人物红眼，以及动物眼睛位置的白色或绿色反光。选择红眼工具后，其选项栏如图4-66所示。

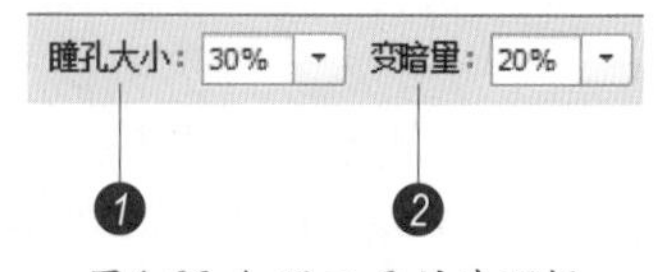

图4-66 红眼工具的选项栏

❶ 瞳孔大小：可设置瞳孔（眼睛暗色的中心）的大小。

❷ 变暗量：用于设置瞳孔的暗度。

下面使用红眼工具清除人物红眼。

Step 01 选择红眼工具，在图像中按住鼠标左键拖动出一个矩形框选中红眼部分，如图4-67所示。

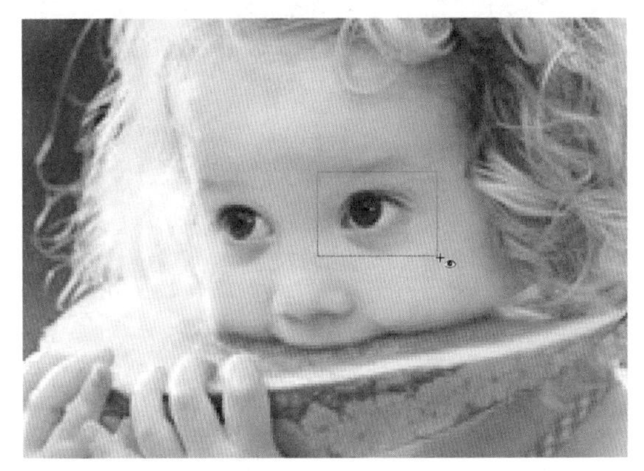

图4-67 选中一个红眼部分

Step 02 释放鼠标左键，即可清除选中的红眼，如图4-68所示。

Step 03 使用相同的方法消除另一侧红眼，效果如图4-69所示。

图4-68 清除选中的红眼

图4-69 消除另一侧红眼

任务四 制作半彩图像效果

任务内容

半彩效果就是保留图像的局部色彩，使图像在色彩上呈现出强烈的对比效果，从而快速吸引人们的关注。在Photoshop CC中利用海绵工具就可以制作半彩图像效果。

任务要求

了解内容感知移动工具的使用方法；学会使用颜色替换工具更改图像颜色；学会使用海绵工具改变图像饱和度。

参考效果图

图4-70 任务参考效果图

01 内容感知移动工具

内容感知移动工具可以将选中的对象移动或复制到其他区域，并混合像素，产生自然的视觉效果，其选项栏如图4-71所示。

图4-71 内容感知移动工具的选项栏

❶ 模式：用于选择图像移动方式，包括“移动”和“扩展”。

❷ 适应：用于设置图像修复精度。

❸ 对所有图层取样：如果文档中包括多个图层，勾选该复选框，可以对所有图层中的图像进行取样。

下面使用内容感知移动工具复制人物到其他区域。

Step 01 打开“素材文件\模块04\田野.jpg”文件，如图4-72所示。

图4-72 打开田野文件

Step 02 使用内容感知移动工具沿着人物拖动，创建一个大致选区，如图4-73所示。

图4-73 创建一个大致选区

Step 03 释放鼠标后生成选区。在选项栏中，设置“模式”为扩展、“适应”为严格，如图4-74所示。

图4-74 在选项栏中设置属性

Step 04 将鼠标指针移动到选区内部，向左进行拖动，如图4-75所示。

图4-75 将选区向左进行拖动

Step 05 释放鼠标后，对象被复制到其他位置，并自然融入背景中，按“Ctrl+D”组合键取消选区，效果如图4-76所示。

图4-76 对象自然融入背景后的效果

02 颜色替换工具

颜色替换工具是用前景色替换图像中的颜色，选择颜色替换工具后，其选项栏如图4-77所示。

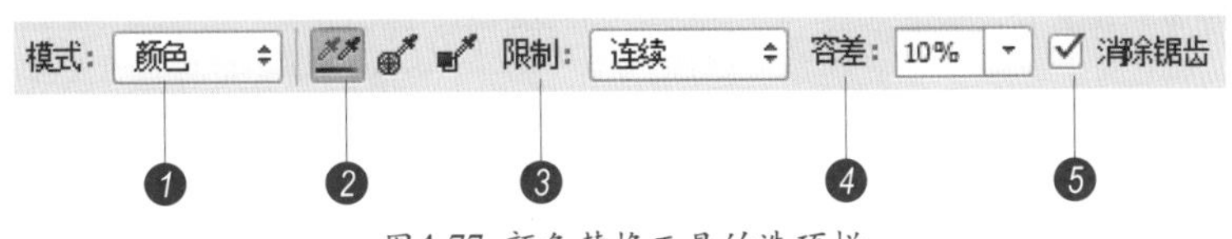

图4-77 颜色替换工具的选项栏

❶ 模式：包括“色相”“饱和度”“颜色”“亮度”这4种模式。常用的模式为“颜色”模式，这也是默认模式。

❷ 取样：取样方式包括“连续”、“一次”、“背景色板”。其中“连续”是以鼠标当前位置的颜色为颜色基准；“一次”是始终以开始涂抹时的基准颜色为颜色基准；“背景色板”是以背景色为颜色基准进行替换。

❸ 限制：设置替换颜色的方式，以工具涂抹时的第一次接触颜色为基准色。“限制”有3个选项，分别为“连续”“不连续”和“查找边缘”。其中“连续”是以涂抹过程中鼠标当前所在位置的颜色作为基准颜色来选择替换颜色的范围；“不连续”是指凡是鼠标移动到的地方都会被替换颜色；“查找边缘”主要是将色彩区域之间的边缘部分替换颜色。

❹ 容差：用于设置颜色替换的容差范围。数值越大，替换的颜色范围也就越大。

❺ 消除锯齿：选中该项，可以为校正的区域定义平滑边缘，从而消除锯齿。

下面动手使用颜色替换工具来更改田野的颜色。

Step 01 设置前景色为青色“#00FFF0”。选择颜色替换工具，在选项栏中，设置“模式”为色相、“容差”为10%，田野上拖动鼠标替换颜色，如图4-78所示。

图4-78 设置颜色替换工具的属性

Step 02 设置前景色为红色“#E60012”，使用颜色替换工具，继续在田野上拖动鼠标，进行颜色替换，如图4-79所示。

图4-79 设置前景色为红色并进行颜色替换

技巧

“颜色替换工具”指针中间有一个十字标记，替换颜色边缘的时候，即使画笔直径覆盖了颜色及背景，但只要十字标记是在背景的颜色上，只会替换背景颜色。

03 海绵工具

海绵工具可以修改色彩的饱和度。选择该工具后，在画面涂抹即可进行处理，其选项栏如图4-80所示。

图4-80 海绵工具的选项栏

❶ 模式：用于设置添加颜色或者降低颜色。选择“饱和”就是加色，选择“降低饱和度”就是去色。

❷ 流量：用于设置海绵工具的作用强度。

❸ 自然饱和度：选中该复选框后，可以得到最自然的加色或减色效果。

下面动手使用海绵工具去掉图像颜色。

Step 01 选择海绵工具，在选项栏中，设置“模式”为去色、“流量”为100%，在图像左侧拖动鼠标，降低色彩饱和度，如图4-81所示。

图4-81 使用海绵工具调整图像

Step 02 继续在左侧拖动鼠标，进行去色处理，如图4-82所示。

图4-82 进行去色处理

任务五 添加花饰和背景

任务内容

仿制图章工具可以复制指定的图像，图案图章工具则可以填充图案。下面就利用仿制图章工具、图案图章工具并配合历史记录工具为人物添加花饰和背景。

任务要求

学会仿制图章工具和图案图章工具的用法；了解历史记录工具并会使用历史记录画笔工具恢复图像。

参考效果图

图4-83 任务参考效果图

01 仿制图章工具

仿制图章工具可以通过涂抹的方式将图像复制到另外的位置。选择仿制图章工具后，其选项栏的常见参数如图4-84所示。

图4-84 仿制图章工具的选项栏

❶ 对齐：勾选该复选框，可以连续对图像进行取样；取消选择，则每单击一次鼠标，都使用初始取样点中的样本像素，因此，每次单击都被视为是另一次复制。

❷ 样本：在样本列表框中，可以选择取样的目标范围，分别可以设置“当前图层”“当前和下方图层”和“所有图层”3种取样目标范围。

下面动手使用仿制图章工具仿制人物花饰。

Step 01 打开“素材文件\模块04\花饰.jpg”文件，如图4-85所示。

图4-85 打开花饰文件

Step 02 执行“视图→仿制源”命令，打开仿制源面板，设置水平和垂直缩放为

80%，如图4-86所示。

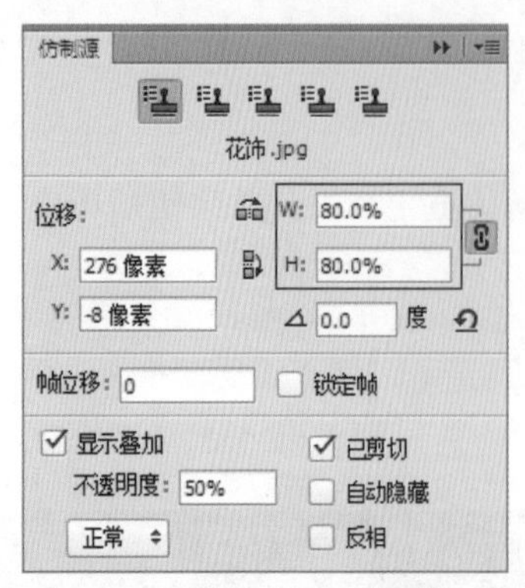

图4-86 打开仿制源面板

Step 03 按住“Alt”键，在花朵上单击进行取样，如图4-87所示。

图4-87 在花朵上单击进行取样

Step 04 在头发下方拖动鼠标进行图像仿制，如图4-88所示。

图4-88 进行图像仿制

Step 05 继续逐层仿制图像，得到缩放80%的图像效果，如图4-89所示。

图4-89 缩放80%的图像效果

Step 06 在仿制源面板，设置水平和垂直缩放为50%，如图4-90所示。

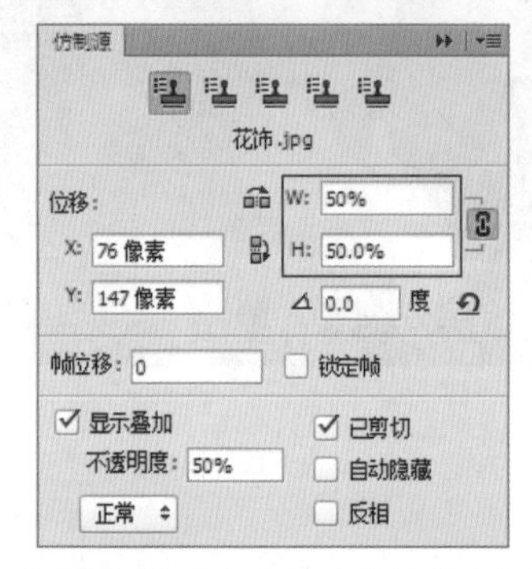

图4-90 设置水平和垂直缩放比例

Step 07 在胸口位置涂抹，进行图像复制，如图4-91所示。

图4-91 在胸口处复制花朵图像

02 图案图章工具

图案图章工具可通过拖动鼠标填充图

案，该工具常用于图像背景的制作。选择图案图章工具后，选项栏的常见参数如图4-92所示。

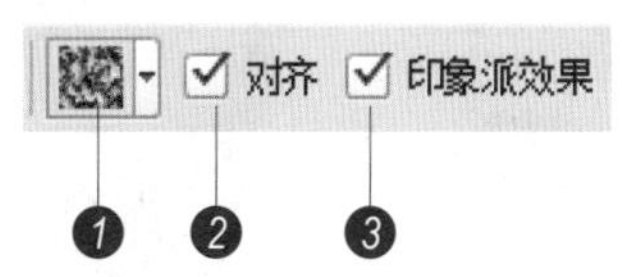

图4-92 图案图章工具的选项栏

❶ 图案：单击“图案”按扭，可打开“图案拾色器”下拉列表框，在“图案拾色器”下拉列表框中可以选择不同的图案进行绘制。

❷ 对齐：勾选该复选框，可以保持图案与原始起点的连续性，即使多次单击鼠标也不例外；取消选择时，则每次单击鼠标都重新应用图案。

❸ 印象派效果：勾选该复选框，则对绘画选取的图像产生模糊、朦胧化的印象派效果。

下面动手使用图案图章工具为图像添加背景。

Step 01 选择图案图章工具，在选项栏中，在图章下拉列表框中，选择“扎染”图案，选中“对齐”和“印象派效果”复选项，如图4-93所示。

图4-93 选择图案图章工具

Step 02 在背景处拖动鼠标，进行图案复制，如图4-94所示。

图4-94 在背景处复制图案

Step 03 继续在背景处拖动鼠标，进行图案复制，效果如图4-95所示。

图4-95 继续在背景处复制图案

03 历史记录工具

历史记录工具包括历史记录画笔工具和历史记录艺术画笔工具，下面分别进行介绍。

（1）历史记录画笔工具

历史记录画笔工具可以将图像恢复到编辑过程中的某一步骤状态，或者将部分图像恢复为原样。该工具需要配合历史记录面板一同使用。

（2）历史记录艺术画笔工具

历史记录艺术画笔工具可以恢复图像，在恢复图像的同时，形成一种特殊的艺术笔触效果。选择历史记录艺术画笔工具后，其选项栏中常见的参数如图4-96所示。

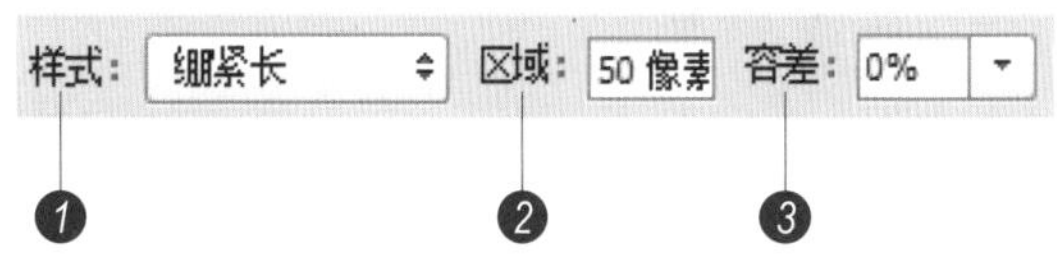

图4-96 历史记录艺术画笔工具的选项栏

❶ 样式：可以选择一个选项来控制绘画描边的形状，包括“绷紧短”“绷紧中”和“绷紧长”等。

❷ 区域：用于设置绘画描边所覆盖的区

域。该值越高，覆盖的区域越大，描边的数量也越多。

❸ 容差：容差值可以限定可应用绘画描边的区域。低容差可用于在图像中的任何地方绘制无数条描边，高容差会将绘画描边限定在与原状态或快照中的颜色明显不同的区域。

下面动手使用历史记录画笔工具恢复部分图像。

Step 01 选择历史记录画笔工具，在选项栏中，设置“不透明度”为50%，在历史记录面板中，设置历史记录画笔的源在原图像位置，如图4-97所示。

图4-97 选择历史记录画笔工具

Step 02 在头发边缘处涂抹，恢复被背景覆盖的图像，如图4-98所示。

图4-98 在头发边缘处涂抹

Step 03 继续在左侧手臂处涂抹，恢复图像，效果如图4-99所示。

图4-99 最终效果图像

综合实战 为黑白照片添加颜色

任务内容

黑白照片因为没有色彩，照片的整体吸引力会降低。利用Photoshop中的画笔工具就可以为黑白图像上色，使其成为一张色彩鲜艳的彩色照片，主要包括：①新建空白图层并设置图层混合模式为“颜色”；②设置前景色并使用画笔工具为图像上色等操作。

任务要求

使用画笔工具并配合图层混合模式为图像上色。

参考效果图

图4-100 任务参考效果图

Step 01 打开“素材文件\模块04\黑白.jpg”文件，如图4-101所示。

图4-101 打开黑白文件

Step 02 在图层面板中，单击图层面板底部的“创建新图层”按钮，得到“图层1”，设置图层混合模式为“颜色”，如图4-102所示。

图4-102 设置“图层1”的图层混合模式

Step 03 设置前景色为肉色“#FFD0B6”，选择画笔工具，在人物皮肤位置涂抹，为皮肤上色，如图4-103所示。

图4-103 为人物的皮肤上色

Step 04 设置前景色为红色“#F77581”。选择画笔工具，在人物嘴唇位置涂抹，为嘴唇上色，如图4-104所示。

图4-104 为嘴唇上色

Step 05 在人物头发位置涂抹，为头发添加红色，如图4-105所示。

图4-105 为头发添加红色

Step 06 设置前景色为洋红色“#FE4BA7”，继续在人物头发位置涂抹，为头发添加洋红色，如图4-106所示。

图4-106 为头发添加洋红色

提示

使用“画笔工具”为图像上色时，要根据实际情况按[或]键，随时调整画笔的尺寸。

Step 07 在图层面板中，单击图层面板底部的“创建新图层”按钮，得到“图层2”，设置图层混合模式为“叠加”，如图4-107所示。

图4-107 设置图层混合模式

Step 08 设置前景色为黄色“#EDFA17”，继续在人物头发位置涂抹，为头发添加黄色，如图4-108所示。

图4-108 为头发添加黄色

Step 09 设置前景色为青色“#01C5D3”，继续在人物头发位置涂抹，为头发添加青色，如图4-109所示。

图4-109 为头发添加青色

Step 10 设置前景色为橙色“#01C5D3”，继续在人物头发位置涂抹，为头发添加橙色，如图4-110所示。

图4-110 为头发添加橙色

Step 11 分别设置前景色为红色“#DF604D”和绿色“#B4D553”，继续在人物头发位置涂抹，为头发添加红色和绿色，为指甲添加绿色，如图4-111所示。

图4-111 为头发添加红色和绿色，为指甲添加绿色

Step 12 分别设置前景色为橙色“#FF9800”、黄色“#FFF64E”和红色“#F52E67”继续在人物指甲位置涂抹，为指甲添加橙、黄和红色，如图4-112所示。

图4-112 为指甲添加橙、黄和红色

Step 13 执行“图层→拼合图像”命令，将图层拼合到背景，如图4-113所示。

图4-113 将图层拼合到背景

Step 14 选择涂抹工具，在选项栏中，设置“强度”为50%，在颜色衔接不好的位置进行涂抹，如图4-114所示。

图4-114 在颜色衔接不好的位置进行涂抹

Step 15 选择锐化工具，在选项栏中，设置“强度”为50%，在嘴唇位置拖动鼠标，锐化图像，如图4-115所示。

图4-115 锐化处理唇部

Step 16 设置前景色为黄色“#FFF100”，选择画笔工具，在白色背景位置涂抹，为背景填充黄色，效果如图4-116所示。

图4-116 填充黄色背景

小 结

本模块由5个任务和1个综合实战任务组成，主要介绍了Photoshop CC中颜色的设置和填充，画笔工具的使用方法以及图像修饰工具，主要包括污点修复画笔工具、修补工具、红眼工具、仿制图章工具等工具的用法。其中，画笔工具、仿制图章工具和渐变工具都是需要重点掌握的内容。

模块中穿插了17个操作实例，旨在引导读者运用工具和命令完成“更改人物衣饰颜色”“绘制心形花环和字母”“修复墨渍照片”“制作半彩图像效果”“添加花饰和背景”“为黑白照片添加颜色”等任务。

模块05 图层的管理与应用

图层是图像信息的平台，承载了几乎所有的编辑操作，是Photoshop CC最核心的功能之一。如果没有图层，所有的图像将处于同一个平面上，图像编辑的难度将无法想象。

在本模块中，我们将从简到难地讲解图层的整个操作过程。

能力目标

- 制作相册页
- 制作“烈火劫”文字特效
- 制作颓废人物场景

技能要求

- 运用图层的基本操作（新建图层、复制图层、隐藏图层、调整图层顺序）制作相册页
- 运用图层样式及图层混合模式制作“烈火劫”文字特效
- 运用图层混合模式融合图像，制作颓废人物场景特效

Photoshop CC

任务一 制作相册页

任务内容

图层是在Photoshop中进行一切操作的载体，以分层的形式来显示图像。每个图层中的对象都可以单独进行编辑，如移动位置、变换形状、调整颜色等，而不会影响其他图层的图像内容。通过图层，可以对图像进行合成或者制作特殊效果增加画面视觉冲击力。接下来就通过制作相册页来熟悉图层的基本应用。

任务要求

掌握图层的基本操作，包括新建图层、复制图层、隐藏图层、调整图层顺序等操作。

参考效果图

图5-1 任务参考 效果图

01 创建新图层

新建的图层一般位于当前图层的最上方，下面动手创建一个新图层。

Step 01 按“Ctrl+N”组合键，执行“新建”命令，设置“宽度”为20厘米、“高度”为14.5厘米、“分辨率”为200像素/英寸，单击“确定”按钮，如图5-2所示。

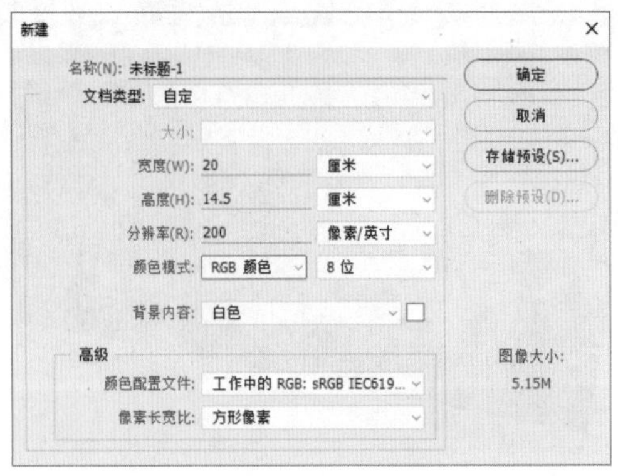

图5-2 “新建”对话框

Step 02 执行“视图→图层”命令，打开图层面板。单击面板右下角的“创建新图层”按钮，如图5-3所示。

Step 03 通过前面的操作，在图层面板中新建“图层1”，如图5-4所示。

图5-3 创建新图层

图5-4 新建“图层1”

02 重命名图层

新建图层时，默认名称为“图层1”“图层2”……，依次类推，为了方便对图层进行管理，一般需要对图层进行重新命名。

下面动手重命名刚才创建的图层。

Step 01 在图层面板中，双击“图层1”图层名称，进入文本编辑状态，如图5-5所示。

Step 02 在文本框中，输入文字“底色”，如图5-6所示。

图5-5 文本编辑状态

图5-6 输入文字

Step 03 按“Enter”键确认，更改图层名称，如图5-7所示。

图5-7 更改图层名称

Step 04 设置前景色为洋红色“#E620E8”，按“Alt+Delete”组合键填充前景色，如图5-8所示。

图5-8 填充前景色

Step 05 设置前景色为白色，选择画笔工具，在选项栏中，设置“不透明度”为50%，拖动鼠标绘制图像，如图5-9所示。

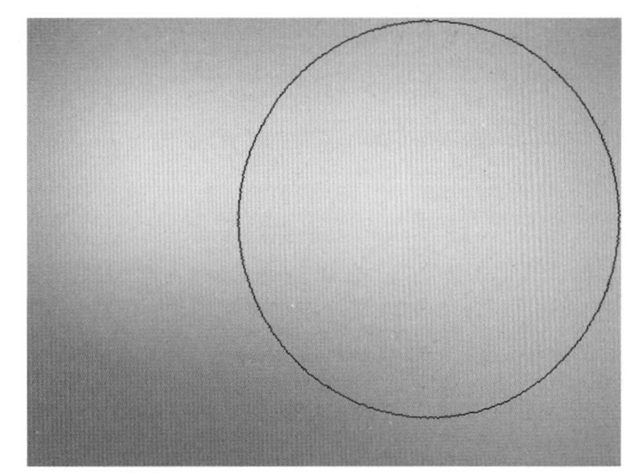

图5-9 绘制图像

Step 06 调整画笔大小和不透明度，继续绘制图像，效果如图5-10所示。

图5-10 继续绘制图像

03 复制图层

复制图层可将选定的图层进行复制，得到一个与原图层相同的图层。下面动手复制并重命名“底色”图层。

Step 01 将“底色”图层拖动到“创建新图层”按钮，如图5-11所示。

Step 02 释放鼠标后，得到“底色拷贝”图层，如图5-12所示。

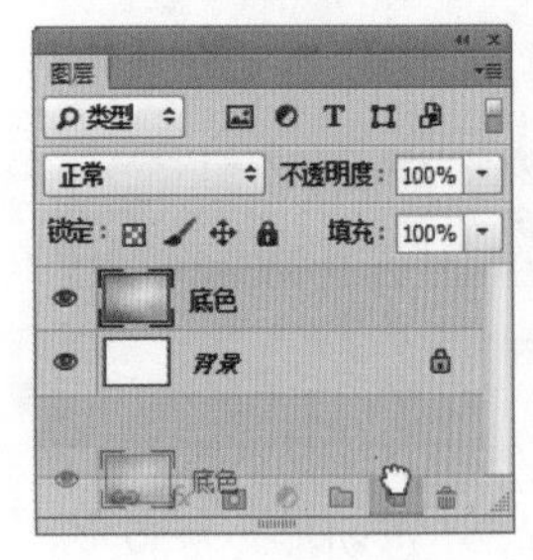

图5-11 拖动“底色”图层

图5-12 “底色拷贝”图层

Step 03 更改“底色拷贝”图层名称为“左上装饰”，如图5-13所示。

图5-13 更改图层名称

技巧

按“Ctrl+J”组合键，可以快速复制图层。如果图层中有选区，按“Ctrl+J”组合键，可以快速复制选区图像并生成新图层；按“Ctrl+Shift+J”组合键，可以快速剪切选区图像，并生成新图层。

04 隐藏图层

图层缩览图左侧的“指示图层可见性”图标用于控制图层的可见性。有该图标的图层为可见的图层。无该图标的图层是隐藏的图层。

下面动手隐藏“底色”图层，以方便观察“左上装饰”图层的擦除效果。

Step 01 在图层面板中，移动鼠标指针到“底色”图层前方的“指示图层可见性”图标，如图5-14所示。

Step 02 单击鼠标左键，即可隐藏“底色”图层，如图5-15所示。

图5-14 图层面板

图5-15 隐藏“底色”图层

Step 03 选择橡皮擦工具。在图像上拖动鼠标，擦除部分图像，如图5-16所示。

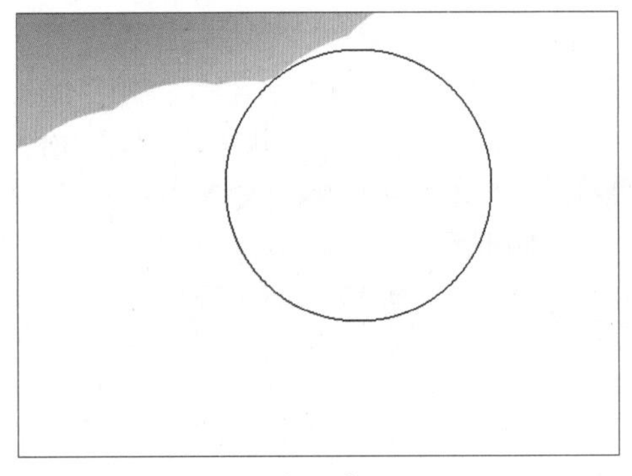
图5-16 擦除部分图像

Step 04 在选择一个硬毛刷的笔尖样式，使用橡皮擦工具继续擦除图像，效果如图5-17所示。

图5-17 继续擦除图像

05 投影图层样式

“投影”样式可以为对象添加阴影效果，阴影的透明度、边缘羽化和投影角度等都可以在“图层样式”对话框中设置，如图5-18所示。

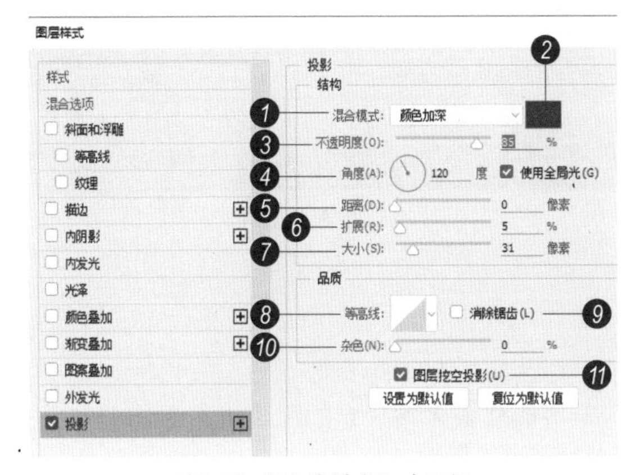

图5-18 “图层样式”对话框

❶ 混合模式：用于设置投影与下面图层的混合方式，默认为“正片叠底”模式。

❷ 投影颜色：在“混合模式”后面的颜色框中，可设定阴影的颜色。

❸ 不透明度：设置图层效果的不透明度，不透明度值越大，图像效果就越明显。可直接在后面的数值框中输入数值进行精确调节，或拖动滑动栏中的三角形滑块。

❹ 角度：设置光照角度，可确定投下阴影的方向与角度。当选中后面的“全局光”选项时，可将所有图层对象的阴影角度都统一。

❺ 距离：设置阴影偏移的幅度，距离越大，层次感越强。距离越小，层次感越弱。

❻ 扩展：设置模糊的边界，“扩展”值越大，模糊的部分越少，可调节阴影的边缘清晰度。

❼ 大小：设置模糊的边界，“大小”值越大，模糊的部分就越大。

❽ 等高线：设置阴影的明暗部分，可单击小三角符号选择预设效果，也可单击预设效果，弹出“等高线编辑器”重新进行编辑。等高线可设置暗部与高光部。

❾ 消除锯齿：混合等高线边缘的像素，使投影更加平滑。该选项对于尺寸小且具有复制等高线的投影最有用。

❿ 杂色：为阴影增加杂点效果，“杂色”值越大，杂点越明显。

⓫ 图层挖空投影：用于控制半透明图层中投影的可见性。选择该选项后，如果当前图层的填充不透明度小于100%，则半透明图层中的投影不可见。

下面动手为“左上装饰”图层添加投影效果。

Step 01 双击“左上装饰”图层，注意不要双击图层名称，如图5-19所示。

图5-19 双击“左上装饰”图层

Step 02 打开“图层样式”对话框。在打开的“图层样式”对话框中，选中“投影”选项，设置“混合模式”为“颜色加深”；单击右侧色块，设置投影颜色为深红色“#67006B”，设置“不透明度”为85%、“角度”为120度、“距离”为0像素、“扩展”为5%、“大小”为31像素，选中“使用全局光”选项，如图5-20所示。

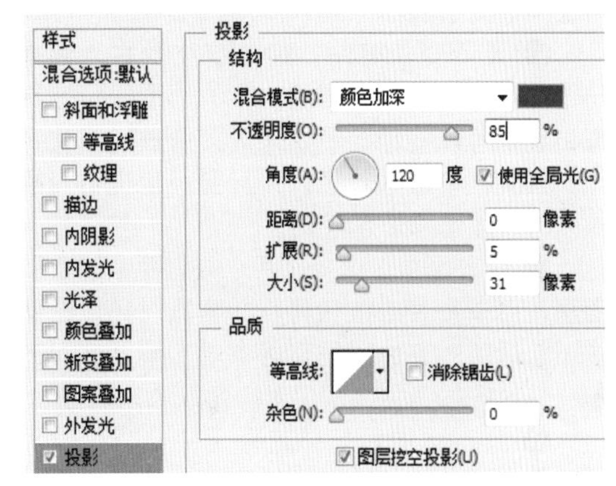

图5-20 “图层样式”对话框

Step 03 在图层面板中，显示隐藏的“底图”图层，如图5-21所示。

图5-21 显示隐藏的“底图”图层

Step 04 添加投影图层样式后，得到投影效果，如图5-22所示。

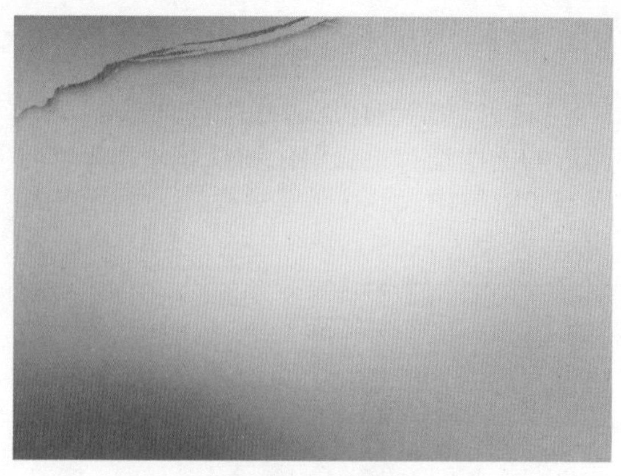

图5-22 投影效果

06 对齐和分布图像

在编辑图像文件时，可以将图层中的对象进行对齐操作或者按一定的距离进行平均分布。选择工具箱中的移动工具，其选项栏如图5-23所示。

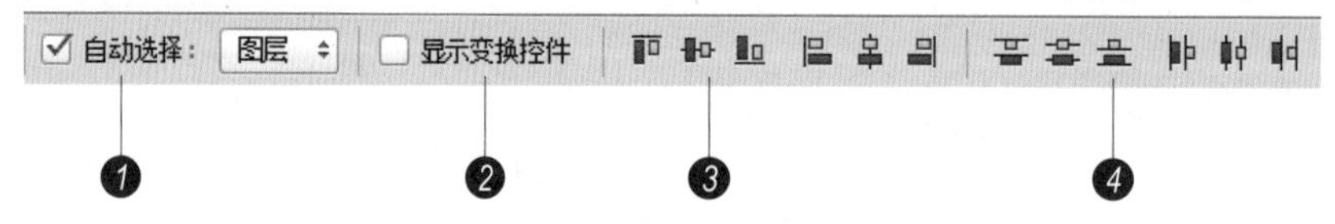

图5-23 移动工具的选项栏

❶ 自动选择：如果文档中包含多个图层或组，可选中该项并在下拉列表中选择要移动的内容。选择“图层”，使用移动工具在画面单击时，可以自动选择工具下面包含像素的最顶层的图层；选择“组”，则在画面单击时，可以自动选择工具下包含像素的最顶层的图层所在的图层组。

❷ 显示变换控件：选中该项以后，选择一个图层时，就会在图层内容的周围显示定界框，我们可以拖动控制点来对图像进行变化操作。当文档中图层较多，并且要经常进行变换操作时，该选项非常实用。

❸ 对齐图层：选择了两个或者两个以上的图层，可单击相应按钮将所选图层对齐。这些按钮包括顶对齐、垂直居中对齐、底对齐、左对齐、水平居中对齐和右对齐。

❹ 分布图层：如果选择了3个或3个以上的图层，可单击相应的按钮使所选图层按照一定的规则均匀分布，包括顶分布、垂直居中分布、按底分布、按左分布、水平居中分布和按右分布。

下面使用移动工具对齐图层。

Step 01 按“Ctrl+J”组合键，复制“左上装饰”图层，并移动到右侧位置，如图5-24所示。

图5-24 复制图层并移动

Step 02 按“Ctrl+J”组合键，再次复制“左上装饰”图层。并移动到右侧位置，命名为“右上装饰”，同时选中两个图层。如图5-25所示。

Step 03 在选项栏中，单击“顶对齐”按钮，如图5-26所示。

图5-25 复制图层

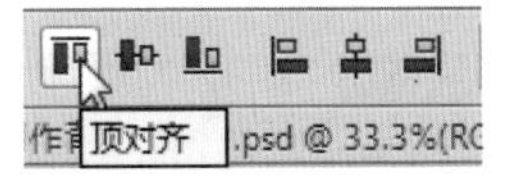

图5-26 单击“顶对齐”按钮

Step 04 通过前面的操作，顶对齐两个图层，如图5-27所示。

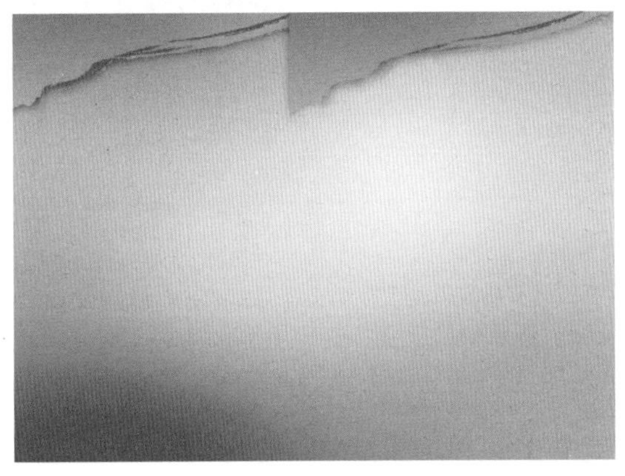

图5-27 顶对齐两个图层

Step 05 单击选中“右上装饰”图层，执行“编辑→变换→水平翻转”命令，水平翻转图像，如图5-28所示。

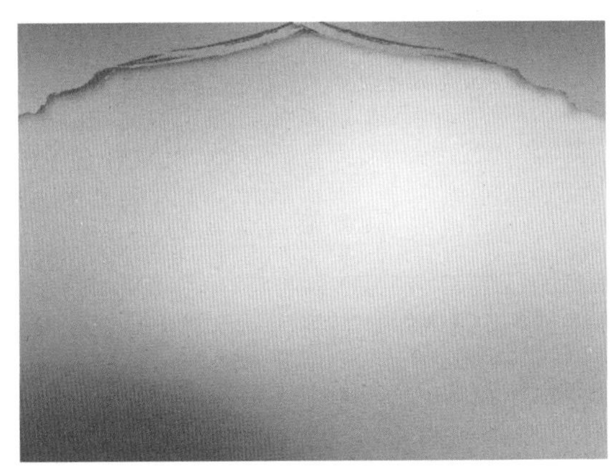

图5-28 水平翻转图像

Step 06 复制上方的两个图层，移到下方适当位置，执行“编辑→变换→垂直翻转”命令，垂直翻转图像，如图5-29所示。

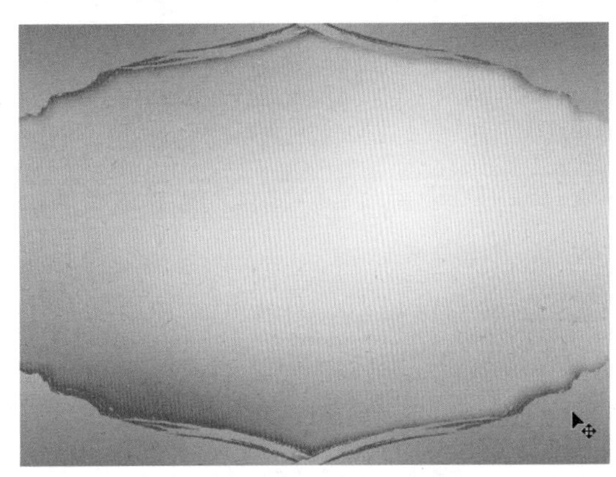

图5-29 创建图层下方的装饰

Step 07 将复制的两个图层更名为“左下装饰”和“右下装饰”，如图5-30所示。

图5-30 重命名图层

07 图层组

图层组可以像普通图层一样进行编辑，例如进行移动、复制、链接、对齐和分布。使用图层组来管理图层，可以使图层操作更加容易。

下面动手将四个装饰放在图层组中。

Step 01 单击图层面板下面的“创建新组”按钮，如图5-31所示。

Step 02 通过前面的操作，新建图层组，默认命名为“组1”，如图5-32所示

Step 03 选中四个装饰图层，往“组1”图层组中拖动，如图5-33所示。

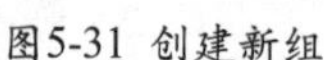

图5-31 创建新组

图5-32 命名为“组1”

Step 04 释放鼠标后，可将其添加到图层组中，如图5-34所示。

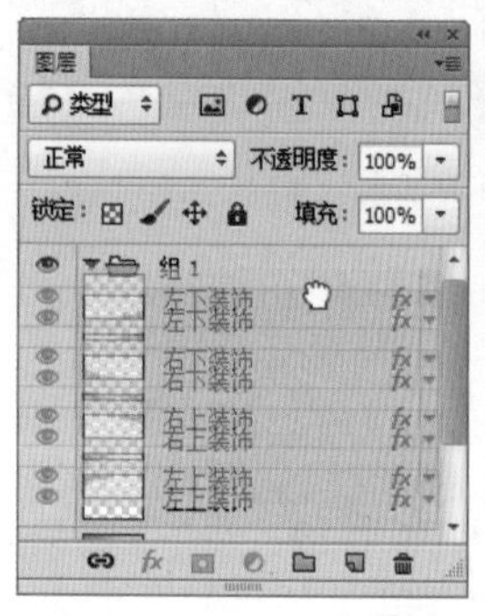

图5-33 选中四个装饰图层　图5-34 添加到图层组中

Step 05 单击图层组左侧的▶图标，可以展开和收缩图层组，如图5-35所示。

图5-35 展开和收缩图层组

技巧

将图层组中的图层拖出组外，可将其从图层中移除。如果不需要图层组进行图层管理，可以将其取消，并保留图层，选择该图层组，执行“图层→取消图层编组”命令，或按“Shift+Ctrl+G”组合键即可。

08 图层不透明度

图层面板中有两个控制图层不透明度的选项：“不透明度”和“填充”。其中，“填充”只影响图层中绘制的像素和形状的不透明度，不会影响图层样式不透明度；而“不透明度”选项则会影响图层整体的不透明度效果。下面动手更改“花纹”图层的不透明度。

Step 01 打开“素材文件\模块05\花纹.tif”文件，拖动到当前文件中，自动生成“花纹”图层，如图5-36所示。

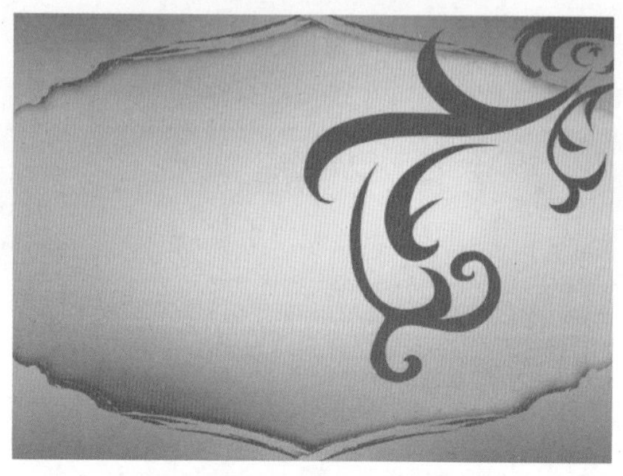

图5-36 加入花纹

Step 02 在图层面板中，更改“花纹”图层的“不透明度”为8%，如图5-37所示。

图5-37 更改透明度为8%

Step 03 通过前面的操作，调整图层的不透明度，效果如图5-38所示。

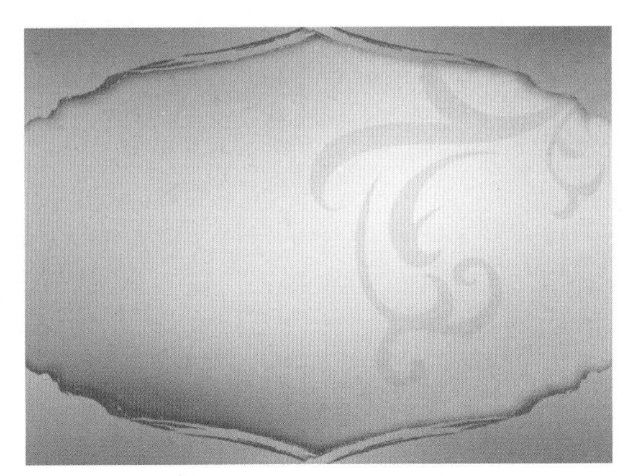

图5-38 调整图层不透明度后的效果

09 锁定图层

图层被锁定后，将限制图层编辑的内容和范围，被锁定的内容将不会受到编辑图层中其他内容的影响。图层面板的锁定组中提供了4个不同功能的锁定按钮，如图5-39所示。

图5-39 图层面板的锁定组

❶ 锁定透明像素：单击该按钮，则图层或图层组中的透明像素被锁定。当使用绘制工具绘图或填充描边时，将只对图层非透明的区域（即有图像的像素部分）生效。

❷ 锁定图像像素：单击该按钮，可以将当前图层保护起来，使之不受任何填充、描边及其他绘图操作影响。

❸ 锁定位置：用于锁定图像的位置，使之不能对图层内的图像进行移动、旋转、翻转和自由变换等操作，但可以对图层内的图像进行填充、描边和其他绘图的操作。

❹ 锁定全部：单击该按钮，图层全部被锁定，不能移动位置、不可执行任何图像编辑操作，也不能更改图层的不透明度和图像的混合模式。

下面通过锁定图层透明度，动手为图层填充白色。

Step 01 按“Ctrl+J”组合键，复制“花纹”图层，命名为“白花纹”。单击左上角的“锁定透像素”按钮，如图5-40所示。

图5-40 复制“花纹”图层

Step 02 往左侧拖动，调整“白花纹”图层的位置，如图5-41所示。

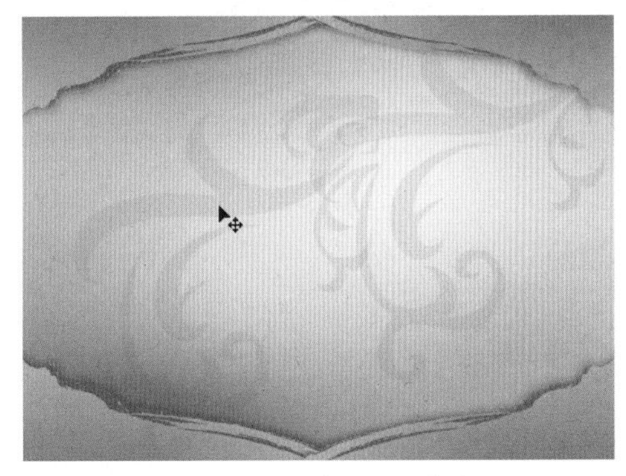

图5-41 调整“白花纹”图层的位置

Step 03 按“D”键恢复默认前（背）景色，按“Ctrl+Delete”组合键，填充背景白色，如图5-42所示。

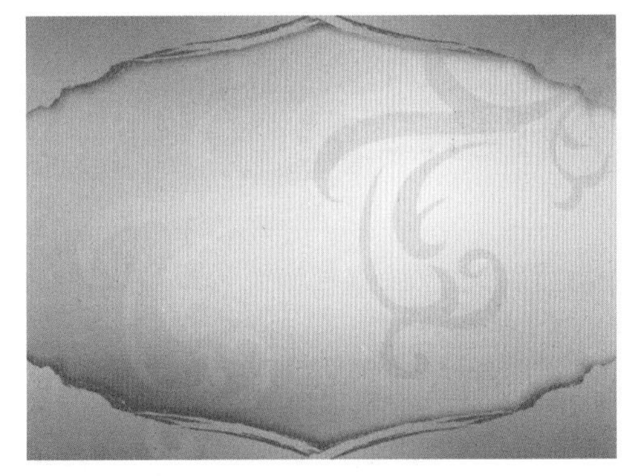

图5-42 填充背景白色

10 调整图层顺序

在图层面板中，图层是按照创建的先后顺序排列的。接下来添加照片，并调整图层的顺序。下面动手添加照片、调整图层的顺序。

Step 01 打开"素材文件\模块05\儿童.jpg"文件，拖动到相册文件中，移动到适当位置，图层命名为"儿童"，按"Ctrl+T"快捷键执行自由变换操作，适当倾斜图像，如图5-43所示。

图5-43 "儿童"图层

Step 02 在图层面板中，向下方拖动"儿童"图层，如图5-44所示。

Step 03 当鼠标移动到"底色"图层上方时，释放鼠标左键，完成图层顺序调整，如图5-45所示。

Step 04 调整图层顺序后，得到图像效果如图5-46所示。

图5-44 拖动"儿童"图层

图5-45调整图层顺序

图5-46 最终图像效果

> **技巧**
>
> 在图层面板中，选择需要调整叠放顺序的图层，按"Ctrl+["组合键可以将其向下移动一层；按"Ctrl+]"组合键可以将其向上移动一层；按"Ctrl+Shift+]"组合键可将当前图层置为最顶层；按"Ctrl+Shift+["组合键，可将当前图层置于最底部。

任务二 制作"烈火劫"文字特效

任务内容

图层样式可以为图像或文字模拟出水晶质感、金属质感、凹凸质感等效果。图层混合模式则用于融合图像，是图像合成中十分重要的一项操作。下面就通过制作烈火劫文字特效了解图层样式及图层混合模式的基本应用。

任务要求

了解图层样式、图层混合模式在图像处理中的应用，以及图层合并、调整图层的操作方法。

参考效果图

图5-47 任务参考效果图

01 填充图层

填充图层可以为目标图像添加色彩、渐变或图案填充效果，这是一种保护性色彩填充，不会改变图像自身的颜色，下面以渐变和图案填充为例，动手创建渐变填充图层。

Step 01 按“Ctrl+N”组合键，执行“新建”命令，设置“宽度”为12.7厘米、“高度”为7.6厘米、“分辨率”为200像素/英寸，单击“确定”按钮，如图5-48所示。

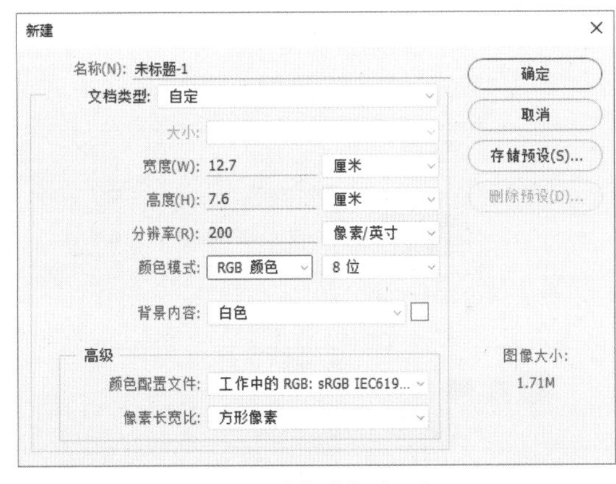

图5-48 “新建”对话框

Step 02 通过前面的操作，新建空白文件，将背景填充为黑色，如图5-49所示。

图5-49 填充黑色背景

Step 03 设置前景色为红色“FF0000”、背景色为黑色。执行“图层→新建填充图层→渐变”命令，打开“新建图层”对话框，单击“确定”按钮，如图5-50所示。

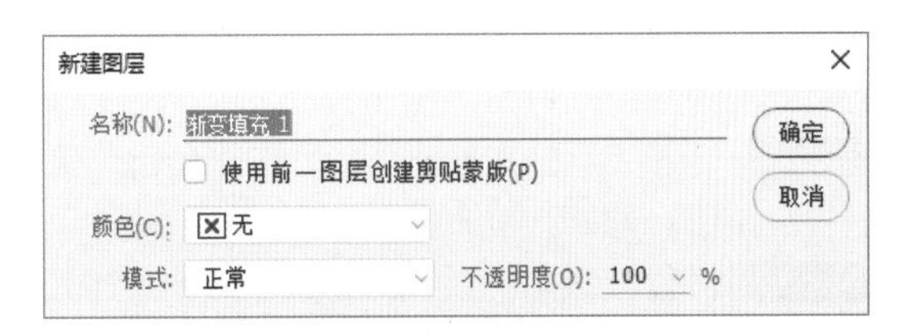

图5-50 “新建图层”对话框

Step 04 在打开的“渐变填充”对话框中，单击渐变色条右侧的下拉按钮，在打开的下拉列表框中，单击“前景色到背景色渐变”，如图5-51所示。

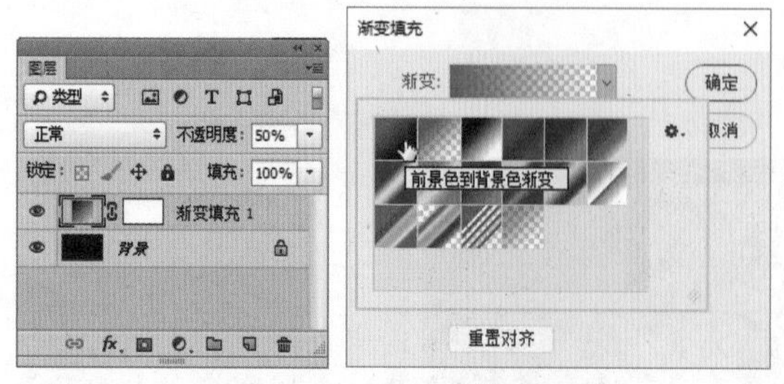

图5-51 “渐变填充”对话框

Step 05 设置“样式”为线性、“角度”为90度、“缩放”为150%，单击“确定”按钮，如图5-52所示。

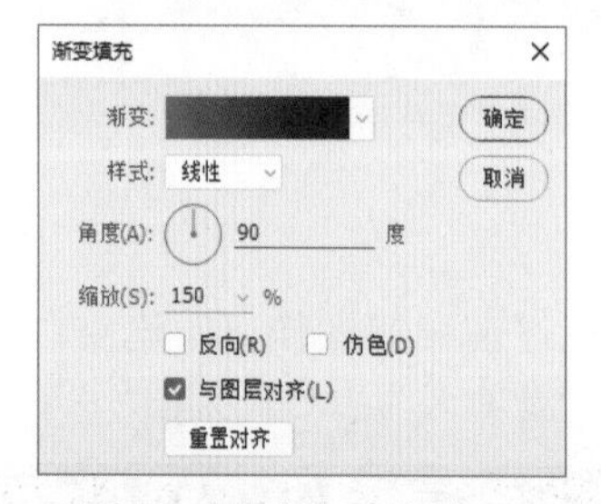

图5-52 设置渐变填充的属性

Step 06 通过前面的操作，创建“渐变填充1”图层，如图5-53所示。

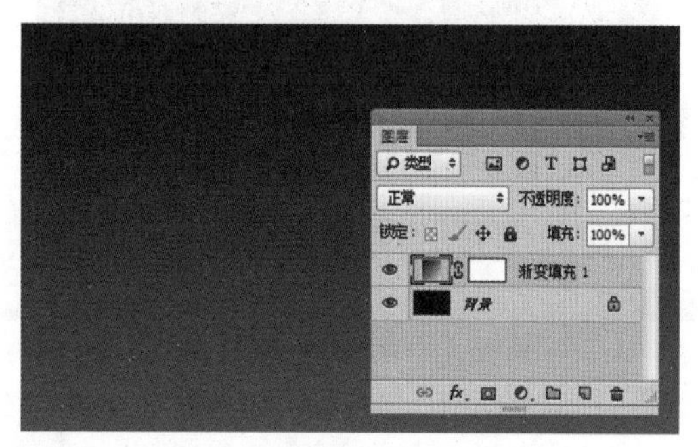

图5-53 创建“渐变填充1”图层

Step 07 设置“渐变填充1”图层“不透明度”为50%，如图5-54所示。

Step 08 打开“素材文件\模块05\纹理1.jpg”文件，如图5-55所示。

Step 09 执行“编辑→定义图案”命令，打开“图案名称”对话框，设置定义图案名称为“纹理”，单击“确定”按钮，如图5-56所示。

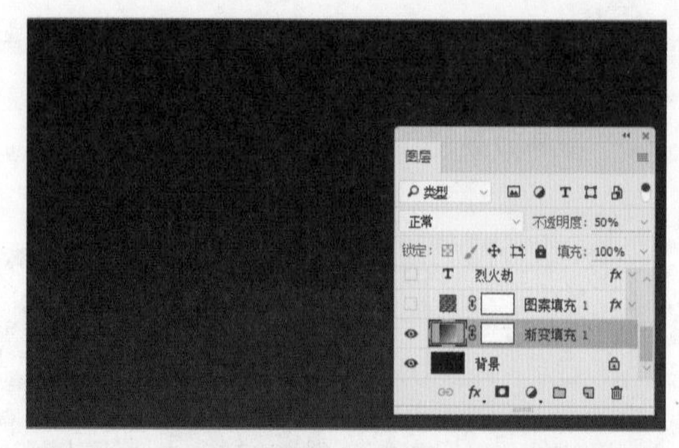

图5-54 设置“渐变填充1”图层“不透明度”为50%

图5-55 打开文件

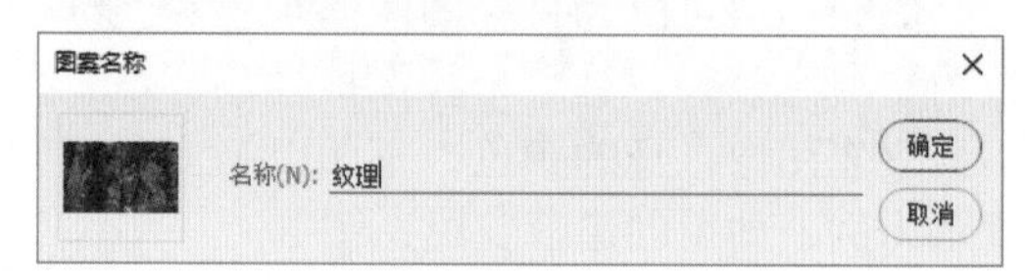

图5-56 “图案名称”对话框

Step 10 执行“图层→新建填充图层→图案”命令，打开“新建图层”对话框，单击“确定”按钮。弹出“图案填充”对话框，单击左侧图案，在下拉列表框中选择刚刚设置的“纹理”图案，单击“确定”按钮，如图5-57所示。

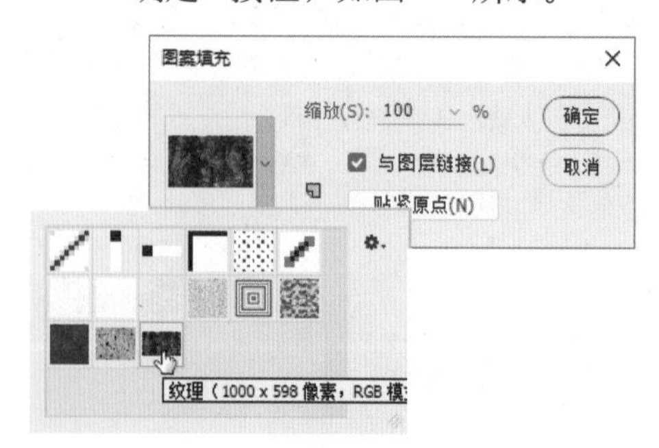

图5-57 “图案填充”对话框

Step 11 通过前面的操作，得到图案填充效果，如图5-58所示。

图5-58 图案填充效果

02 图层混合模式

图层混合模式是图层和图层之间的混合方式，混合模式共分为6组，如图5-59所示。

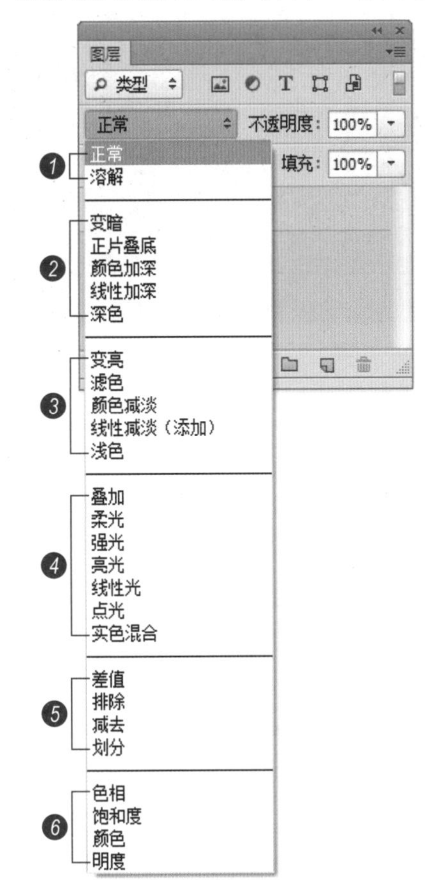

图5-59 图层混合模式

❶ 该组中的混合模式需要降低图层的不透明度才能产生作用。

❷ 该组中混合模式可以使图像变暗，在混合过程中，当前图层中的白色将被底色较暗的像素替代。

❸ 该组与加深模式产生的效果相反，它们可以使图像变亮。在使用这些混合模式时，图像中的黑色会被较亮的像素替换，而任何比黑色亮的像素都可能加亮底层图像。

❹ 该组中的混合模式可以增强图像的反差。在混合时，50%的灰色会完全消失，任何亮度值高于50%灰色的像素都可能加亮底层的图像，亮度值低于50%灰色的像素则可能使底层图像变暗。

❺ 该组中的混合模式能比较当前图像与底层图像，然后将相同的区域显示为黑色，不同的区域显示为灰度层次或彩色。如果当前图层中包含白色，白色的区域会使底层图像反相，而黑色不会对底层图像产生影响。

❻ 使用该组混合模式时，Photoshop会将色彩分为色相、饱和度和亮度3种成分，然后将其中一种或两种应用在混合后的图像中。

下面动手混合图案填充图层。

Step 01 在图层面板左上角中，设置图层混合模式为“颜色减淡”、“不透明度”为80%，效果如图5-60所示。

图5-60 设置图层混合模式和不透明度

Step 02 通过前面的操作，得到图层混合效果，如图5-61所示。

Step 03 选择横排文字工具T，输入文字“烈火劫”、在选项栏设置字体为“汉仪水滴体简”、字号为72，字体颜色为红色，如图5-62所示。

图5-61 图层混合效果

图5-62 横排文字

Step 04 双击文字图层，在打开的“图层样式”对话框中，选中“投影”选项，设置“混合模式”为正常、“不透明度”为75%、“角度”为90度、“距离”为8像素、“扩展”为5%、“大小”为12像素，取消“使用全局光”复选框的勾选，如图5-63所示。

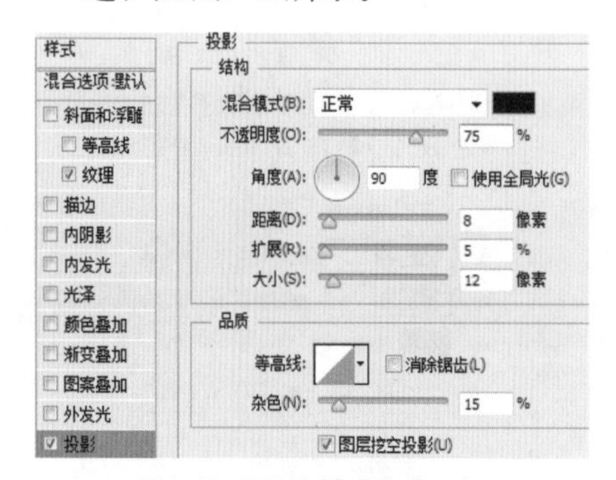

图5-63 “图层样式”对话框

03 颜色、渐变、图案叠加图层样式

颜色、渐变、图案叠加这三个图层样式可以在图层上分别叠加指定的颜色、渐变和图案，通过设置参数，可以控制叠加效果。下面动手为文字添加图案叠加效果。

Step 01 在“图层样式”对话框中，选中“图案叠加”选项，设置“混合模式”为正片叠底、图案为“纹理”、“不透明度”为90%、“缩放”为100%，如图5-64所示。

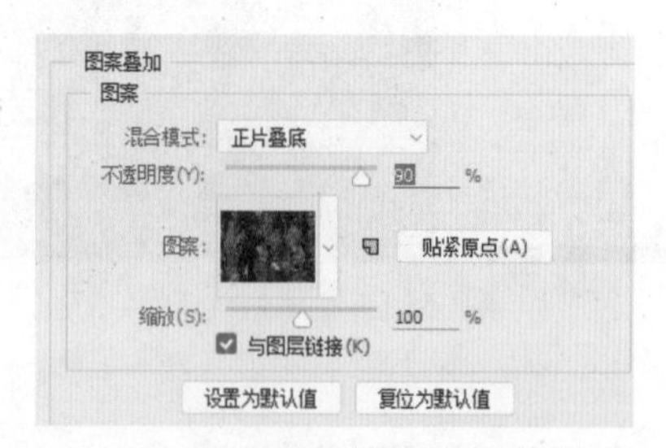

图5-64 “图层样式”对话框

Step 02 通过前面的操作，为图层添加图案叠加样式，效果如图5-65所示。

图5-65 添加图案叠加样式

04 内（外）发光图层样式

“外发光”是在图层对象边缘外产生发光效果，其选项面板如图5-66所示。

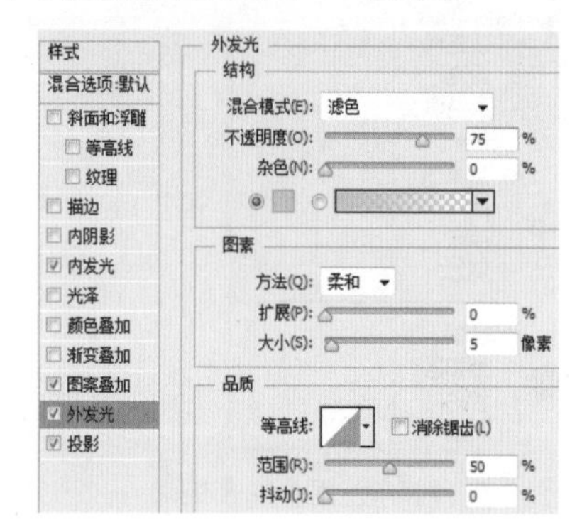

图5-66 “外发光”图层样式的选项面板

“内发光”效果向物体内侧创建发光效果。“内发光”效果中除了“源”和“阻塞”外，其他大部分选项都与“外发光”效果相同，选项参数如图5-67所示。

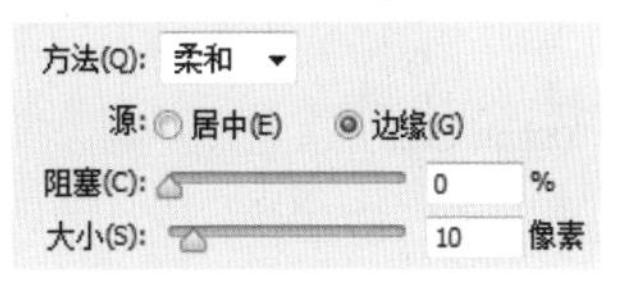

图5-67 “外发光”图层样式的选项面板

下面动手为文字添加“内发光”效果。

Step 01 在“图层样式”对话框中，选中“内发光”选项，设置“混合模式”为实色混合、发光颜色为橙色“FFBA00”、“不透明度”为80%、“源”为边缘、“阻塞”为0%、“大小”为10像素、“等高线”为内凹—浅、“范围”为100%、“抖动”为0%，如图5-68所示。

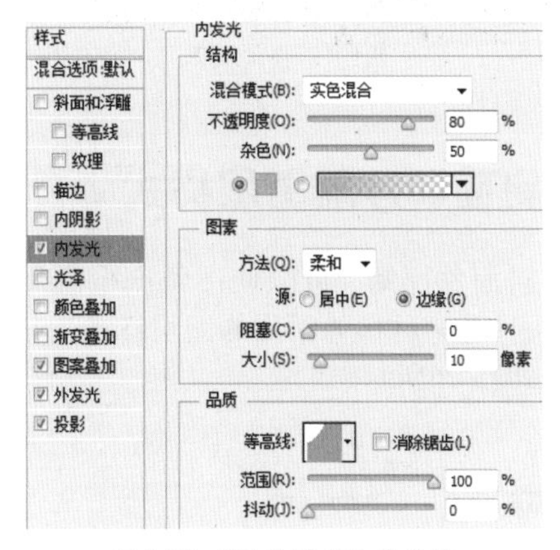

图5-68 “图层样式”对话框

Step 02 通过前面的操作，得到“内发光”效果，如图5-69所示。

图5-69 “内发光”效果

05 内阴影图层样式

“内阴影”效果可以在紧靠图层内容的边缘内添加阴影，使图层内容产生凹陷效果。下面动手为文字添加内阴影效果。

Step 01 在“图层样式”对话框中，选中“内阴影”选项，设置“混合模式”为“线性减淡（添加）”、“不透明度”为75%、阴影颜色为橙色“FFBA00”、“角度”为-90度、“距离”为8像素、“阻塞”为20%、“大小”为6像素、“杂色”为20%，如图5-70所示。

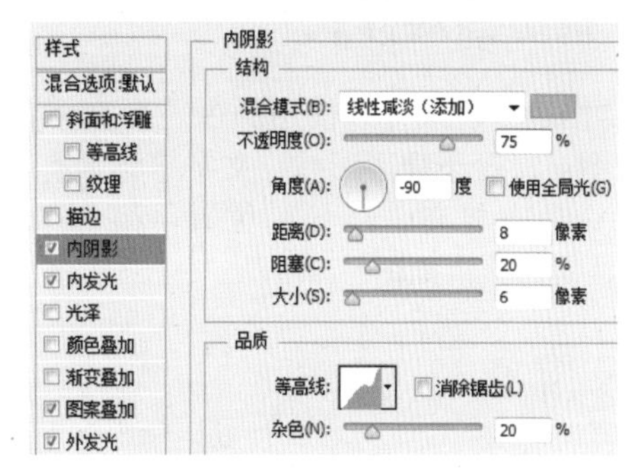

图5-70 设置“内阴影”选项

Step 02 单击等高线图标，在弹出的“等高线编辑器”对话框中，拖动调整等高线形状，单击“确定”按钮，如图5-71所示。

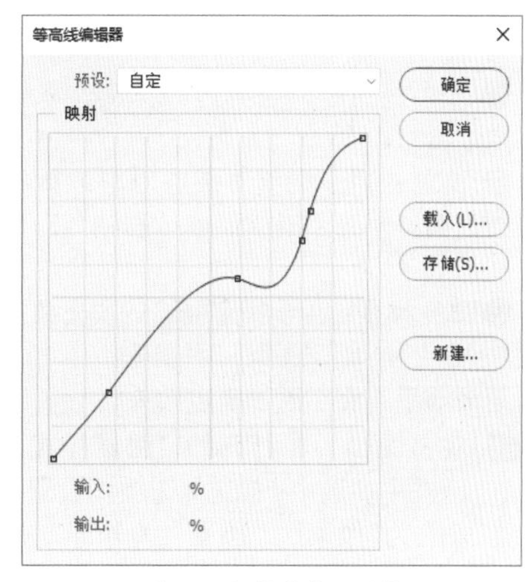

图5-71 调整等高线形状

Step 03 通过前面的操作，得到内阴影效果，如图5-72所示。

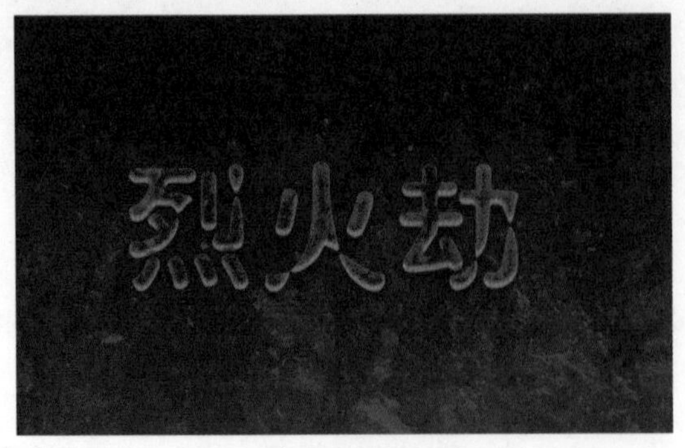

图5-72 内阴影效果

06 描边图层样式

“描边”效果可以使用颜色、渐变或图案描边图层，对于硬边形状、文字等特别有用。设置选项主要有“大小”“位置”和“填充类型”，其选项栏如图5-73所示。

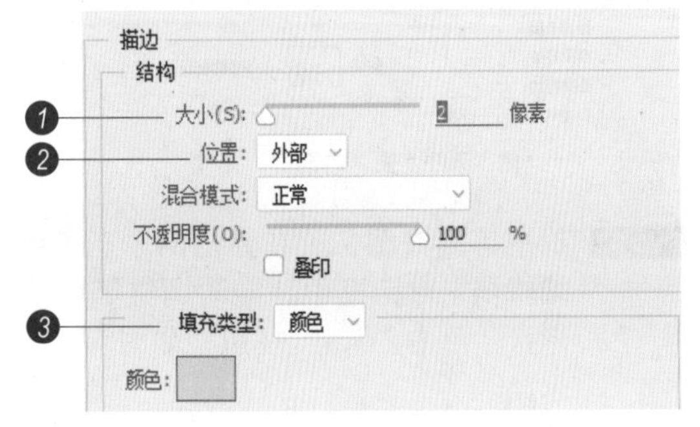

图5-73 描边图层样式的选项栏

❶ 大小：用于调整描边的宽度，取值越大，描边越粗。

❷ 位置：用于调整对图层对象进行描边的位置，有“外部”“内部”和“居中”三个选项。

❸ 填充类型：用于指定描边的填充类型，包括“颜色”“渐变”“图案”3种类型。

下面动手为文字添加描边效果。

Step 01 双击图层，在打开的“图层样式”对话框中，选中“描边”选项，设置“大小”为2像素、“位置”为外部、描边颜色为黄色“#FFF100”，如图5-74所示。

Step 02 通过前面的操作，得到描边效果，如图5-75所示。

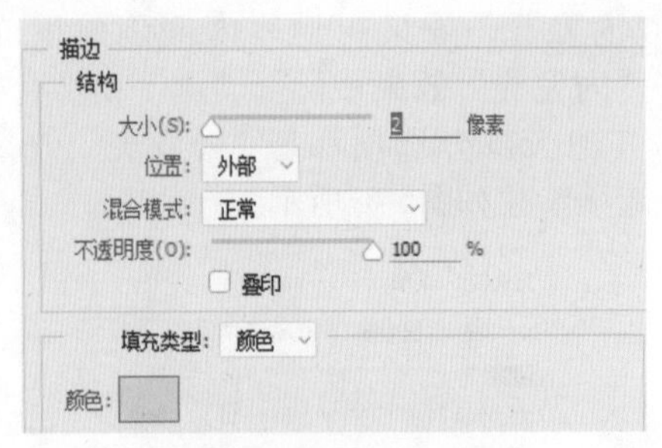

图5-74 设置“描边”选项

图5-75 描边效果

07 斜面和浮雕图层样式

“斜面和浮雕”可以使图像产生立体的浮雕效果，是一种极为常用的图层样式，其选项面板如图5-76所示。

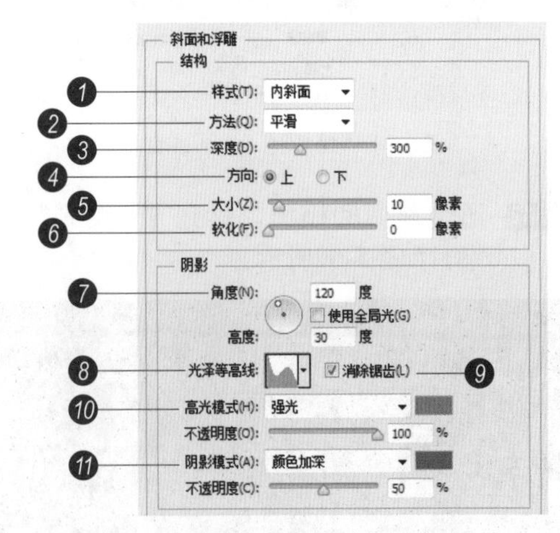

图5-76 斜面和浮雕图层样式的选项面板

❶ 样式：在该选项下拉列表中可以选择斜面和浮雕的样式。

❷ 方法：用于选择一种创建浮雕的方法。

❸ 深度：用于设置浮雕斜面的应用深

度，该值越高，浮雕的立体感越强。

❹ 方向：定位光源角度后，可通过该选项设置高光和阴影位置。

❺ 大小：用于设置斜面和浮雕中阴影面积的大小。

❻ 软化：用于设置斜面和浮雕的柔和程度，软化值越高，效果越柔和。

❼ 角度/高度："角度"选项用于设置光源的照射角度，"高度"选项用于设置光源的高度。

❽ 光泽等高线：为斜面和浮雕表面添加光泽，创建具有光泽感的金属外观浮雕效果。

❾ 消除锯齿：可以消除由于设置了光泽等高线而产生的锯齿。

❿ 高光模式：用于设置高光的混合模式、颜色和不透明度。

⓫ 阴影模式：用于设置阴影的混合模式、颜色和不透明度。

下面动手为文字添加斜面和浮雕效果。

Step 01 双击图层，在打开的"图层样式"对话框中，选中"斜面和浮雕"选项，设置"样式"为内斜面、"方法"为平滑、"深度"为300%、"方向"为上、"大小"为10像素、"软化"为0像素、"角度"为120度、"高度"为30度，取消"使用全局光"复选框的勾选，设置"光泽等高线"为"滚动斜坡-递减"、"高光模式"为强光、"不透明度"为100%、颜色为浅橙"#FF6C00"、"阴影模式"为颜色加深、"不透明度"为50%、颜色为红色"#FF0000"，如图5-77所示。

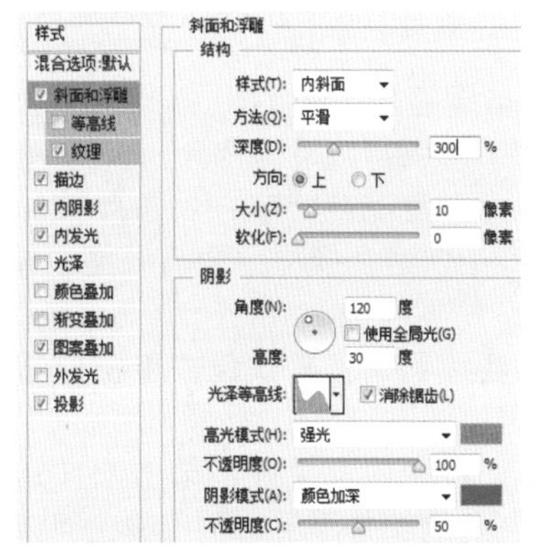

图5-77 "图层样式"对话框

Step 02 通过前面的操作，得到斜面和浮雕效果，如图5-78所示。

图5-78 斜面和浮雕效果

> **技巧**
>
> 盖印是一种特殊的图层合并方法，它可以将多个图层中的图像内容合并到一个图层中，并保持原有图层的完好无损。按"Shift+Ctrl+Alt+E"组合键可以盖印所有可见图层，在图层面板的最上方自动创建图层。按"Ctrl+Alt+E"组合键可以盖印多个选定图层或链接图层。

08 栅格化图层

如果要使用绘画工具和滤镜编辑文字图层，需要先将其栅格化，使图层中的内容转换为栅格图像，然后才能够进行相应的编辑。

下面动手将图层中的内容转换为栅格图像。

Step 01 按"Ctrl+J"组合键复制图层，生成"烈火劫拷贝"图层，如图5-79所示。

Step 02 选择"烈火劫拷贝"图层，执行"图层→栅格化→文字"命令，栅格化文字图层，如图5-80所示。

图5-79 "烈火劫拷贝"图层

图5-80 栅格化文字图层

09 合并图层

图层、图层组和图层样式的增加会占用计算机的内存和暂存盘，从而导致计算机的运算速度变慢。将相同属性的图层进行合并，不仅便于管理，还可减少所占用的磁盘空间，以加快操作速度。

下面动手为文字添加扭曲效果。

Step 01 按住“Ctrl”键，单击“烈火劫拷贝”图层，将在该图层下方新建“图层1”，如图5-81所示。

Step 02 执行“图层→向下合并”命令，或按“Ctrl+E”组合键，可以合并图层，合并后图层使用下面图层名称，如图5-82所示。

图5-81 新建“图层1”

图5-82 合并图层

Step 03 执行“滤镜→扭曲→挤压”命令，设置“数量”为40%，单击“确定”按钮，如图5-83所示。

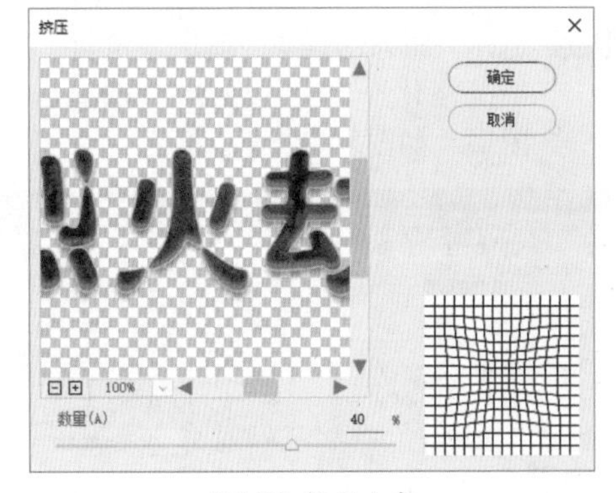

图5-83 挤压文字

Step 04 通过前面的操作，得到文字扭曲效果。隐藏下方的文字图层，如图5-84所示。

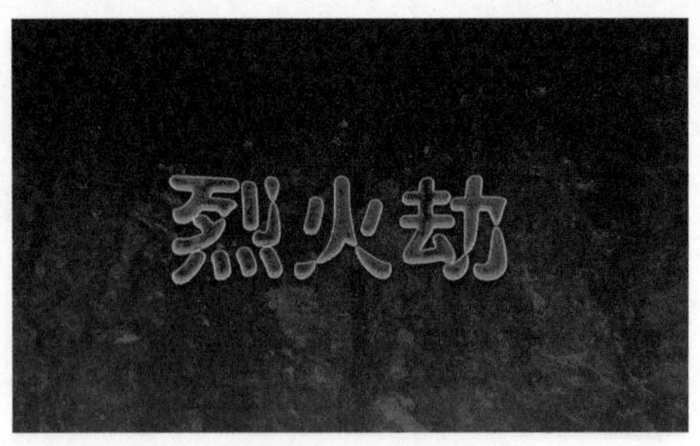

图5-84 文字扭曲效果

10 调整图层

调整图层可以将颜色和色调调整应用于图像，但是不会改变原图像的像素，属于一种保护性调整方式。

创建调整图层后，会显示相应的参数设置面板。例如，创建“色阶”调整图层后，设置参数的属性面板如图5-85所示。

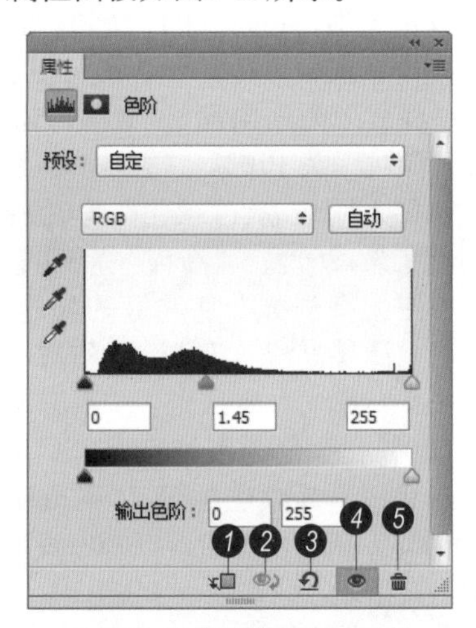

图5-85 调整图层的属性面板

❶ 此调整剪切到此图层：单击此按钮，用户设置的调整图层效果将影响下面的所有图层。

❷ 可查看上一状态：单击此按钮，可在图像窗口中快速切换原图像与设置调整图层后的效果。

❸ 复位到调整默认值：单击此按钮，可以将设置的调整参数恢复到默认值。

❹ 切换图层可见性：单击此按钮，可隐藏用户创建的调整图层，再次单击可以显示调整图层。

❺ 删除此调整图层：单击此按钮，将会弹出询问对话框，询问是否删除调整图层，单击“是”按钮即可删除相应的调整图层。

下面动手调整总体图像的对比度。

Step 01 在调整面板中，单击“创建新的色阶调整图层”按钮，如图5-86所示。

图5-86 创建新的色阶调整图层

Step 02 打开“色阶”调整图层的属性面板，设置输入色价值（0，1.45，255），如图5-87所示。

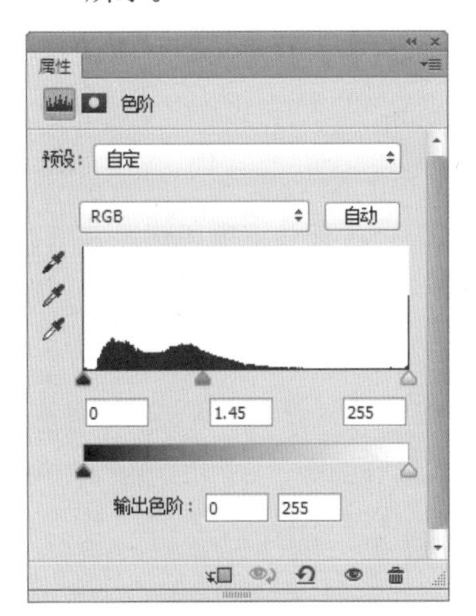

图5-87 “色阶”调整图层的属性面板

Step 03 通过前面的操作，调整总体图像的对比度，效果如图5-88所示。

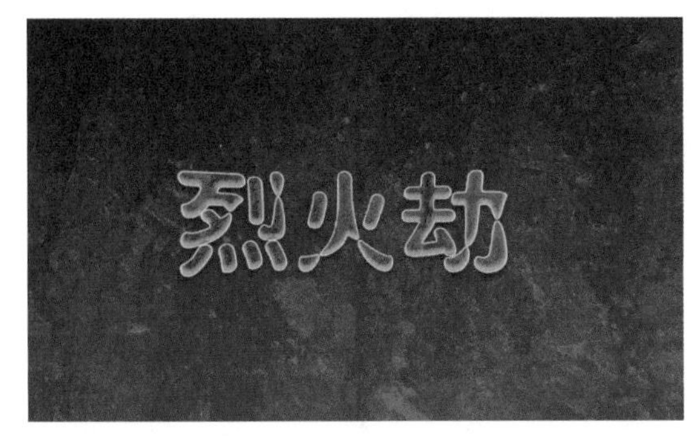

图5-88 调整总体图像的对比度后的效果

Step 04 打开“素材文件\模块05\火.jpg”文件，复制、粘贴到当前文件中，命名为“火”，如图5-89所示。

图5-89 复制、粘贴图像到文件中

Step 05 更改“火”图层混合模式为“滤色”，如图5-90所示。

图5-90 更改“火”图层混合模式为“滤色”

Step 06 通过前面的操作，得到图层混合效果，如图5-91所示。

图5-91 图层混合效果

Step 07 继续创建“色阶”调整图层，在属性面板中，设置输入色价值（0，2，137），单击“此调整剪切到此图层”按钮，使调整效果只应用于火焰图层上，如图5-92所示。

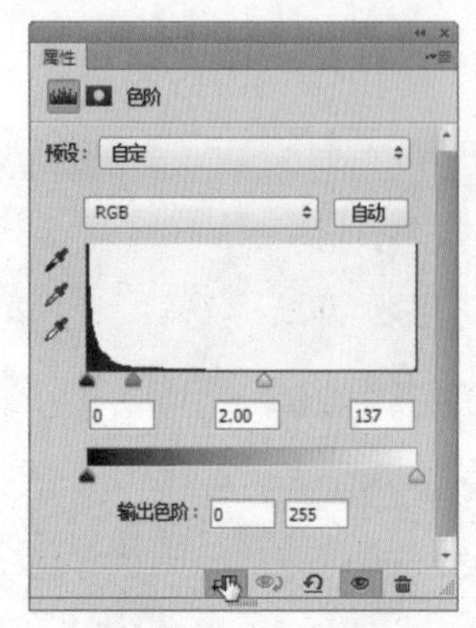

图5-92 调整效果

Step 08 通过前面的操作，使火焰变得更加鲜艳，最终图像效果如图5-93所示。

图5-93 最终图像效果

综合实战 制作颓废人物场景

任务内容

颓废感算是非主流的一种设计风格。在现代设计风格中，这种非主流风格是非常流行的。下面在Photoshop CC中制作颓废人物场景特效。

任务要求

准备好素材图像，运用图层的基本操作及图层混合模式融合图像，制作出颓废的图像效果。

参考效果图

图5-94 任务参考效果图

Step 01 打开“素材文件\模块05\木纹.jpg”文件，如图5-95所示。

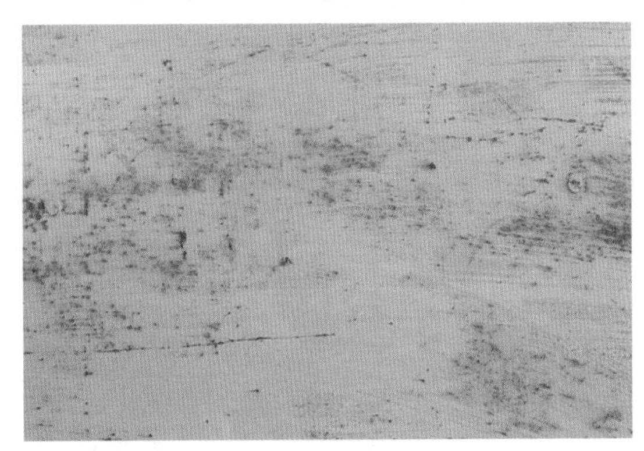

图5-95 打开“木纹”文件

Step 02 按“Ctrl+J”组合键，复制木纹图层，命名为“正片叠底”，更改图层混合模式为“正片叠底，如图5-96所示。

图5-96 更改图层混合模式为“正片叠底”

Step 03 混合图层后，整体图像变暗，效果如图5-97所示。

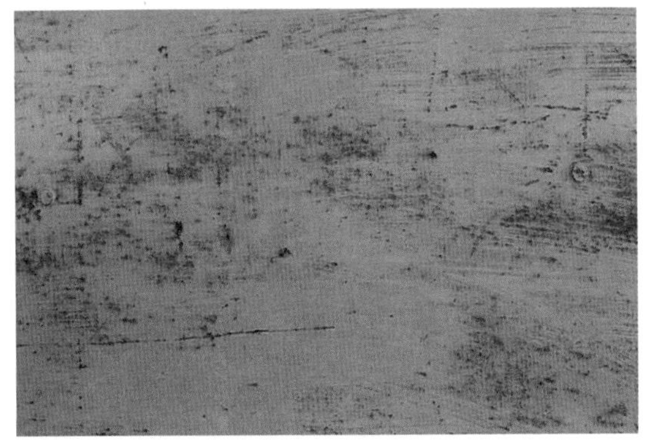

图5-97 整体图像变暗后的效果

Step 04 打开“素材文件\模块05\花朵.jpg”文件，复制、粘贴到当前文件中，命名为“花朵”，如图5-98所示。

图5-98 创建“花朵”图层

Step 05 按“Ctrl+J”组合键，复制图层，命名为“去色”，如图5-99所示。

图5-99 创建“去色”图层

Step 06 按“Ctrl+Shift+U”组合键，执行去色命令，去除图像色彩，效果如图5-100所示。

图5-100 去除图像色彩

Step 07 在图层面板中，更改图层混合模式为“强光”，如图5-101所示。

Step 08 混合图层后，得到主体对象偏深的混合效果，效果如图5-102所示。

图5-101 更改图层混合模式为“强光”

图5-102 主体对象偏深的混合效果

Step 09 新建图层，命名为“橙色”。设置前景色为橙色“#FBAE0A”，按“Alt+Delete”组合键，填充前景色，如图5-103所示。

图5-103 填充前景色

Step 10 设置图层混合模式为“正片叠底”、“不透明度”为40%，如图5-104所示。

Step 11 混合图层并调整不透明度后，得到偏黄的旧照片效果，如图5-105所示。

Step 12 打开“素材文件\模块05\破墙.jpg”文件，复制、粘贴到当前文件中，命名为“滤色”，如图5-106所示。

图5-104 设置图层混合模式和不透明度

图5-105 偏黄的旧照片效果

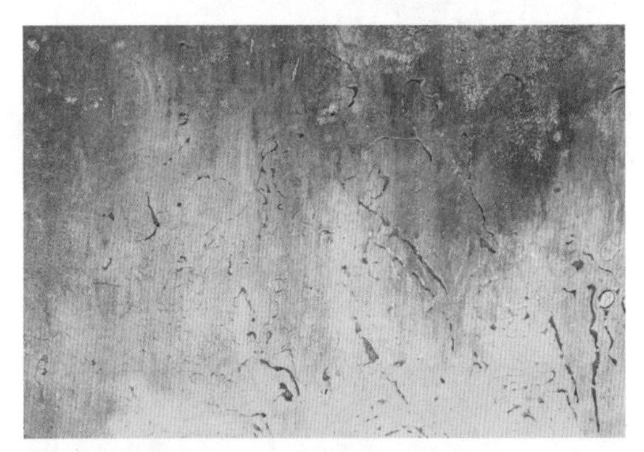

图5-106 复制、粘贴图像当前文件中

Step 13 设置图层混合模式为“滤色”，如图5-107所示。

图5-107 设置图层混合模式为“滤色”

Step 14 混合图层后，得到泛白的图像效果，如图5-108所示。

图5-108 得到泛白的图像效果

Step 15 打开“素材文件\模块05\纹理2.jpg”文件，复制、粘贴到当前文件中，命名为“叠加”，如图5-109所示。

图5-109 复制、粘贴纹理图像到当前文件中

Step 16 设置“叠加”图层的混合模式为“叠加”，如图5-110所示。

图5-110 设置“叠加”图层的混合模式

Step 17 混合图层后，得到对比鲜明的图像效果，如图5-111所示。

图5-111 对比鲜明的图像效果

Step 18 打开“素材文件\模块05\翅膀.tif”文件，拖动到当前文件中，移动到适当位置，如图5-112所示。

图5-112 加入翅膀图像

Step 19 设置“翅膀”图层混合模式为“线性减淡（添加）”，如图5-113所示。

图5-113 设置“翅膀”图层混合模式

Step 20 设置图层混合模式后，图像效果如图5-114所示。

Step 21 打开“素材文件\模块05\人物.psd”文

件，拖动到当前文件中，移动到适当位置，如图5-115所示。

图5-114 图像效果

图5-115 添加人物图像并移动到合适的位置

Step 22 设置“人物”图层的混合模式为“明度”，如图5-116所示。

图5-116 设置“人物”图层的混合模式

Step 23 混合图层后，得到整体统一的色调效果，如图5-117所示。

图5-117 最终图像效果

小 结

本模块由2个任务和1个综合实战任务组成，主要介绍了Photoshop CC中图层的创建与编辑的方法，包括图层的新建、复制、调整图层顺序、锁定、合并等操作，以及图层样式、图层混合模式、调整图层和填充图层的应用等内容。图层样式、图层混合模式、调整图层在图像后期合成与修饰中有着举足轻重的作用，是学习本模块的重点。

模块中穿插了21个操作实例，旨在引导读者运用图层样式及图层混合模式等功能完成“制作相册页”“制作‘烈火劫’文字特效”“制作颓废人物场景”等任务。

模块06 路径的绘制与编辑

路径功能可以绘制线条或曲线。使用路径工具可以绘制出多种形式的图形，并且可以对绘制的图像进行编辑，这样能有效地解决由像素组成的位图的一些弊端。在本模块中，我们将详细讲解路径的绘制与编辑操作。

能力目标

- 绘制卡通动物
- 绘制小卡片
- 绘制圆形花朵
- 制作剪影效果

技能要求

- 使用形状工具和钢笔工具绘制卡通动物
- 使用路径工具绘制小卡片
- 使用自定形状工具绘制圆形花朵
- 使用渐变工具、选区工具和路径工具制作人物剪影效果
- 合并与隐藏路径
- 路径与选区的转换

任务一 绘制卡通动物

任务内容

在Photoshop CC中不仅可以处理位图图像，还可以创建基于矢量特点的路径。使用路径创建工具就可以绘制各种各样的形状和图案。本任务通过绘制卡通动物，学习路径的绘制方法。

任务要求

通过使用形状工具（矩形工具、椭圆工具等）和钢笔工具并绘制卡通动物。

参考效果图

图6-1 任务参考效果图

01 椭圆工具

椭圆工具可以绘制椭圆或圆形图形。我们可以创建不受约束的椭圆和圆形，也可创建固定大小和固定比例的图形。

单击椭圆工具选项栏中的按钮，打开下拉面板如图6-2所示。

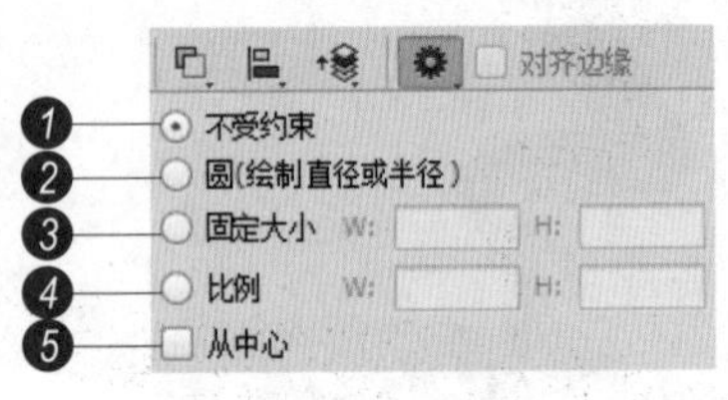

图6-2 下拉面板

❶ 不受约束：可通过拖动鼠标创建任意大小的椭圆和圆形。

❷ 圆：拖动鼠标创建任意大小的圆形。

❸ 固定大小：选中该项并在它右侧的文本框中输入数值（W为宽度，H为高度），此后单击鼠标时，会创建预设大小的矩形。

❹ 比例：选中该项并在它右侧的文本框中输入数值，此后拖动鼠标时，无论创建多大的矩形，矩形的宽度和高度都保持预设的比例。

❺ 从中心：以任何方式创建矩形时，鼠标在画面中的单击点即为矩形的中心，拖动鼠标时矩形将由中向外扩展。

下面动手使用椭圆工具绘制卡通动物的身体。

Step 01 按“Ctrl+N”组合键，执行“新建”命令，设置“宽度”和“高度”为10厘米、“分辨率”为300像素/英寸，单击“确定”按钮，如图6-3所示。

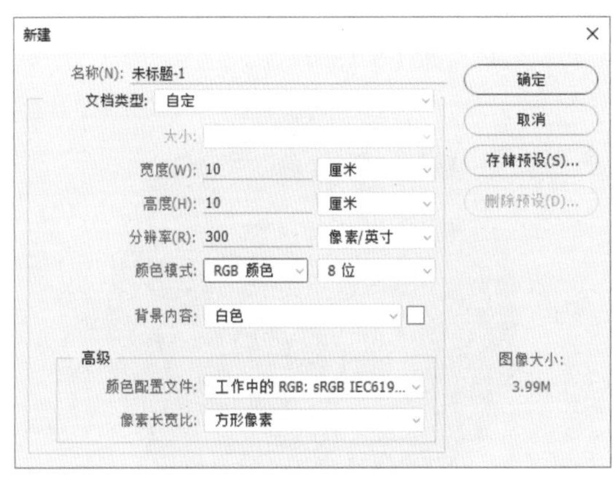

图6-3 “新建”对话框

Step 02 选择椭圆工具，在选项栏中，选择“路径”选项，拖动鼠标绘制椭圆图形，如图6-4所示。

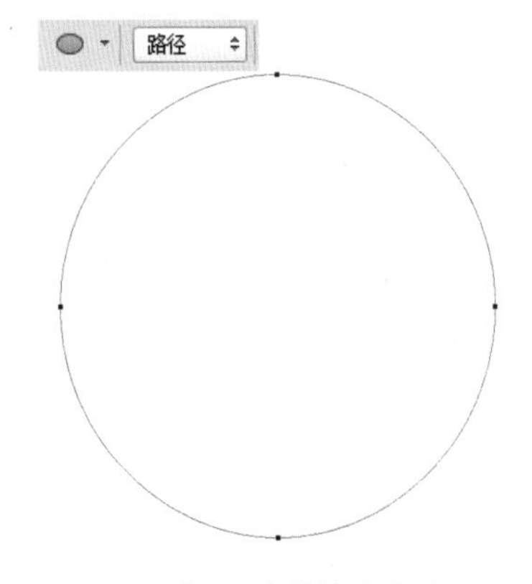

图6-4 绘制椭圆图形

02 填充路径

填充路径的操作方法与填充选区的方法类似，可以填充纯色或图案，作用和效果相同，只是操作方法不同而已。下面动手用前景色（橙色）填充路径。

Step 01 新建图层，命名为“身体”，如图6-5所示。

Step 02 在路径面板中，单击“用前景色填充路径”按钮，如图6-6所示。

图6-5 新建“身体”图层

图6-6 路径面板

Step 03 通过前面的操作，为路径填充前景橙色，如图6-7所示。

图6-7 为路径填充前景橙色

03 存储路径

绘制路径后，可以保存路径，避免多次绘制路径时，前次绘制的路径被覆盖掉。下面动手将工作路径保存。

Step 01 绘制路径时，默认保存在工作路径中。将工作路径拖动到“创建新路径”按钮上，如图6-8所示。

Step 02 释放鼠标后，可以将工作路径保存为“路径1”，如图6-9所示。

图6-8 工作路径

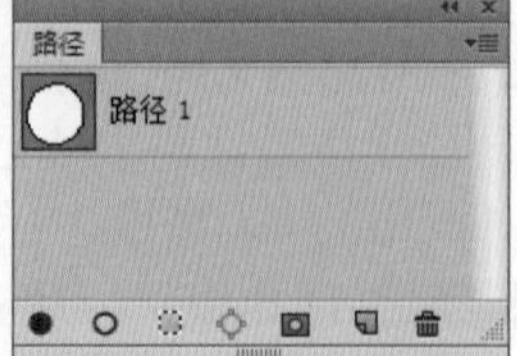

图6-9 保存为“路径1”

Step 03 再次单击路径面板中的“创建新路径”按钮，可以创建“路径2”，如图6-10所示。

图6-10 路径面板

Step 04 继续使用椭圆工具绘制路径，如图6-11所示。

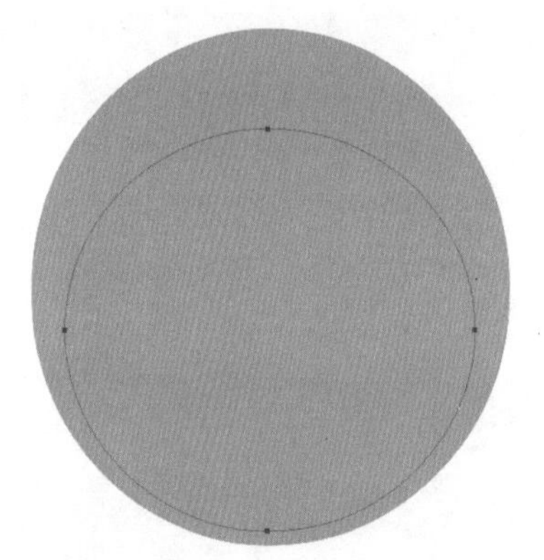

图6-11 绘制路径

04 圆角矩形工具

圆角矩形工具用于创建圆角矩形。它的使用方法以及选项都与椭圆工具相同，只是多了一个“半径”选项，通过“半径”可以设置倒角的幅度，数值越大，产生的圆角效果越明显。接下来使用圆角矩形工具绘制卡通动物的下脸部。

选择圆角矩形工具，在选项栏中，设置“半径”为40像素。拖动鼠标绘制路径，如图6-12所示。

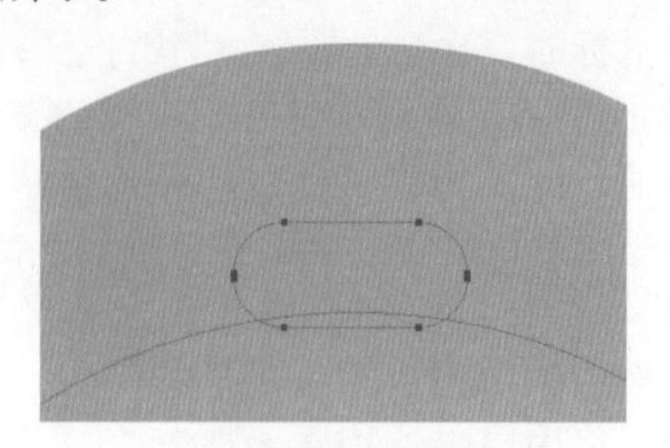

图6-12 绘制路径

05 路径选择工具

路径选择工具可以选择路径。下面使用路径选择工具选中鼠标指针经过的路径。

Step 01 使用路径选择工具单击或拖动鼠标，如图6-13所示。

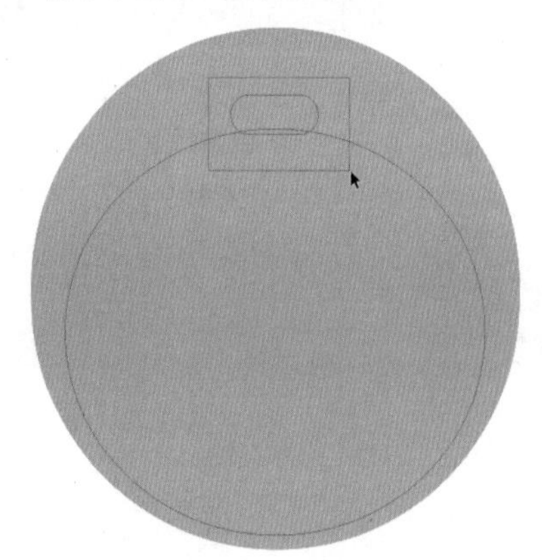

图6-13 拖动鼠标

Step 02 释放鼠标后，鼠标指针经过的路径都会被选中，如图6-14所示。

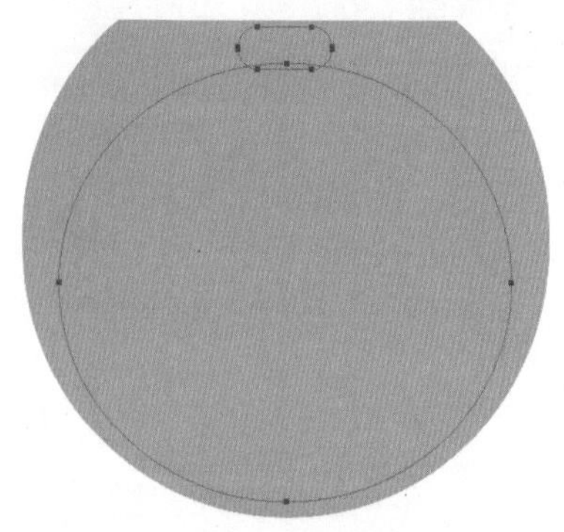

图6-14 鼠标指针经过的路径被选中

06 路径合并

使用路径合并功能，可以创建更加复杂的图形。下面动手合并选中的两条路径。

Step 01 在选项栏中，单击“路径操作”按钮，在下拉列表框中，选择“合并形状”选项。使“合并形状”命令处于被选中的状态，如图6-15所示。

Step 02 再次单击“路径操作”按钮，在下拉列表框中，选择“合并形状组件”命令，如图6-16所示。

图6-15 下拉列表框

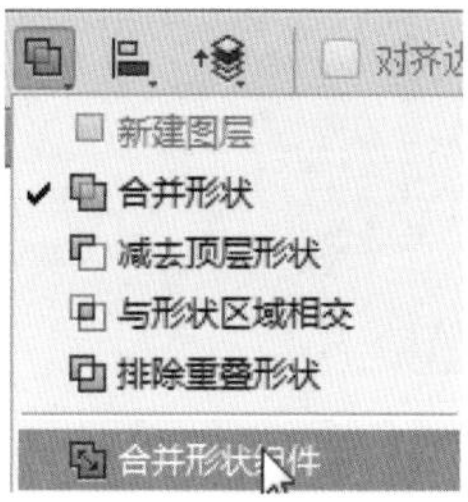

图6-16 合并形状组件

Step 03 弹出提示对话框，单击“是”按钮，如图6-17所示。

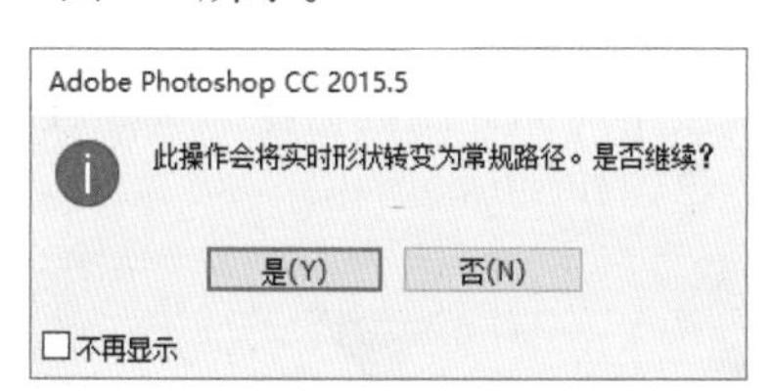

图6-17 提示对话框

Step 04 通过前面的操作，合并选中的路径，效果如图6-18所示。

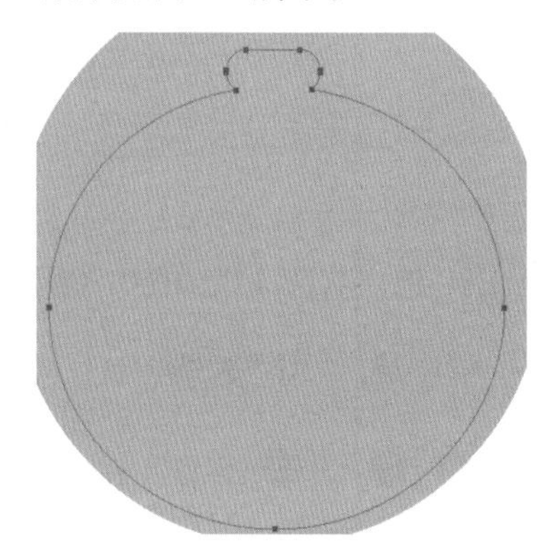

图6-18 合并选中的路径

Step 05 新建图层，命名为“肚子”。设置前景色为浅橙色“#F7DFC1”，如图6-19所示。

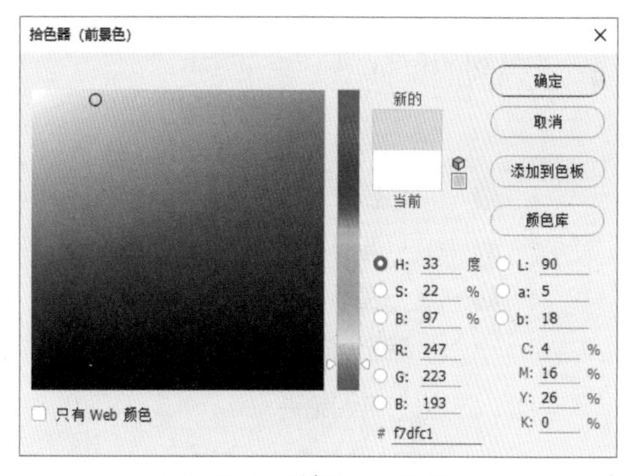

图6-19 设置前景色为浅橙色

Step 06 在路径面板中，单击“用前景色填充路”按钮，如图6-20所示。

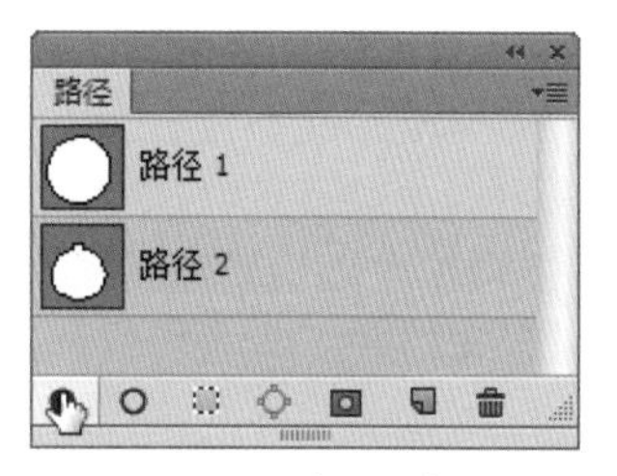

图6-20 路径面板

Step 07 通过前面的操作，为路径填充浅橙色，效果如图6-21所示。

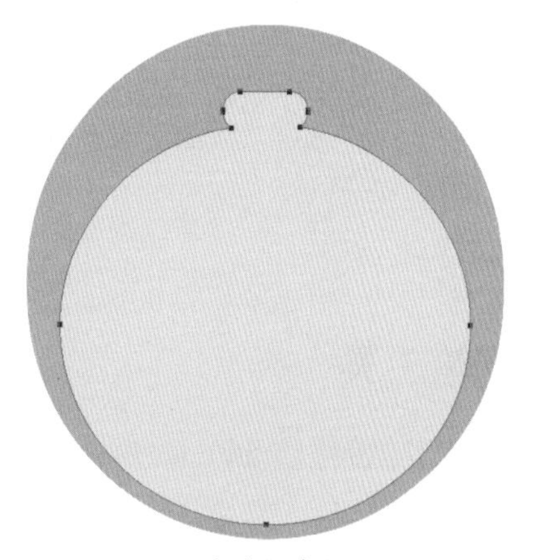

图6-21 为路径填充浅橙色

07 多边形工具

多边形工具用于绘制多边形和星形，

通过在选项栏中设置边数的数值来创建多边形图形。单击多边形工具工具栏中的按钮，打开多边形选项面板。在选项面板中可以设置多边形的属性，如图6-22所示。

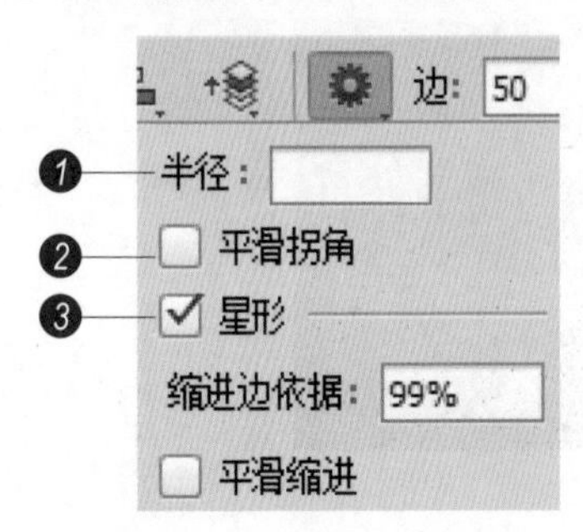

图6-22 多边形选项面板

❶ 半径：设置多边形或星行的半径长度，此后单击并拖动鼠标时将创建指定半径值的多边形或星形

❷ 平滑拐角：创建具有平滑拐角的多边形和星形

❸ 星形：选中该项可以创建星形。在“缩进边依据”选项中可以设置星形边缘向中心缩进的数量，该值越高，缩进量越大。选中“平滑缩进”，可以使星形的边平滑地向中心缩进。

下面动手绘制卡通动物的鼻子。

Step 01 在路径面板中，新建路径3，在图层面板中，新建“鼻子”图层，如图6-23所示。

Step 02 选择多边形工具，在选项栏中，设置“边数”为3，拖动鼠标绘制路径，如图6-24所示。

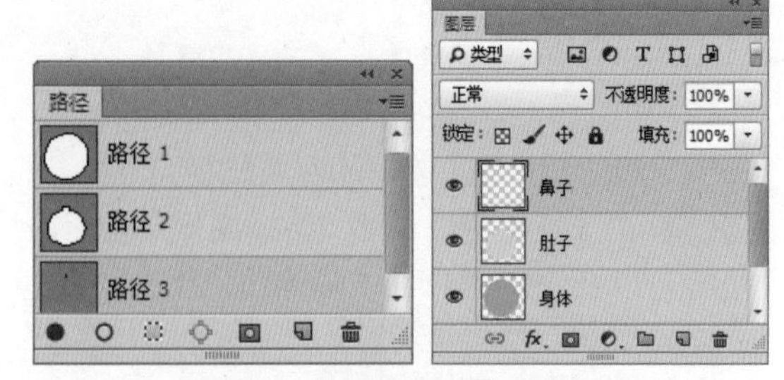

图6-23 新建“鼻子”图层

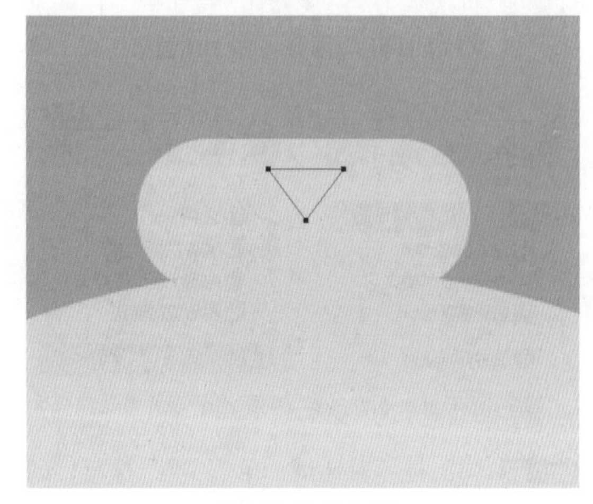

图6-24 绘制路径

Step 03 使用前面介绍的方法，为路径填充黑色，如图6-25所示。

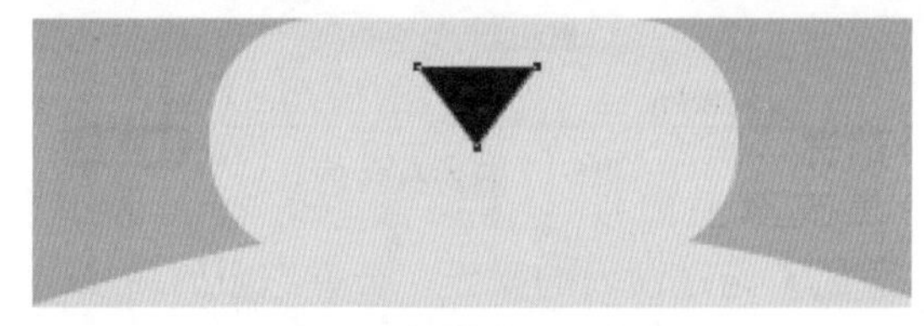

图6-25 为路径填充黑色

08 钢笔工具

钢笔工具可以绘制矢量线条。选择工具箱中的钢笔工具，其选项栏如图6-26所示。

图6-26 钢笔工具的选项栏

❶ 绘制方式：该选项包括3个选项，分别为“形状”“路径”“像素”。选择“形状”选项，可以创建一个形状图层；选择“路径”选项，绘制的路径则会保存在路径面板中；选择“像素”选

项，则会在图层中为绘制的形状填充前景色。

❷ 建立：包括“选区”“蒙版”和“形状”三个选项，单击相应的按钮，可以将路径转换为相应的对象。

❸ 路径操作：单击“路径操作”按钮，将打开下拉列表，选择“合并形状”，新绘制的图形会添加到现有的图形中；选择“减去图层形状”，可从现有的图形中减去新绘制的图形；选择“与形状区域相交”，得到的图形为新图形与现有图形的交叉区域；选择“排除重叠区域”，得到的图形为合并路径中排除重叠的区域。

❹ 路径对齐方式：可以选择多个路径的对齐方式，包括“左边”“水平居中”“右边”等。

❺ 路径排列方式：选择路径的排列方式，包括“将路径置为顶层”“将形状前移一层”等选项。

❻ 橡皮带：单击“橡皮带”按钮，可以打开下拉列表，选中“橡皮带”选项，在绘制路径时，可以显示路径外延。

❼ 自动添加/删除：选中该复选框，则钢笔工具就具有了智能增加和删除锚点的功能。将钢笔工具放在选取的路径上，光标即可变成状，表示可以增加锚点；而将钢笔工具放在选中的锚点上，光标即可变成状，表示可以删除此锚点。

下面动手用钢笔工具绘制卡通动物的嘴部。

Step 01 选择钢笔工具。在图像中单击定义路径起点，如图6-27所示。

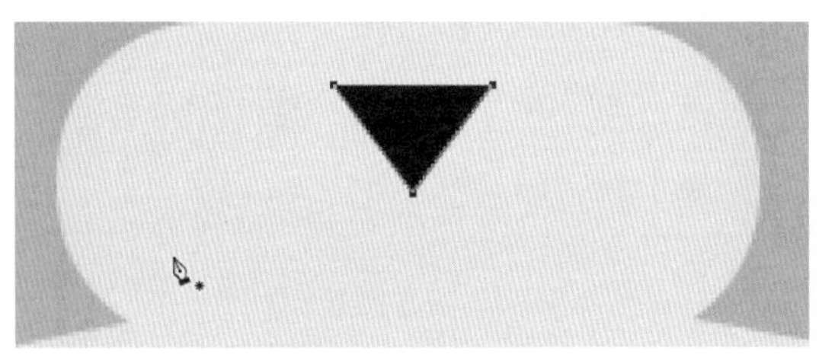

图6-27 定义路径起点

Step 02 在下一点单击即可绘制一条直线，如图6-28所示。

Step 03 释放鼠标之前，拖动鼠标即可绘制一条曲线，如图6-29所示。

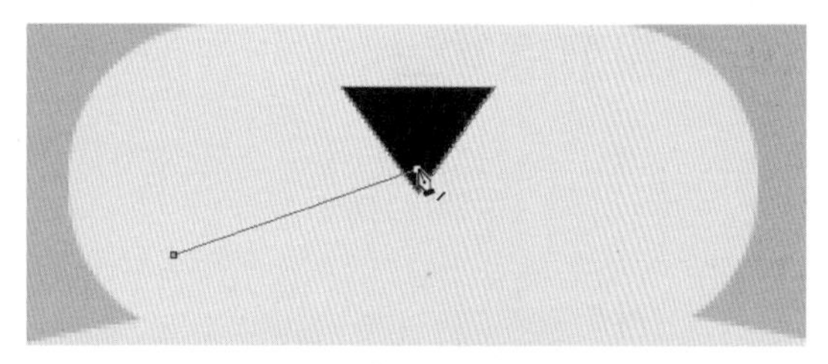

图6-28 绘制一条直线

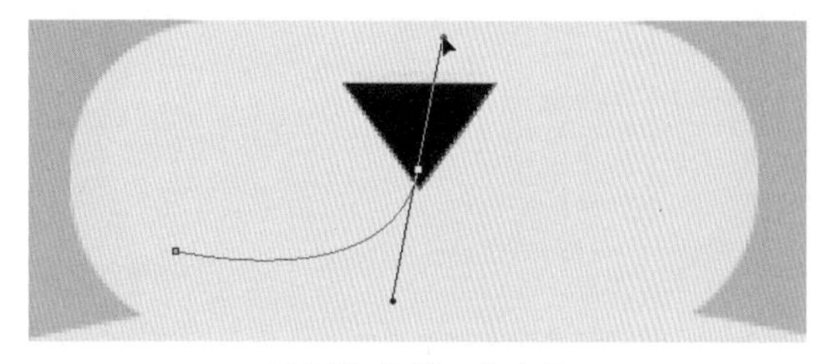

图6-29 绘制一条曲线

Step 04 在下一点单击即可绘制另一条曲线，如图6-30所示。

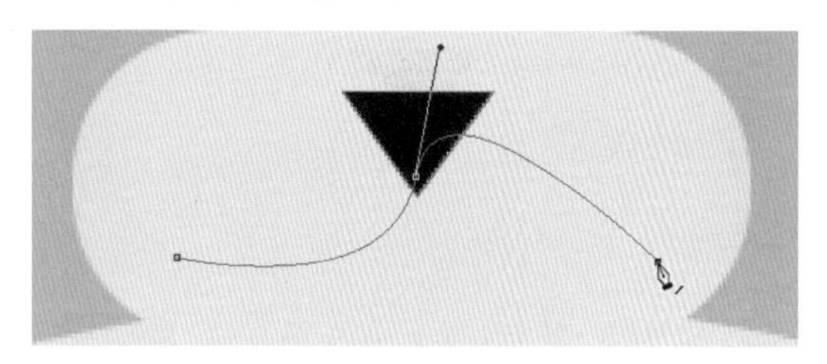

图6-30 绘制另一条曲线

09 直接选择工具

选中的锚点为实心方块，未选中的锚点为空心方块。

使用直接选择工具单击即可选择锚点，如图6-31所示。

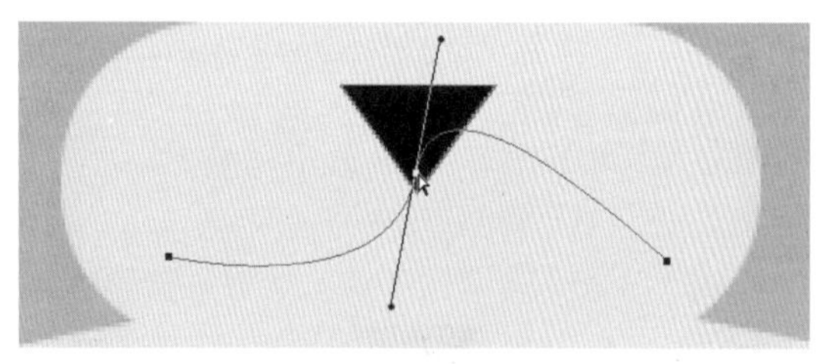

图6-31 选择锚点

提示

使用“直接选择工具单击一个路径线段，可以选择该路径线段。

10 转换节点类型

转换点工具用于转换锚点的类型，下面动手将选中的平滑点转换为角点。

Step 01 选择转换点工具，在平滑点上单击鼠标左键。将平滑点转换为角点，如图6-32所示。

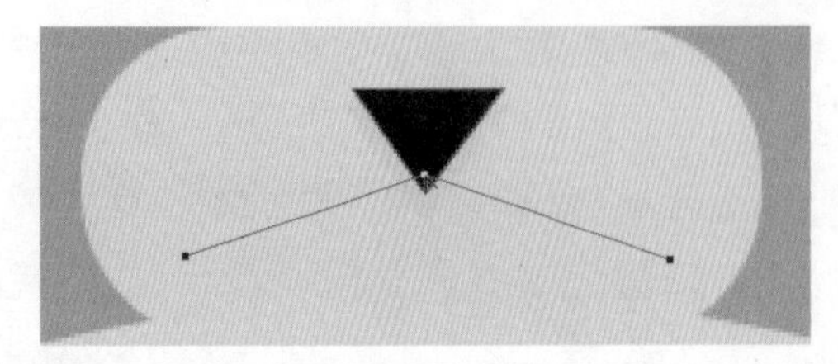

图6-32 将平滑点转换为角点

Step 02 使用转换点工具在左侧的角点上单击，如图6-33所示。

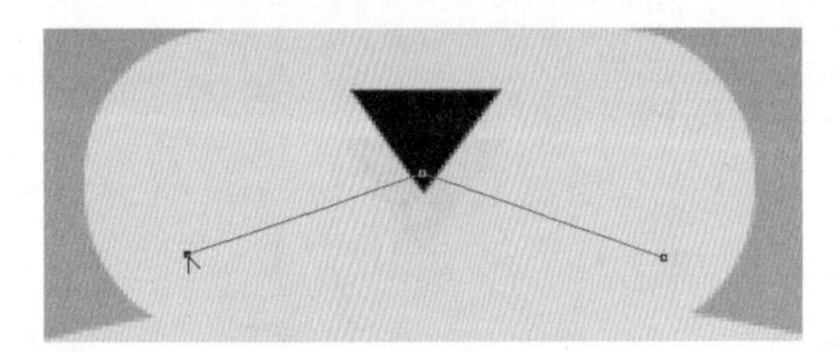

图6-33 使用转换点工具

Step 03 拖动鼠标，将左侧角点转换为平滑点，如图6-34所示。

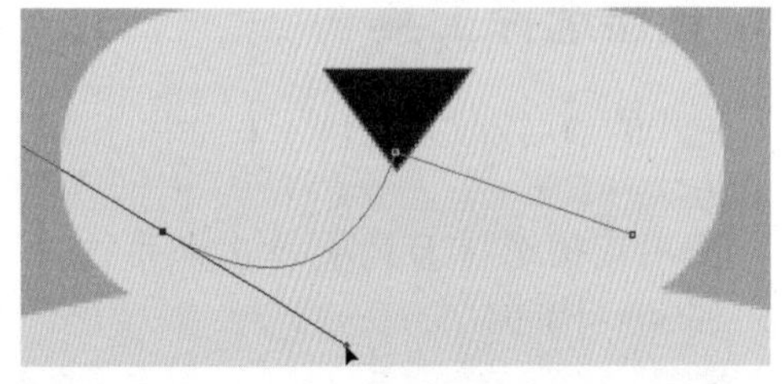

图6-34 将左侧角点转换为平滑点

Step 04 拖动鼠标，将右侧角点转换为平滑点，如图6-35所示。

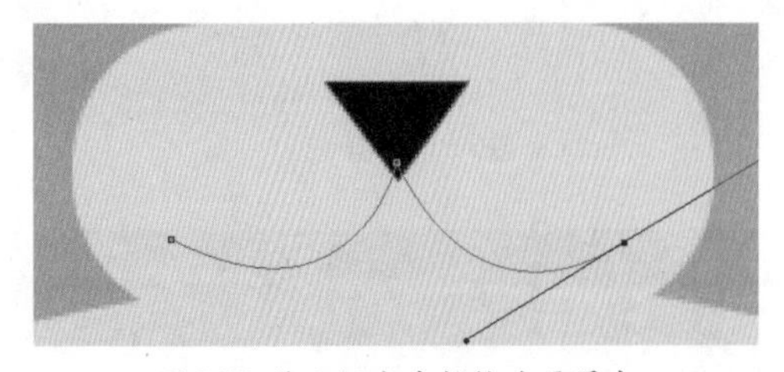

图6-35 将右侧角点转换为平滑点

11 描边路径

描边路径是用当前设置的前景色和工具对路径进行描边，使其产生一种边框效果。下面动手为嘴部添加描边效果。

Step 01 在路径面板中，新建路径4，在图层面板中，新建“嘴部”图层，如图6-36所示。

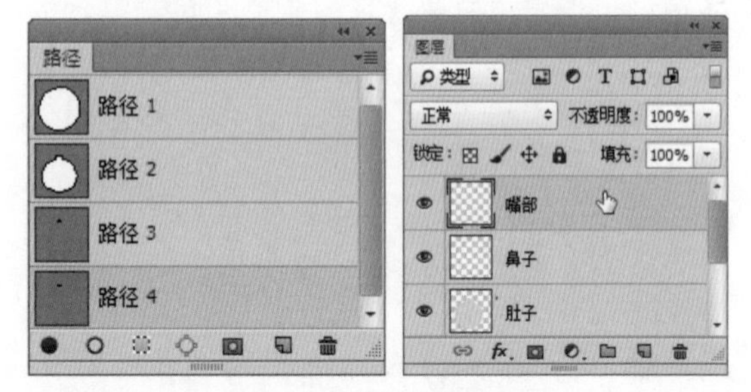

图6-36 新建“嘴部”图层

Step 02 选择画笔工具，在选项栏“画笔选取器”下拉列表框中，选择圆形画笔，设置“大小”为4像素、“硬度”为100%，如图6-37所示。

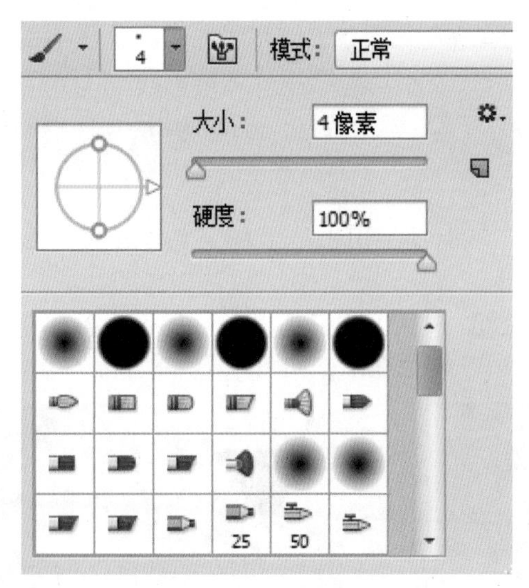

图6-37 选择圆形画笔

Step 03 设置前景色为黑色“#000000”，在路径面板中，单击“用画笔描边路径”按钮，如图6-38所示。

Step 04 通过前面的操作，得到路径描边效果，如图6-39所示。

图6-38 路径面板

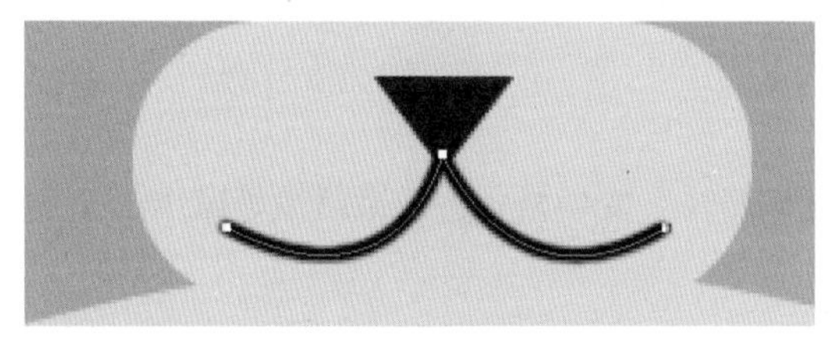

图6-39 路径描边效果

12 直线工具

直线工具可以创建直线和带有箭头的线段。选择直线工具后，在选项栏中单击按钮，打开下拉面板，如图6-40所示。

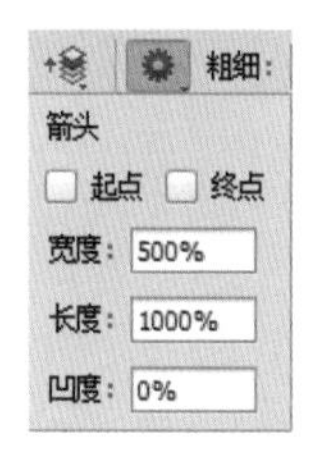

图6-40 直线工具的选项栏

下面使用直线工具绘制卡通动物的胡须。

Step 01 在图层面板中，新建图层，命名为“胡须”，如图6-41所示。

图6-41 新建“胡须”图层

Step 02 选择直线工具，在选项栏中，选择“像素”选项，设置“粗细”为3像素，拖动鼠标绘制直线，如图6-42所示。

图6-42 绘制直线

Step 03 使用相同的方法绘制其他直线，完成胡须的绘制，如图6-43所示。

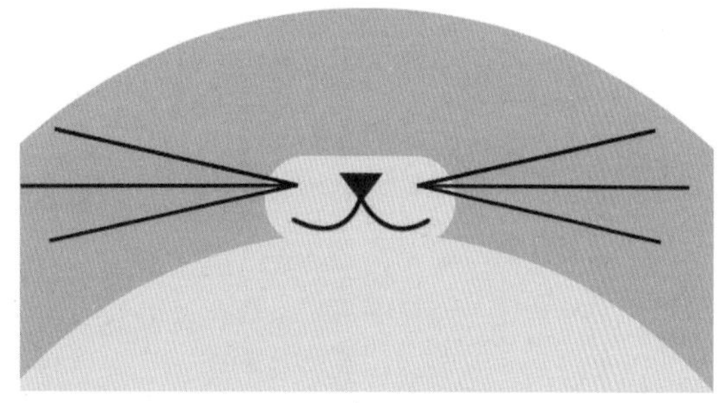

图6-43 绘制其他直线

Step 04 使用前面介绍的方法继续绘制耳朵、手、脚和尾巴，如图6-44所示。

图6-44 绘制耳朵、手、脚和尾巴

任务二 绘制小卡片

任务内容

使用路径工具绘制图形时，经常会运用到路径的一些基本操作。例如，添加/删除锚点、复制路径、变换路径等来调整绘制的形状。下面就通过绘制小卡片的案例来学习路径的基本操作。

任务要求

学会路径的基本操作，包括添加/删除锚点、复制路径、变换路径、隐藏路径等操作。

参考效果图

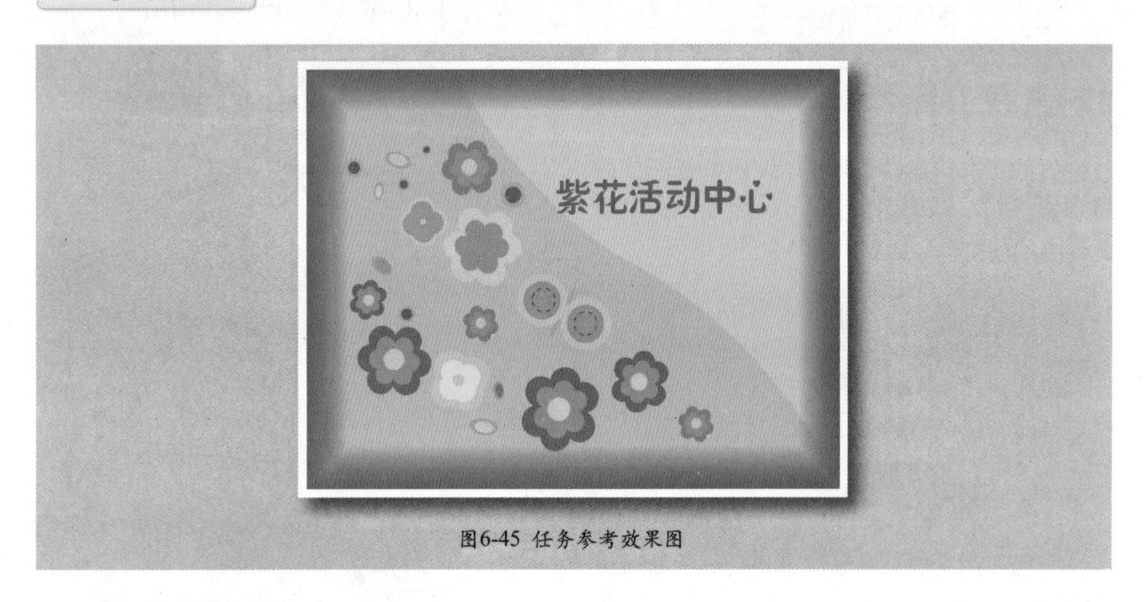

图6-45 任务参考效果图

01 矩形工具

矩形工具主要用于绘制矩形或正方形图形。下面动手创建浅紫色的“矩形1”形状图层。

Step 01 按“Ctrl+N”组合键，执行“新建”命令，设置“宽度”为13厘米、“高度”为10厘米、“分辨率”为200像素/英寸，单击“确定”按钮，如图6-46所示。

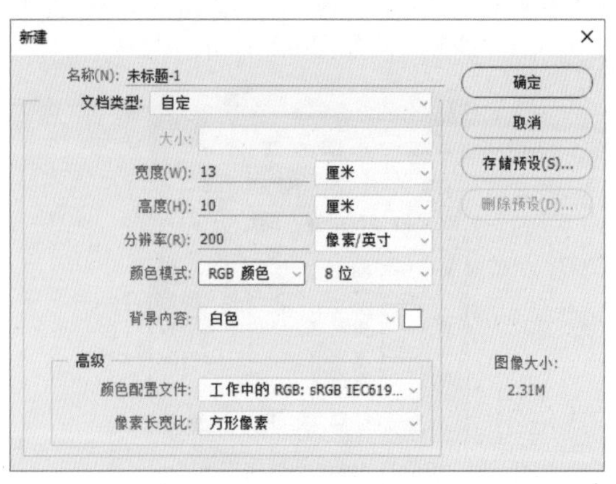

图6-46 “新建”对话框

Step 02 选择矩形工具，在选项中，选择“形状”选项，设置填充为浅紫色“#E3D4FF”，如图6-47所示。

图6-47 设置填充为浅紫色

Step 03 在选项栏中单击按钮，打开下拉面板，选择“固定大小”选项，设置“W”为13厘米、“H”为10厘米，如图6-48所示。

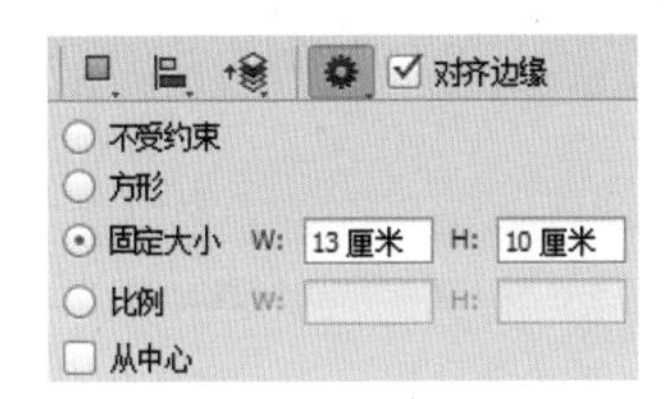

图6-48 下拉面板

Step 04 在图像中单击，创建固定大小的形状，如图6-49所示。

图6-49 创建形状

Step 05 在图层面板中，生成“矩形1”形状图层，如图6-50所示。

图6-50 生成“矩形1”形状图层

Step 06 在图层面板中，按“Ctrl+J”组合键复制形状图层，如图6-51所示。

图6-51 复制形状图层

技巧

“Shift”键拖动矩形（椭圆）选框工具可以创建正方（圆）形；按住“Alt”键拖动会以单击点为中心向外创建图形；按住“Shift+Alt”组合键会以单击点为中心向外创建正方(圆)形。

02 变换路径

选择路径后，可以对路径进行变形操作，接下来缩小复制的路径。下面动手变换路径并调整复制形状图层的填充颜色。

Step 01 按“Ctrl+T”组合键，或执行“编辑→变换路径”下拉菜单中的命令可以显示定界框，拖动控制点即可对路径进行缩放，如图6-52所示。路径的变换方法与变换图像的方法相同。

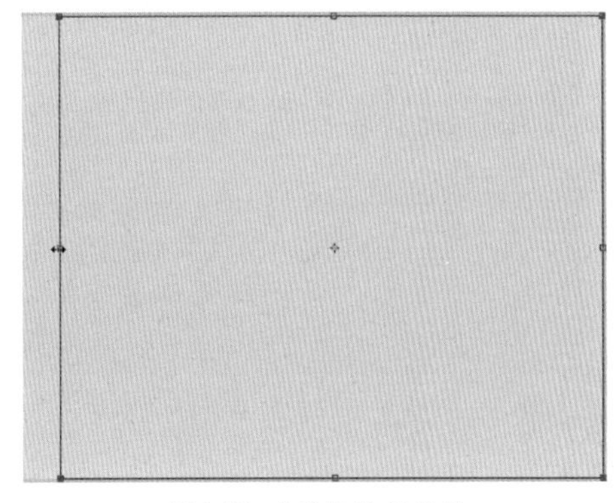

图6-52 对路径进行缩放

Step 02 双击“矩形1 拷贝”图层缩略图，如图6-53所示。

图6-53 双击“矩形1 拷贝”图层缩略图

Step 03 在“拾色器（纯色）”对话框中，设置颜色为紫色“#AB7FFC”，单击“确定”按钮，如图6-54所示。

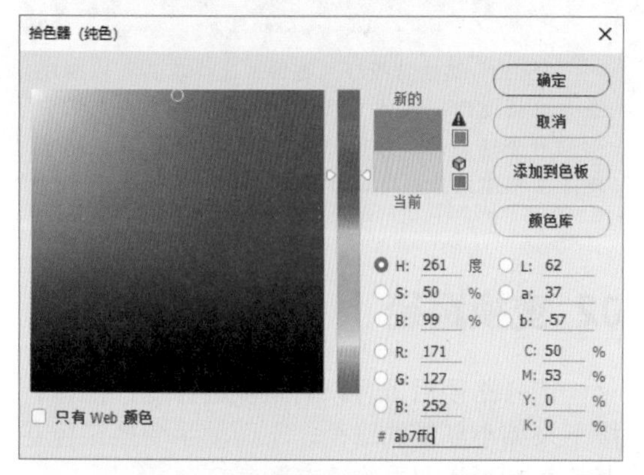

图6-54 “拾色器（纯色）”对话框

Step 04 通过前面的操作，调整复制形状图层的填充颜色，效果如图6-55所示。

图6-55 调整复制形状图层的填充颜色

03 添加/删除锚点

绘制路径后，还可以往路径上添加锚点，也可以删除不再需要的锚点。下面动手添加、删除锚点。

Step 01 选择添加锚点工具，将鼠标指针放在路径上，鼠标指针变为形状，如图6-56所示。

图6-56 鼠标指针放在路径上

Step 02 单击鼠标左键，即可在当前位置添加一个锚点，如图6-57所示。

图6-57 在当前位置添加一个锚点

Step 03 使用相同的方法在下方添加一个锚点，如图6-58所示。

图6-58 在下方添加一个锚点

Step 04 使用直接选择工具单击选中左上角

的锚点，按住“Shift”键加选左下角的锚点。按“→”方向键，移动锚点的位置，如图6-59所示。

图6-59 移动锚点的位置

Step 05 选择添加锚点工具，在左上角添加锚点，如图6-60所示。

图6-60 在左上角添加锚点

Step 06 选择工具箱中的删除锚点工具，将鼠标指针放在右上角的锚点上，如图6-61所示。

图6-61 将鼠标指针放在右上角的锚点上

Step 07 单击鼠标左键，即可删除单击点的锚点，如图6-62所示。

图6-62 删除单击点的锚点

Step 08 使用转换点工具在右上角锚点上单击，将该平滑锚点转换为角点，如图6-63所示。

图6-63 将平滑锚点转换为角点

Step 09 使用添加锚点工具，单击添加锚点，如图6-64所示。

图6-64 添加锚点

Step 10 使用直接选择工具拖动两侧方向点，调整成曲线形状，如图6-65所示。

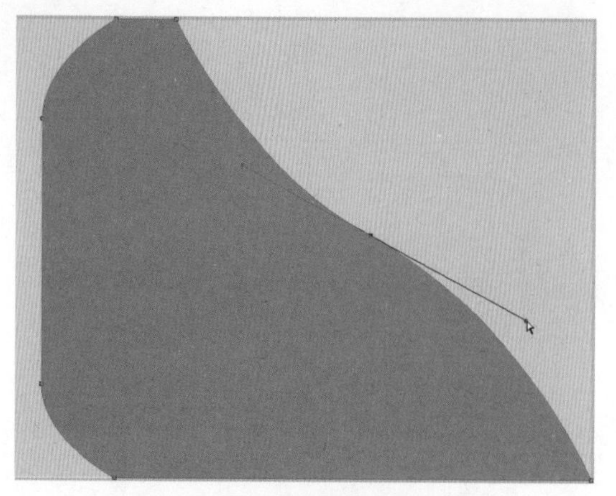

图6-65 将直线调整成曲线形状

04 路径与选区的转换

路径除了可以直接使用路径工具来创建外，还可以将创建好的选区转换为路径。此外，创建的路径也可以转换为选区。下面动手将矩形路径转换为选区。

Step 01 单击“矩形1”形状图层，选中矩形路径，如图6-66所示。

Step 02 单击路径面板底部的“将路径作为选取载入”按钮，如图6-67所示

图6-66 选中矩形路径

图6-67 路径面板

技巧

创建路径后，按“Ctrl+Enter”组合键，可以快速将路径转换为选区。

Step 03 通过前面的操作，将路径直接转换为选区，如图6-68所示。

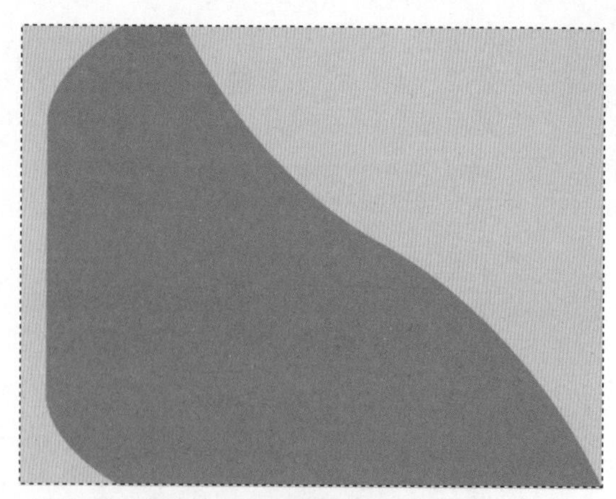

图6-68 将路径直接转换为选区

技巧

创建选区后，在路径面板中，单击“从选区生成工作路径”按钮，可以将选区转换为工作路径。

Step 04 执行“选择→修改→边界”命令，设置“宽度”为100像素，单击“确定”按钮，如图6-69所示。

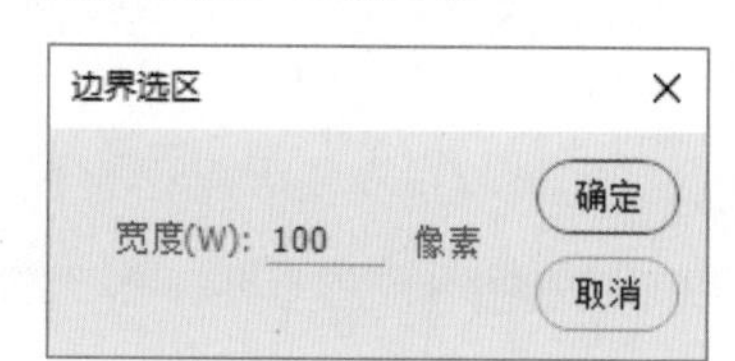

图6-69 设置边界的“宽度”

Step 05 通过前面的操作，得到选区边界，如图6-70所示。

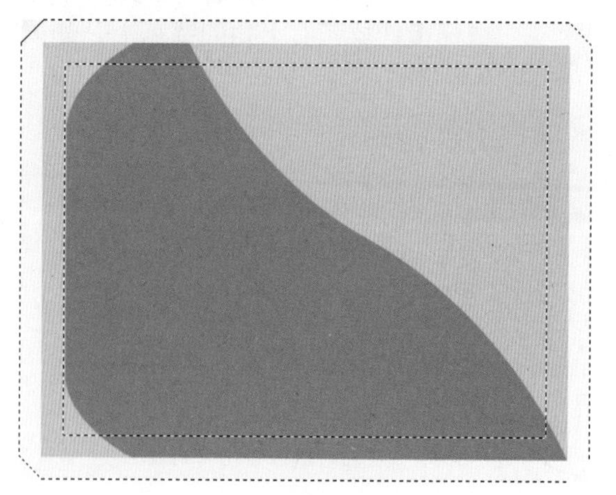

图6-70 选区边界

Step 06 在图层面板中，新建图层，命名为“描边”，如图6-71所示。

图6-71 新建“描边”图层

Step 07 设置前景色为洋红色“#F90AF6”，按“Alt+Delete”组合键，为选区填充前景色，如图6-72所示。

图6-72 为选区填充前景色

Step 08 打开“素材文件\模块06\花朵.tif”文件，拖动到当前文件中，自动生成“花朵”图层，如图6-73所示。

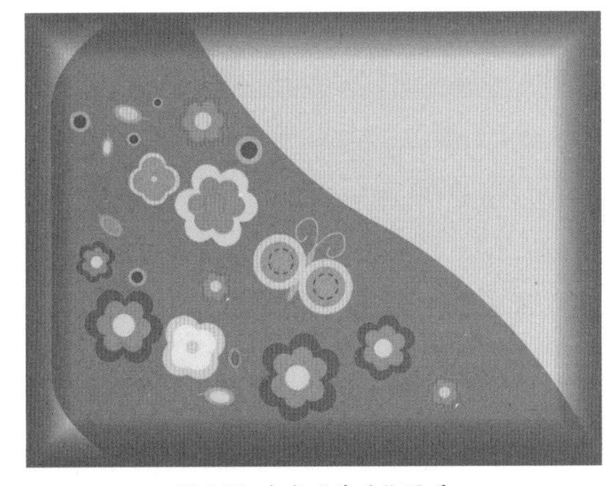

图6-73 生成“花朵”图层

Step 09 打开“素材文件\模块06\文字.tif”文件，拖动到当前文件中，自动生成“文字”图层，如图6-74所示。

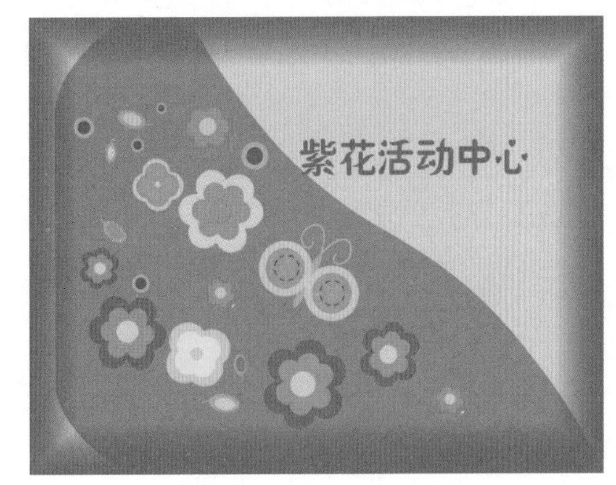

图6-74 生成“文字”图层

Step 10 在图层面板中，更改“矩形1 拷贝”图层“不透明度”为20%，如图6-75所示。

图6-75 更改“矩形1 拷贝”图层“不透明度”

Step 11 更改图层不透明度后，得到图像效果如图6-76所示。

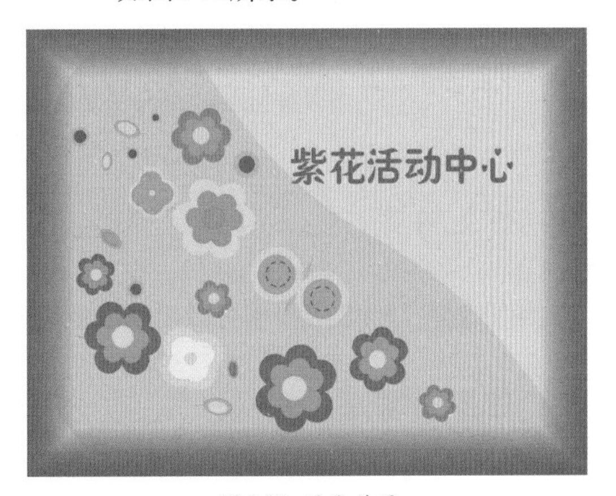

图6-76 图像效果

Step 12 使用直接选择工具选中并调整路径形状，如图6-77所示。

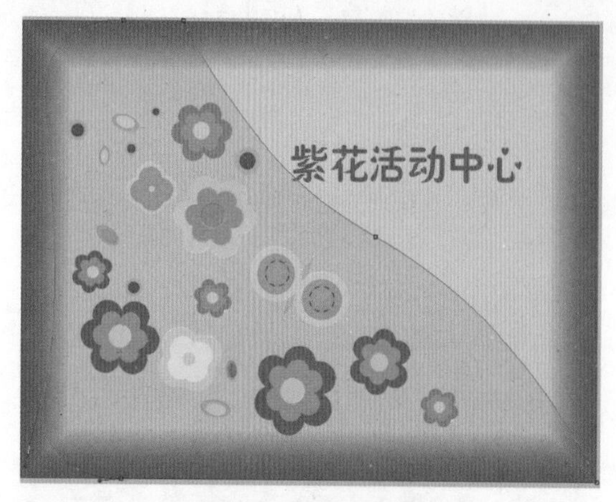

图6-77 调整路径形状

图6-78 路径面板

图6-79 隐藏选中的路径

05 隐藏路径

选中路径进行编辑后，可以隐藏路径，防止路径影响整体显示效果。下面动手隐藏选中的路径。

Step 01 在路径面板中，单击空白位置，如图6-78所示。

Step 02 通过前面的操作，隐藏选中的路径，如图6-79所示。

Step 03 隐藏路径后，得到最终图像效果，如图6-80所示。

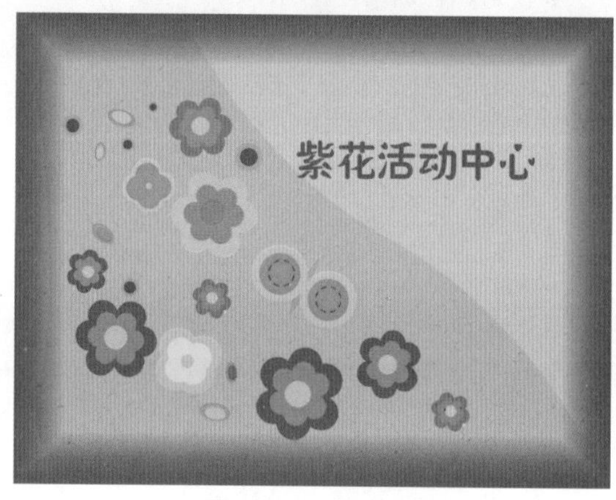

图6-80 最终图像效果

任务三 绘制圆形花朵

任务内容

使用自定义形状工具可以绘制很多特殊的图形，如相框、箭头、花纹等。

任务要求

掌握自定形状工具的使用及路径的对齐方式。

参考效果图

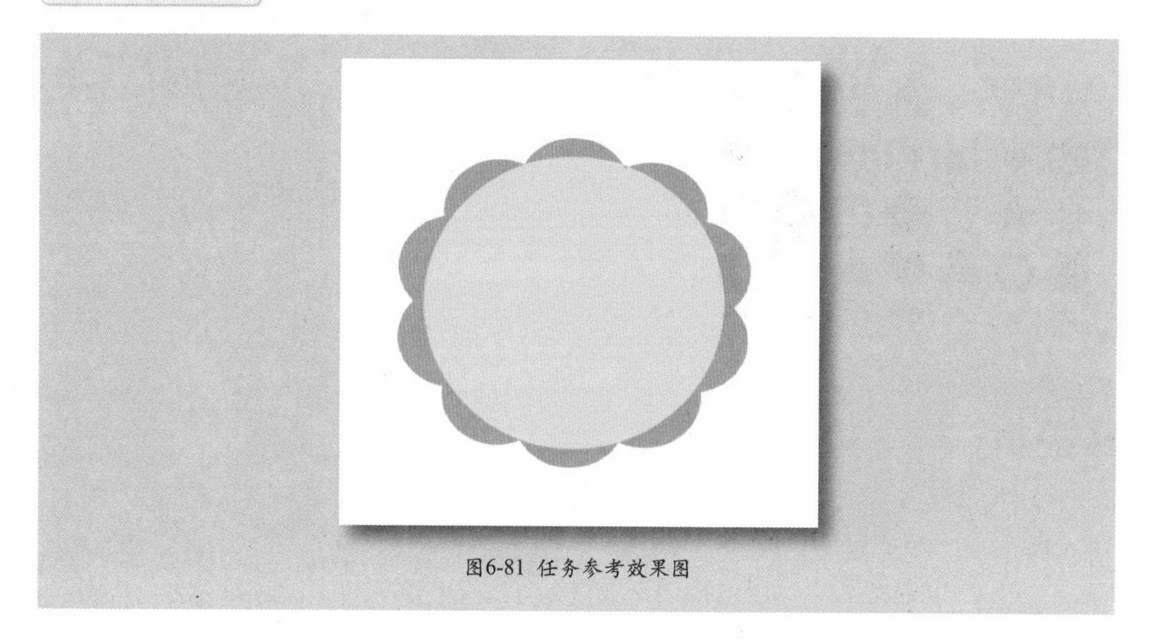

图6-81 任务参考效果图

01 自定义形状工具

自定形状工具[icon]可以创建Photoshop预设的形状、自定义的形状或者是外部提供的形状。下面使用自定义形状工具[icon]绘制花朵。

Step 01 按“Ctrl+N”组合键，执行“新建”命令，设置“宽度”为10厘米、“高度”为10厘米、“分辨率”为200，单击“确定”，如图6-82所示。

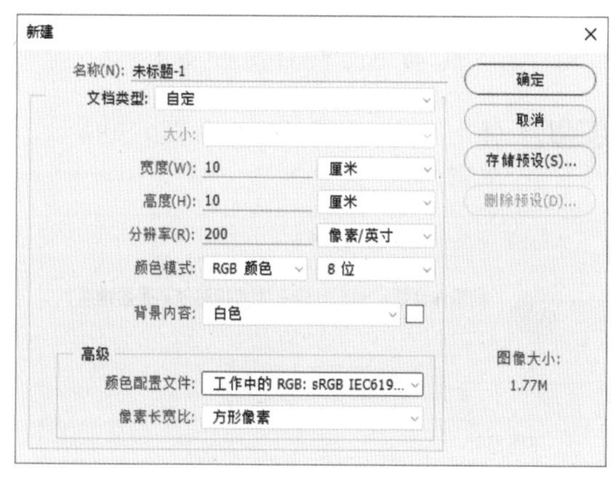

图6-82 “新建”对话框

Step 02 选择自定义形状工具[icon]，单击选项栏中“形状”下拉按钮→，单击下拉列表中右侧的[icon]按钮，选择“全部”选项，如图6-83所示。

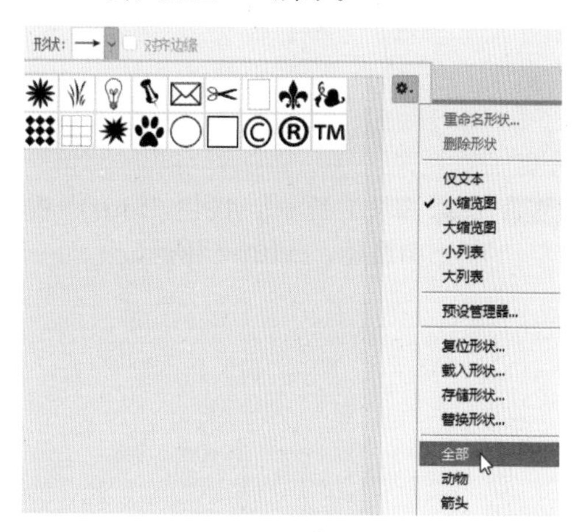

图6-83 “全部”选项

Step 03 弹出提示对话框，单击“追加”按钮，如图6-84所示，将所有预设形状添加到列表框中。

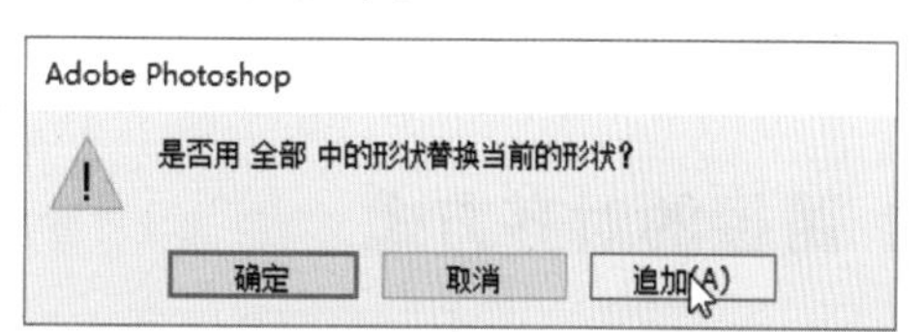

图6-84 单击“追加”按钮

Step 04 选择“花1边框”形状，如图6-85所示。

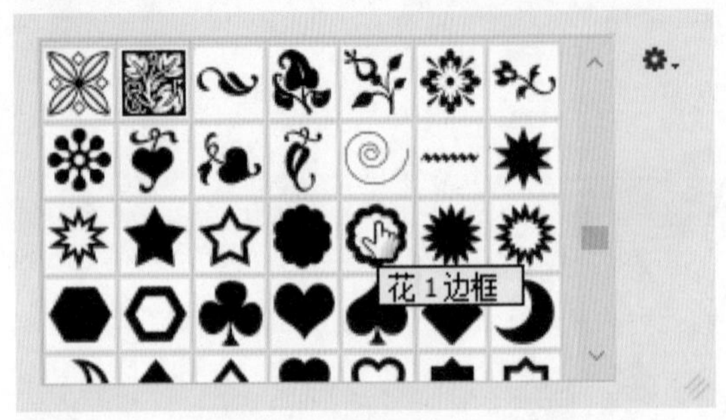

图6-85 选择“花1边框”形状

Step 05 拖动鼠标绘制路径，如图6-86所示。

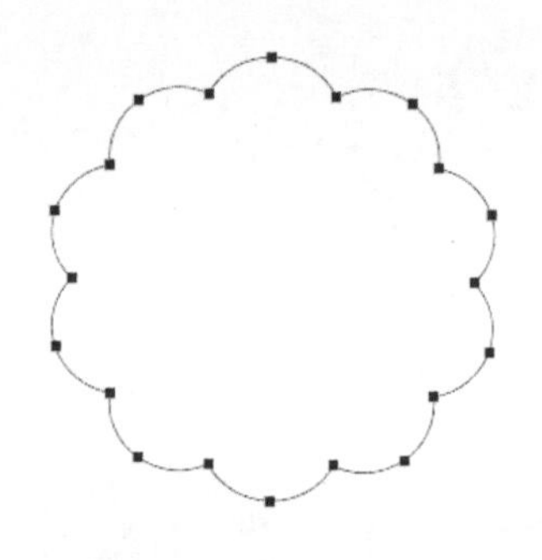

图6-86 绘制路径

Step 06 选择椭圆工具，按住“Shift”键绘制正圆路径，如图6-87所示。

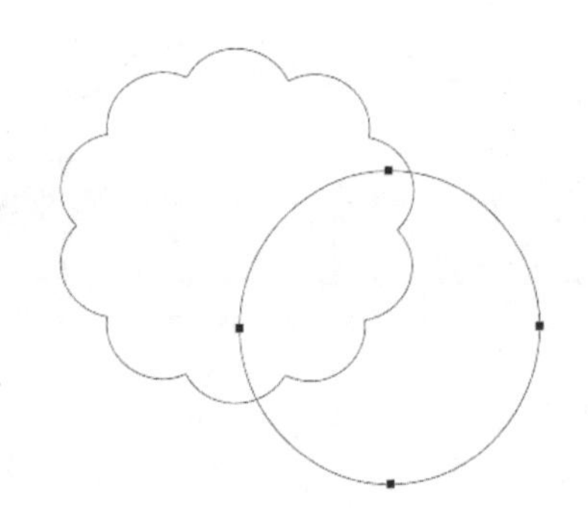

图6-87 绘制正圆路径

02 路径的对齐方式

选择多个路径后，在选项栏中，单击“对齐和分布”按钮，在下拉菜单中选择相应命令，就可以设置路径的对齐和分布方式。下面动手设置绘制的两个路径的对齐方式。

Step 01 选择路径选择工具，同时选中两个路径，如图6-88所示。

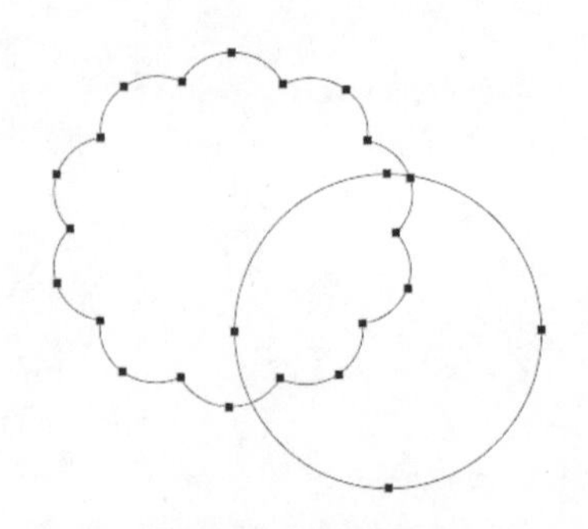

图6-88 选中两个路径

Step 02 单击“路径对齐方式”按钮，在扩展菜单中选择“水平居中”命令，如图6-89所示。

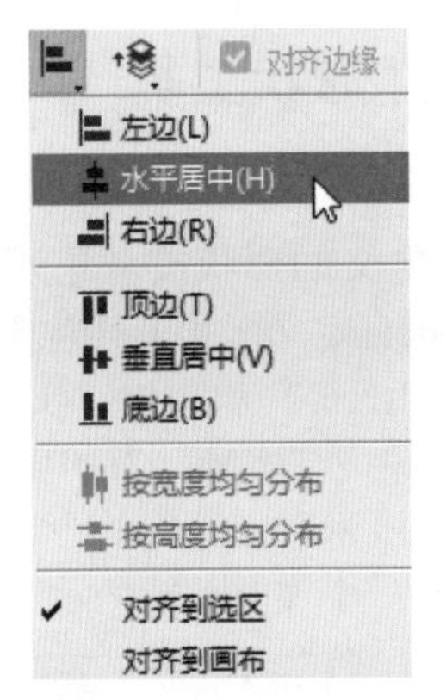

图6-89 选择“水平居中”命令

Step 03 弹出“提示”对话框，如图6-90所示，单击“是”按钮。

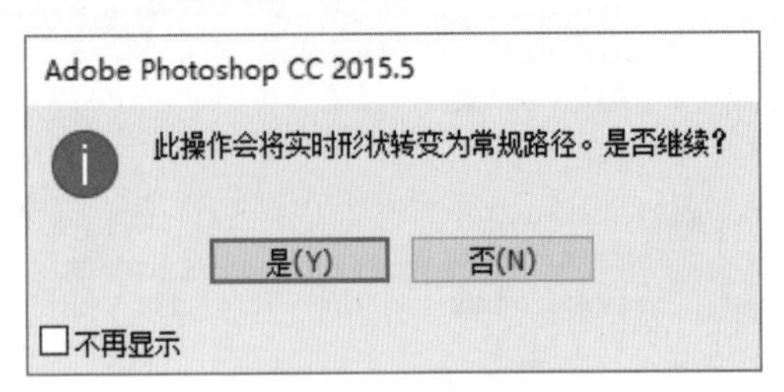

图6-90 “提示”对话框

Step 04 设置水平居中后，图像效果如图6-91所示。

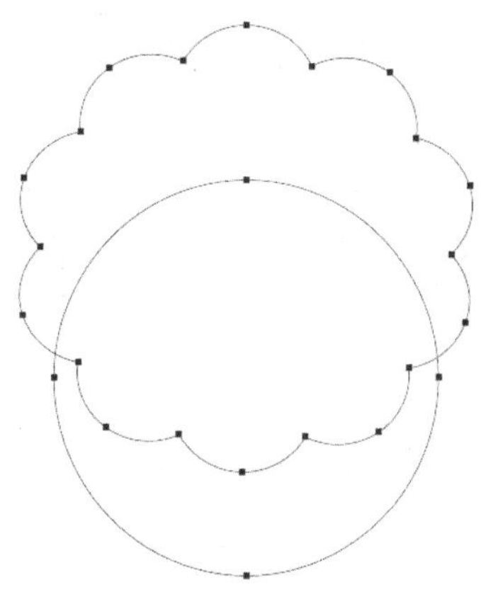

图6-91 图像效果

Step 05 单击“路径对齐方式”按钮，在扩展菜单中选择“垂直居中”命令，如图6-92所示。

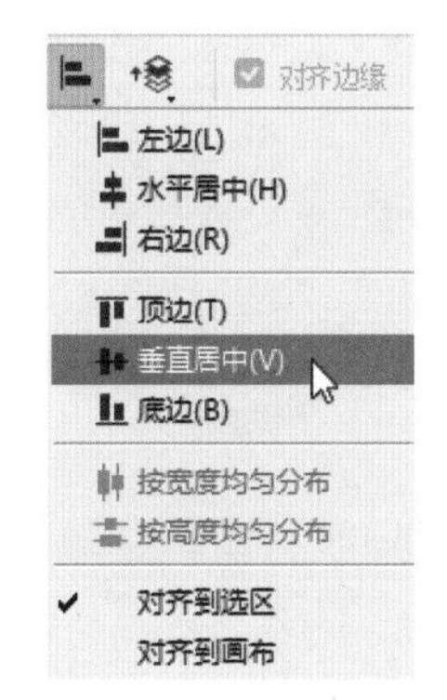

图6-92 “垂直居中”命令

Step 06 设置垂直居中后，图像效果如图6-93所示。

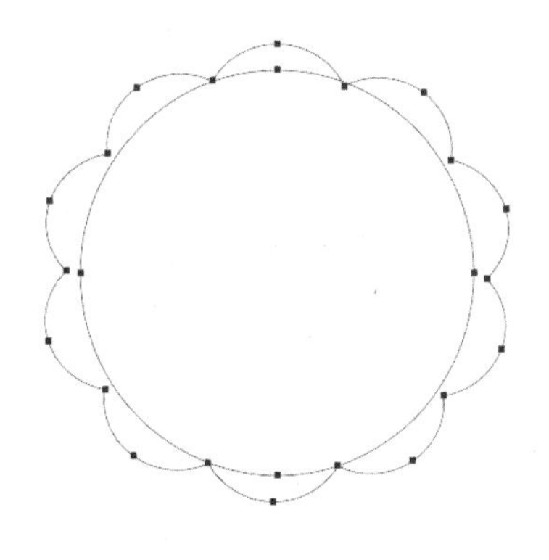

图6-93 图像效果

Step 07 单击选项栏中“路径操作”按钮，在下拉面板中选择“排除重叠形状”选项，如图6-94所示。

Step 08 再次单击选项栏中“路径操作”按钮，在下拉面板中选择“合并形状组件”按钮，如图6-95所示。

图6-94 排除重叠形状

图6-95 合并形状组件

Step 09 通过前面的操作，得到路径合并效果，如图6-96所示。

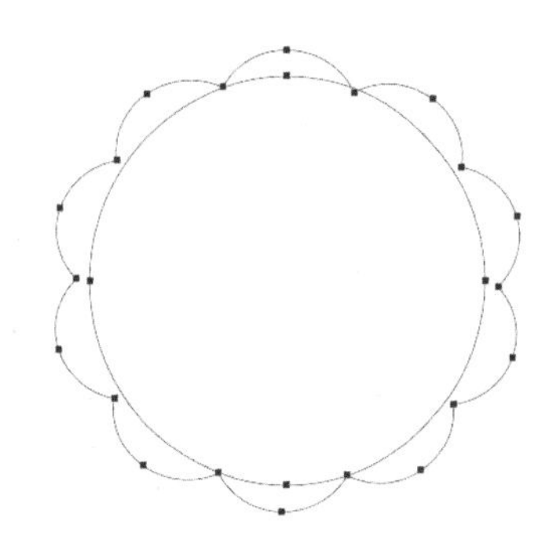

图6-96 路径合并效果

Step 10 按“Ctlr+Enter”键转换路径为选区，如图6-97所示。

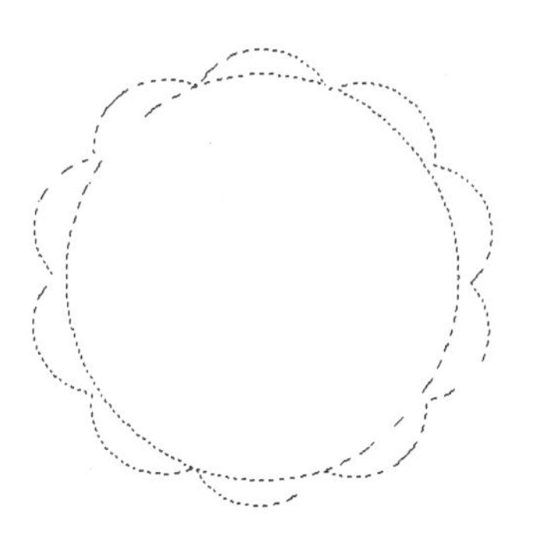

图6-97 转换路径为选区

Step 11 为选区填充橙色“#F4BB0F”，按“Ctrl+D”取消选区，效果如图6-98所示。

图6-98 为选区填充橙色

图6-99 创建选区

Step 12 选择魔棒工具，单击中间白色区域，创建选区，如图6-99所示。

Step 13 为选区填充黄色“#FFF100”，按“Ctrl+D”取消选区，效果如图6-100所示。

图6-100 为选区填充黄色

综合实战 制作剪影效果

任务内容

剪影是一种将人或事物以单色（以黑色为主）描绘，凸显轮廓的艺术图像，它属于一种视觉艺术。本任务就在Photoshop CC中制作剪影效果，主要包括：①使用渐变工具制作图像背景；②添加人物素材文件；③使用选区工具选出人物；④将选区填充为黑色；⑤利用路径工具绘制太阳轮廓，将其转换为选区并填充白色等操作。

任务要求

熟练掌握路径与选区的相互转换操作以及颜色的填充方法。

参考效果图

图6-101 任务参考效果图

Step 01 按“Ctrl+N”组合键，执行“新建”命令，设置“宽度”为13厘米、“高度”为10厘米、“分辨率”为200像素/英寸，单击“确定”按钮，如图6-102所示。

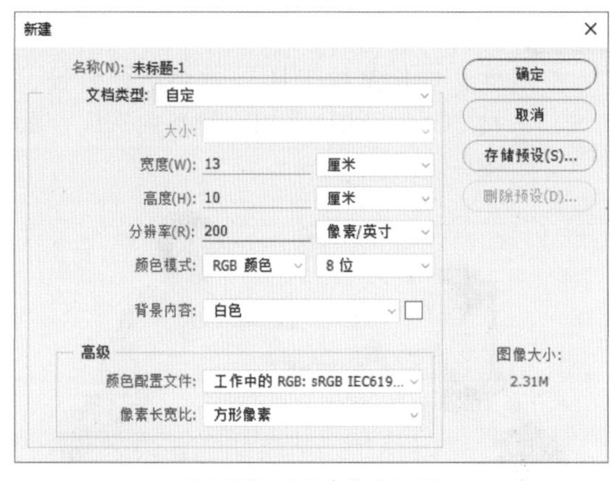

图6-102 “新建”对话框

Step 02 选择渐变工具，在选项栏中，单击渐变色条，打开“渐变编辑器”对话框，设置渐变色标为橙“#FF7C00”、浅橙“#FFAB00”、黄“#FFD476”，如图6-103所示。

图6-103 设置渐变色

Step 03 从下往上拖动鼠标，填充渐变色，效果如图6-104所示。

图6-104 填充渐变色

Step 04 设置前景色为橙色“#FF7D01”，使用不透明度为50%的画笔工具在下方涂抹，更改颜色，如图6-105所示。

图6-105 更改颜色

Step 05 设置前景色为黄色“#FCD25A”，使用画笔工具在上方涂抹，涂抹出傍晚天空色，如图6-106所示。

图6-106 涂抹出傍晚天空色

Step 06 选择路径工具，在选项栏中，选择“路径”选项，拖动鼠标绘制路径，如图6-107所示。

图6-107 绘制路径

Step 07 在路径面板中，单击“将路径作为选区载入”按钮，如图6-108所示。

Step 08 在图层面板中，新建“地面”图层，如图6-109所示。

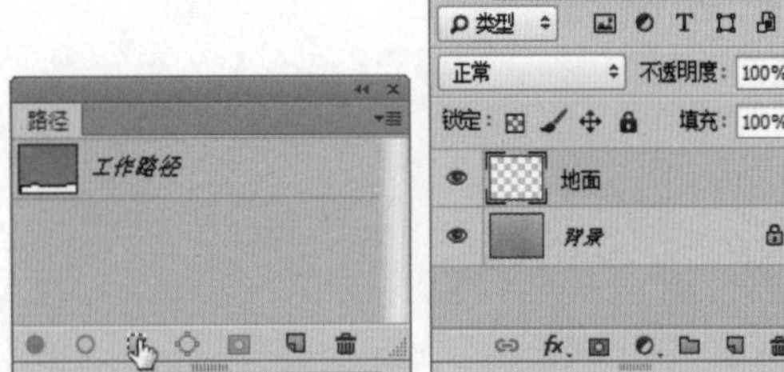

图6-108 路径面板

图6-109 新建“地面”图层

Step 09 设置前景色为黑色，按“Alt+Delete”组合键，为选区填充前景色，如图6-110所示。

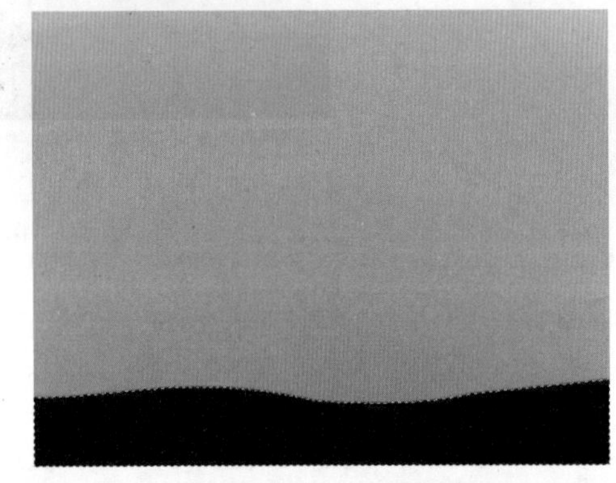

图6-110 为选区填充前景色

Step 10 打开“素材文件\模块06\体操.jpg”文件，使用魔棒工具选中白色背景，按“Ctrl+Shift+I”组合键反向选区，如图6-111所示。

图6-111 反向选区

Step 11 将前面选中的图像复制、粘贴到当前文件中，图层命名为“体操”，如图6-112所示。

图6-112 “体操”图层

Step 12 按“Ctrl+T”组合键，执行自由变换操作，适当缩小图像，如图6-113所示。

图6-113 适当缩小图像

Step 13 使用套索工具拖动选中右侧人物，如图6-114所示。

图6-114 拖动选中右侧人物

Step 14 选中移动工具向右侧拖动人物，如图6-115所示。

Step 15 按“Ctrl+D”组合键取消选区。在图层面板中，单击“锁定透明度”按钮，如图6-116所示。

图6-115 向右侧拖动人物

图6-116 图层面板

Step 16 按“Alt+Delete”组合键，为图层填充黑色，效果如图6-117所示。

图6-117 为图层填充黑色

Step 17 在图层面板中，新建图层，命名为“太阳”，如图6-118所示。

Step 18 选择椭圆工具，在选项栏中，选择“路径”选项，拖动鼠标绘制圆形路径，如图6-119所示。

Step 19 按“Ctrl+Enter”组合键，载入选区后，填充白色，效果如图6-120所示。

图6-118 新建“太阳”图层

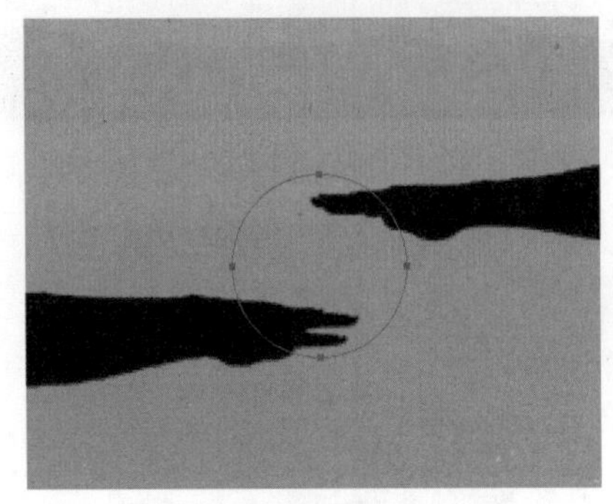

图6-119 绘制圆形路径

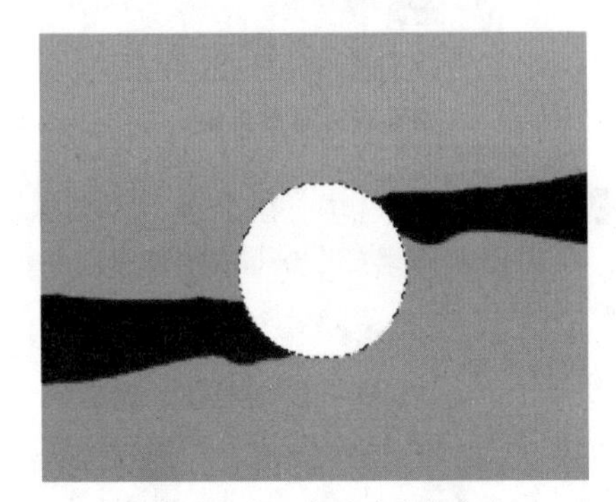

图6-120 载入选区并填充白色

Step 20 双击“太阳”图层，在“图层样式”对话框中，选中“外发光”选项，设置“混合模式”为滤色、发光颜色为浅黄色“#D1CFA7”、“不透明度”为75%、“扩展”为20%、“大小”为161像素、“范围”为50%、“抖动”为0%，如图6-121所示。

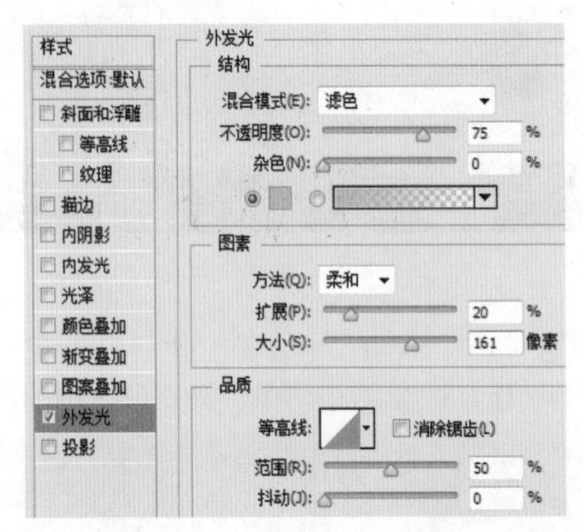

图6-121 “图层样式”对话框

Step 21 通过前面的操作，为太阳添加外发光效果，如图6-122所示。

图6-122 为太阳添加外发光效果

小 结

本模块由3个任务和1个综合任务组成，主要讲解了路径绘制和编辑。其中，使用钢笔工具可以绘制不规则的图形，使用矩形工具具和椭圆工具等工具可以绘制规则的图形。此外，配合更改锚点类型、合并路径和描边路径等基本的路径编辑操作就可以随心所欲地绘制图形。由此可见，Photoshop CC虽然是位图处理软件，但处理矢量图形的功能也非常强大。

模块中穿插了18个操作实例，旨在引导读者运用路径工具、钢笔工具等工具完成“绘制卡通动物”“绘制小卡片”“绘制圆形花朵”“制作剪影效果”等任务。

模块07 文字的输入与编辑

文字是作品设计的重要组成部分，通过文字有利于人们了解作品所要表现的主题。Photoshop CC提供了强大的文字处理功能，使文字的编辑变得更加容易。

本模块将详细讲解文字的创建与编辑方法。

能力目标

- 制作宣传单页
- 制作广告效果
- 制作名片效果

技能要求

- 设置字符面板和段落面板
- 创建段落文字和路径
- 使用横排文字工具和直排文字工具制作宣传单页
- 使用路径文字的创建及变形文字的方法制作人物背影广告
- 使用路径工具和路径文字工具制作人物名片

Photoshop CC

任务一 制作宣传单页

任务内容

文字排版是宣传单页制作中的重点。下面就通过制作宣传单页来掌握Photoshop CC中横排文字工具T、直排文字工具IT的应用。

任务要求

掌握文字的基本操作，包括横排文字工具T、直排文字工具IT等工具的用法。

参考效果图

图7-1 任务参考效果图

01 横排文字工具

使用横排文字工具T可以在图像中输入横排文字。在使用文字工具输入文字前，可以在工具选项栏或字符面板中设置字符的属性，也可以在输入文字后再进行设置。文字工具的选项栏如图7-2所示。

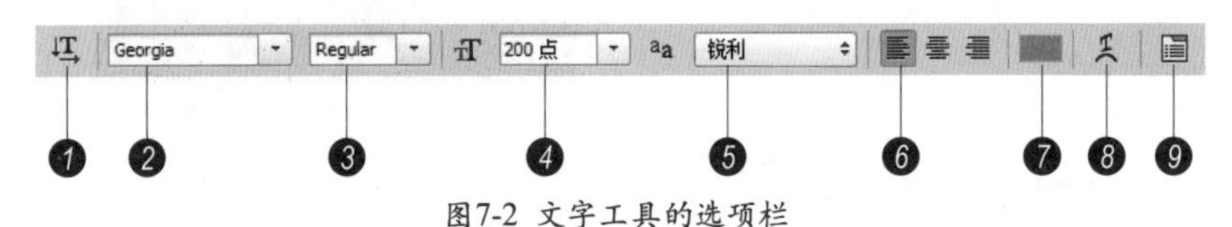

图7-2 文字工具的选项栏

❶ 更改文本方向：如果当前文字为横排文字，单击该按钮，可将其转换为直排文字；如果是直排文字，则可将其转换为横排文字。

❷ 设置字体：在该选项下拉列表中可以选择字体。

❸ 字体样式：用来为字符设置样式，包括Regular（规则的）、Italic（斜体）、Bold（粗体）和Bold Italic（粗斜体）。该选项只对部分英文字体有效。

❹ 字体大小：可以选择字体的大小，或者直接输入数值来进行调整。

❺ 消除锯齿的方法：可以为文字消除锯齿选择一种方法，Photoshop会通过部分地填充边缘像素来产生边缘平滑的文字，使文字的边缘混合到背景中而看不出锯齿。其中包含选项“无”“锐利”“犀利”“深厚”和“平滑”。

❻ 文本对齐：根据输入文字时光标的位置来设置文本的对齐方式，包括左对齐文本[≡]、居中对齐文本[≡]和右对齐文本[≡]。

❼ 文本颜色：单击颜色块，可以在打开的“拾色器”中设置文字的颜色。

❽ 文本变形：单击该按钮，可以在打开的“变形文字”对话框中为文本添加变形样式，创建变形文字。

❾ 显示/隐藏字符面板和段落面板：单击该按钮，可以显示或隐藏字符面板和段落面板。

下面动手通过横排文字工具[T]输入文字。

Step 01 按“Ctrl+N”组合键，执行“新建”命令，设置“宽度”为21厘米、“高度”为28.5厘米、分辨率为200像素/英寸，单击“确定”按钮，如图7-3所示。

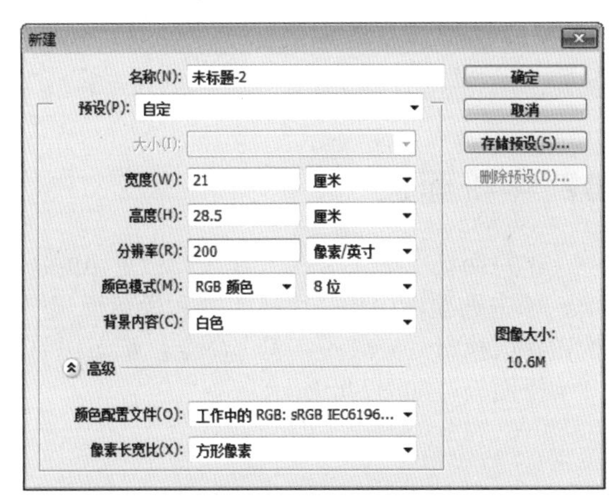

图7-3 “新建”对话框

Step 02 设置前景色为浅绿色“#DCEBE6”，按“Alt+Delete”组合键，为背景填充浅绿色，如图7-4所示。

图7-4 为背景填充浅绿色

Step 03 选择横排文字工具[T]，在图像中单击选择文字的输入位置，如图7-5所示。

图7-5 选择文字的输入位置

Step 04 接下来依次输入文字“2019年春季”，如图7-6所示。

图7-6 输入文字

Step 05 在选项栏中，单击“提交所有当前编辑”按钮[✓]，确认文字输入，如图7-7所示。

2019年春季

图7-7 确认文字输入

技巧

输入文字后，按“Ctrl+Enter”键，可以快速确认文字输入和编辑操作。

Step 06 使用相同的方法，依次输入其他文字，如图7-8所示。

2019年春季
Spring NEW
春 第一波

图7-8 依次输入其他文字

Step 07 使用横排文字工具T，拖动即可选中文字，如图7-9所示。

2019年春季
Spring NEW

图7-9 选中文字

Step 08 在“选项栏”中，设置字体为黑体、字体大小为30点，单击“设置文本颜色”色块，如图7-10所示。

图7-10 设置字体

Step 09 在打开的“拾色器（文本颜色）”对话框中，设置颜色为绿色“#088674”，单击“确定”按钮，如图7-11所示。

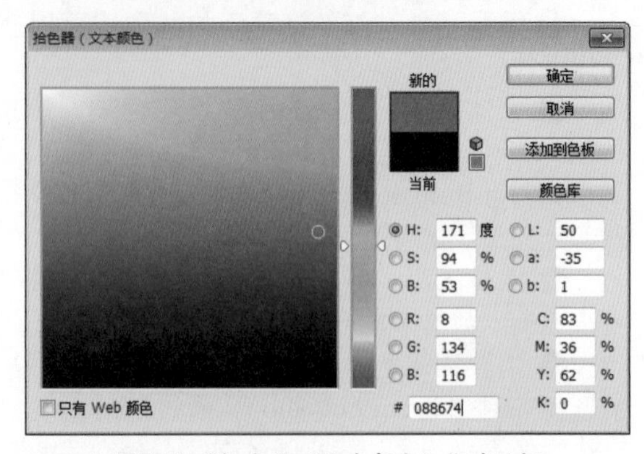

图7-11 “拾色器（文本颜色）”对话框

Step 10 在选项栏中，单击“提交所有当前编辑”按钮✓，调整选中文字的字体、字体大小和颜色，文字效果如图7-12所示。

图7-12 调整文字

技巧

按中文字后，按“Shift+Ctrl+<”组合键，可以缩小字号；按“Shift+Ctrl+>”组合键，可以增大字号。

02 字符面板

字符面板中提供了比工具选项栏更多的选项，单击选项栏中的“切换字符和段落面板”按钮或执行“窗口→字符”命令，都可以打开字符面板，如图7-13所示。

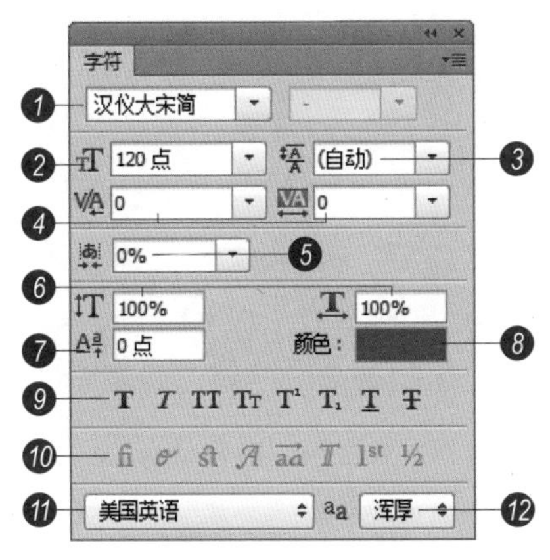

图7-13 字符面板

❶ 字体：该选项与在文字工具选项栏中设置字体系列选项相同，用于设置选中文本的字体。

❷ 字体大小：在其下拉列表框中选择预设的文字大小值，也可以在文本框中输入大小值，对文字的大小进行设置。

❸ 行距：使用文字工具进行多行文字的创建时，可以通过面板下的“设置行距”选项对多行的文字间距进行设置，在下拉列表框中选择固定的行距值，也可以在文本框中直接输入数值进行设置，输入的数值越大则行间距越大。

❹ 字偶间距与字符间距：选中需要设置的文字后，在其下拉列表框中选择需要调整的字距数值。

❺ 比例间距：选中需要进行比例间距设置的文字，在其下拉列表框中选择需要变换的间距百分比，百分比越大比例间距越近。

❻ 垂直缩放与水平缩放：调整选中文字的高度（垂直缩放）和宽度（水平缩放），可以在文本框中输入任意数值对选中的文字进行缩放。。

❼ 基线偏移：在该选项中可以对文字的基线位置进行设置，输入负值可以将基线向下偏移，输入正值则可以将基线向上偏移。

❽ 文本颜色：在面板中直接单击颜色块可以弹出“选择文本颜色”对话框，在该对话框中选择适合的颜色即可完成对文本颜色的设置。

❾ 字体样式：通过单击面板中的按钮可以对文字进行仿粗体、仿斜体、全部大写字母、小型大写字母、设置文字为上标等设置。

❿ Open Type字体：包含了当前PostScript和TrueType字体不具备的功能，如花饰字和自由连字。

⓫ 连字及拼写规则：对所选字符进行有关联字符和拼写规则的语言设置，Photoshop用语言词典检查连字符连接。

⓬ 设置消除锯齿的方法：该选项与在其选项栏中设置消除锯齿的方法效果相同，用于设置消除锯齿的方法。

下面动手在字符面板中设置文字属性。

Step 01 使用横排文字工具 T 选中字母“NEW”，如图7-14所示。

图7-14 选中字母“NEW”

Step 02 在字符面板中，设置字体为Kalinga、字体大小为22点。单击“颜色”色块，如图7-15所示。

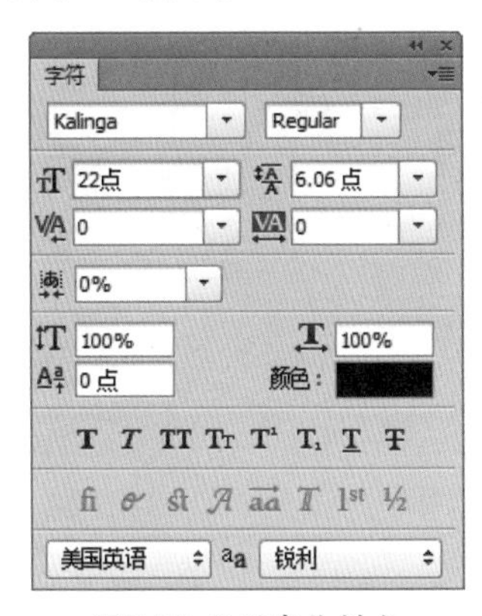

图7-15 设置字体样式

Step 03 在打开的“拾色器（文本颜色）”对话框中，设置颜色为白色，单击“确定”按钮，如图7-16所示。

Step 04 使用相同的方法设置字母“Spring”字体为Georgia，字体大小为200点，文字颜色为绿色“#1E9281”，文字效果如图7-17所示。

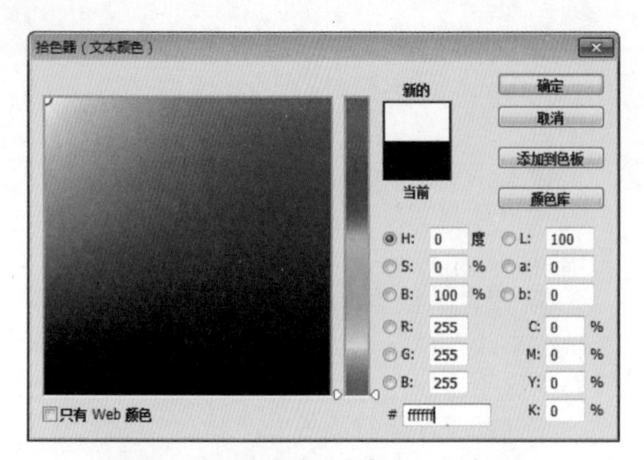

图7-16 “拾色器（文本颜色）”对话框

图7-17 设置字母样式

Step 05 设置文字“春”字体为方正粗宋简体、字体大小为94点、文字颜色为绿色“#1E9281”，如图7-18所示。

图7-18 设置“春”的字体样式

Step 06 设置文字“第一波”的字体为黑体、字体大小为47点、文字颜色为绿色“#1E9281”，如图7-19所示。

Step 07 适当调整文字和文字之间的距离，效果如图7-20所示。

Step 08 新建“椭圆”图层，移动到“NEW”文字图层下方，如图7-21所示。

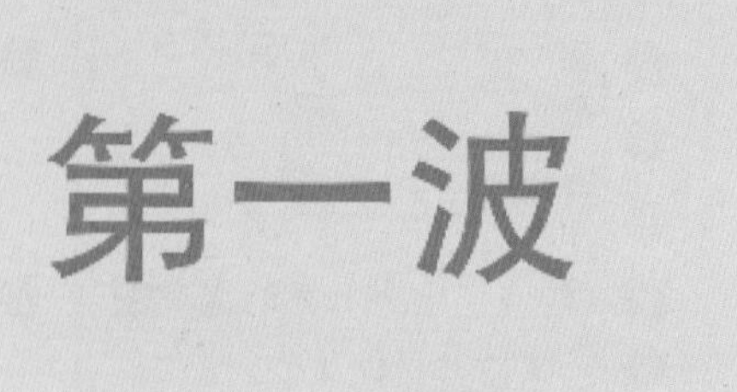

图7-19 设置文字“第一波”的字体样式

图7-20 适当调整文字和文字之间的距离

图7-21 新建“椭圆”图层

Step 09 使用椭圆选框工具创建选区，填充洋红色“#FE698C”，如图7-22所示。

图7-22 填充洋红色

Step 10 ，在画笔选取器中，设置“大小”为7像素、“硬度”为100%，如图7-23所示。

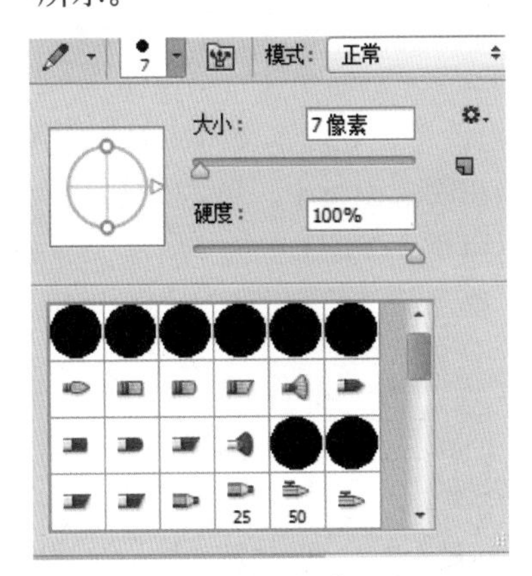

图7-23 设置铅笔工具

Step 11 设置前景色为绿色，拖动鼠标绘制直线，如图7-24所示。

图7-24 设置前景色为绿色

Step 12 打开“素材文件\模块07\蝴蝶.tif”文件，拖动到当前文件中，自动生成“蝴蝶”图层，如图7-25所示。

图7-25 生成“蝴蝶”图层

03 直排文字工具

使用直排文字工具可以输入直排文字。下面动手用直排文字工具输入段落文字。

Step 01 选择直排文字工具，在下方拖动鼠标，创建段落文本框，如图7-26所示。

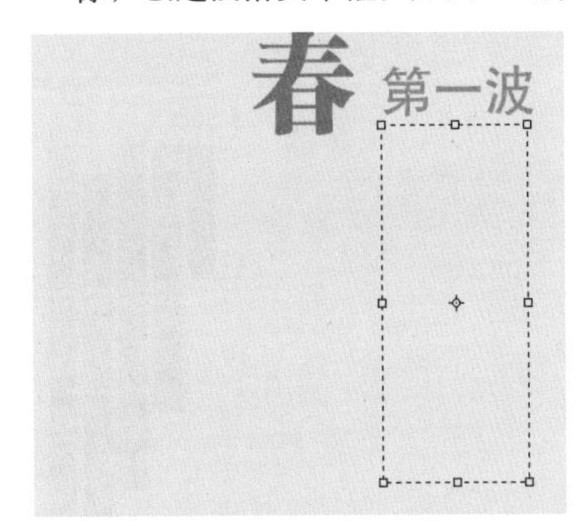

图7-26 创建段落文本框

Step 02 在文本框中输入直排文字，文字会自动固定在文本框中，在选项栏中，设置字体为黑体、字体大小为19点，如图7-27所示。

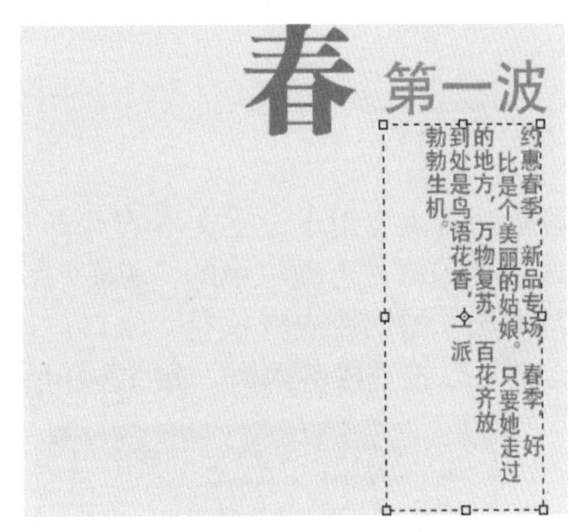

图7-27 输入直排文字

Step 03 在字符面板中，设置“行距”为26点，如图7-28所示。

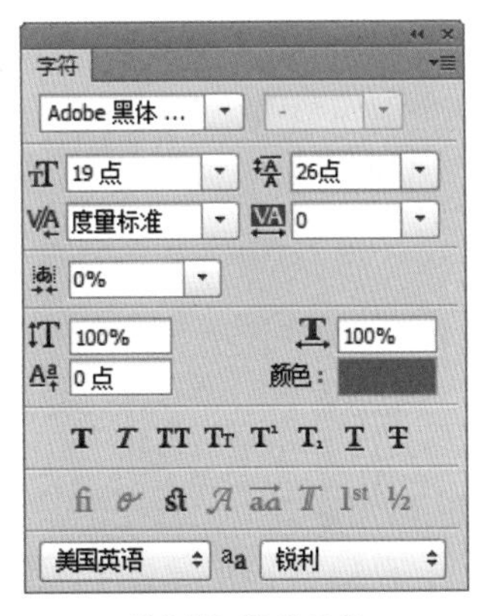

图7-28 字符面板

Step 04 通过前面的操作，调整文字行距，效果如图7-29所示。

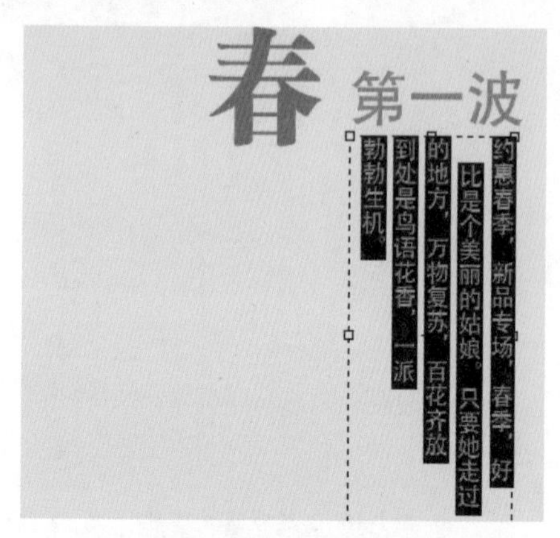

图7-29 调整文字行距

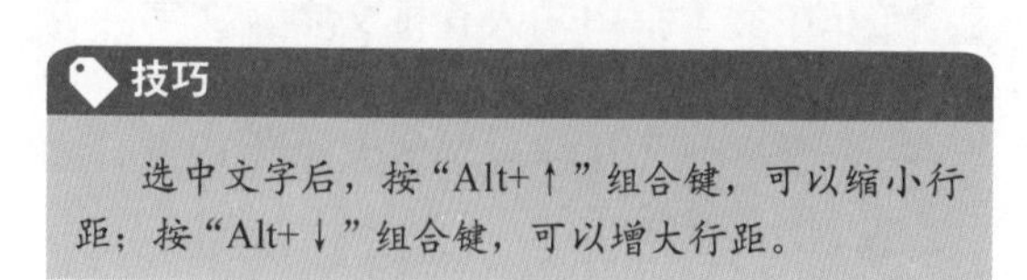

技巧

选中文字后，按“Alt+↑”组合键，可以缩小行距；按“Alt+↓”组合键，可以增大行距。

04 段落面板

段落面板主要用于设置文本的对齐方式和缩进方式等。单击选项栏中的“切换字符面板和段落面板”按钮或者执行“窗口→段落”命令，都可以打开段落面板，如图7-30所示。

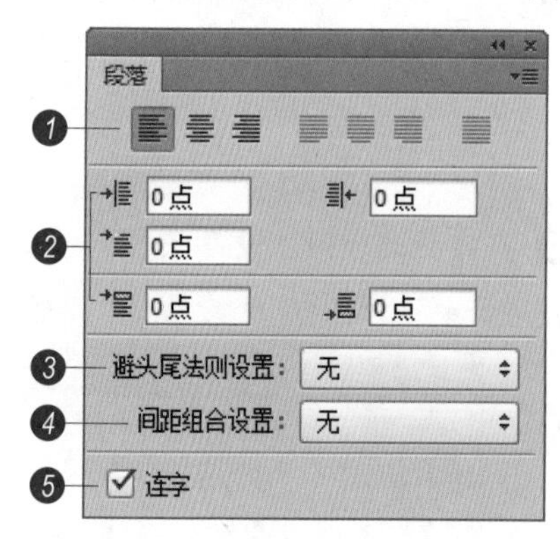

图7-30 段落面板

❶ 对齐方式：包括左对齐文本、右对齐文本、居中对齐文本、最后一行左对齐、最后一行居中对齐、最后一行右对齐和全部对齐。

❷ 段落调整：包括左缩进、右缩进、首行缩进、段前添加空格和段后添加空格。

❸ 避头尾法则设置：选取换行集为无、JIS宽松、JIS严格。

❹ 间距组合设置：选取内部字符间距集。

❺ 连字：自动用连字符连接。

下面动手设置段落文本的对齐方式。

Step 01 在段落面板中，单击“顶对齐文本”按钮，如图7-31所示。

图7-31 段落面板

Step 02 设置段落文本为顶对齐，效果如图7-32所示。

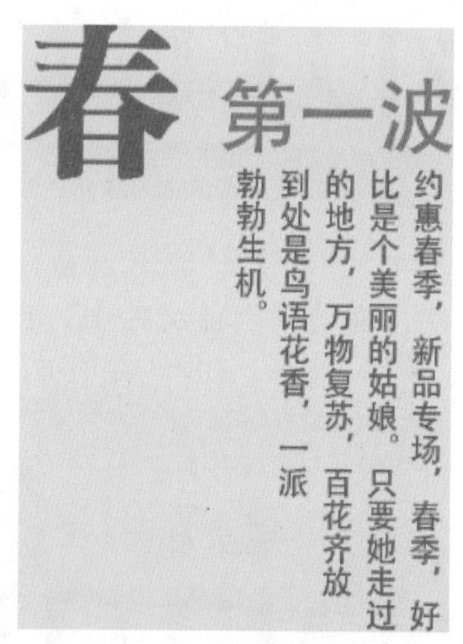

图7-32 设置段落文本为顶对齐

Step 03 打开“素材文件\模块07\花朵.tif”文件，拖动到当前文件中，自动生成“花朵”图层，如图7-33所示。

Step 04 打开“素材文件\模块07\叶.tif”文件，拖动到当前文件中，自动生成“叶”图层，如图7-34所示。

图7-33 生成“花朵”图层

图7-34 生成“叶”图层

Step 05 设置前景色为较浅的绿色“#42978B”，使用铅笔工具绘制竖线。更改字母“Spring”颜色为草绿色“#21B447”，效果如图7-35所示。

图7-35 最终图像效果

任务二 制作广告效果

任务内容

在设计广告时，经常需要制作变形的文字效果。本任务通过一个制作广告的案例学习路径文字、变形文字的操作方法。

任务要求

掌握路径文字的创建及变形文字的制作方法。

参考效果图

图7-36 任务参考效果图

01 变形文字

文字变形是指对创建的文字进行变形处理。下面动手添加文字变形立体效果。

Step 01 打开“素材文件\模块07\背影.jpg”文件，如图7-37所示。

图7-37 打开文件

Step 02 使用直排文字工具[IT]输入文字“美丽人生　相约蝴蝶园”，如图7-38所示。

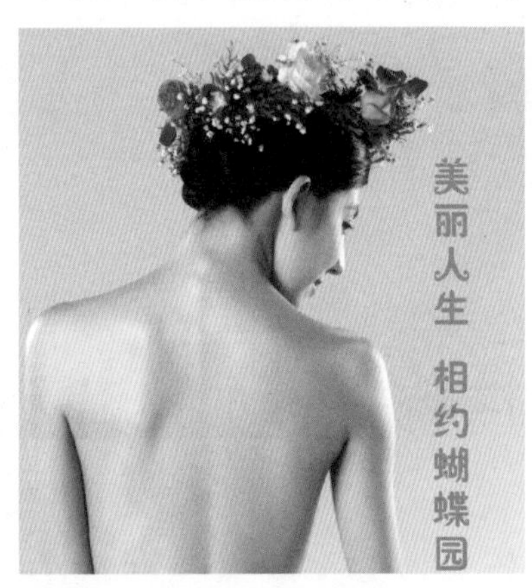

图7-38 输入文字

Step 03 在选项栏中，设置字体为“汉仪秀英体”、字体大小为215点、文字颜色为白色。适当旋转文字，如图7-39所示。

Step 04 选择文字后，在选项栏中，单击“创建文字变形”按钮[工]，在打开的“变形文字”对话框中，选中“垂直”单选项，设置“弯曲”为50%，单击“确定”按钮，如图7-40所示。

图7-39 设置字体样式

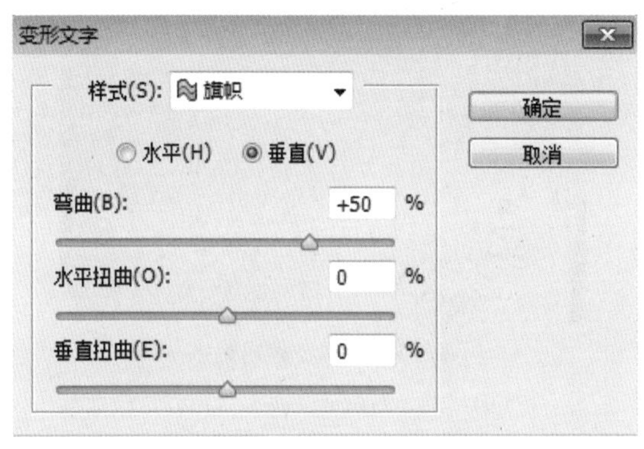

图7-40 “变形文字”对话框

Step 05 通过前面的操作，得到文字变形效果，如图7-41所示。

图7-41 文字变形效果

Step 06 双击文字图层，在“图层样式”对话框中，选中“描边”选项，设置“大小”为5像素、描边颜色为红色“#DC1C6D”，如图7-42所示。

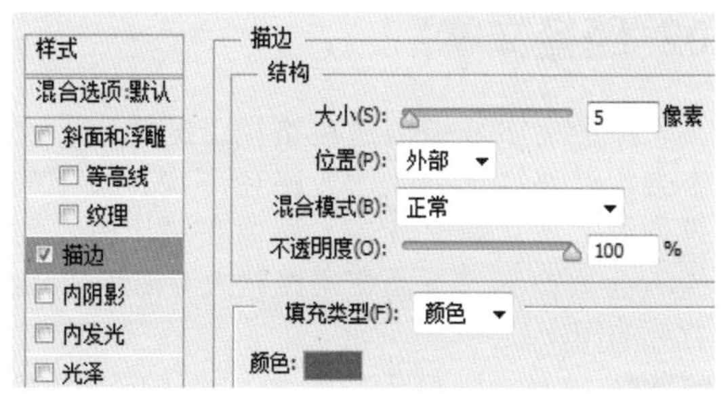

图7-42 “图层样式”对话框

Step 07 在“图层样式”对话框中，选中“投影”选项，设置“不透明度”为75%、“角度”为120度、“距离”为30像素、“扩展”为0%、“大小”为5像素、投影颜色为深红色“#AA1F24”，如图7-43所示。

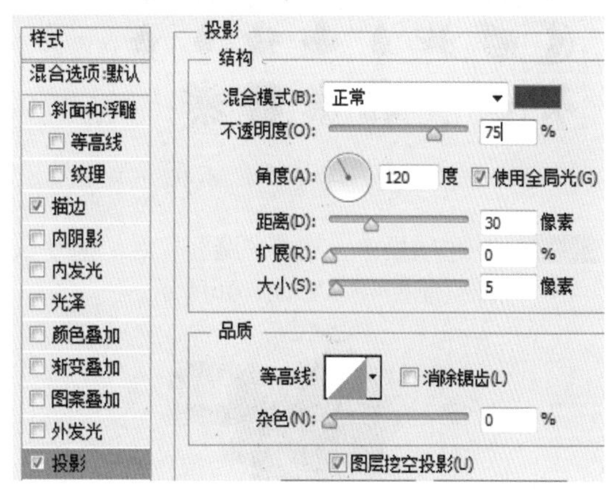

图7-43 “图层样式”对话框

Step 08 通过前面的操作，得到立体文字效果，如图7-44所示。

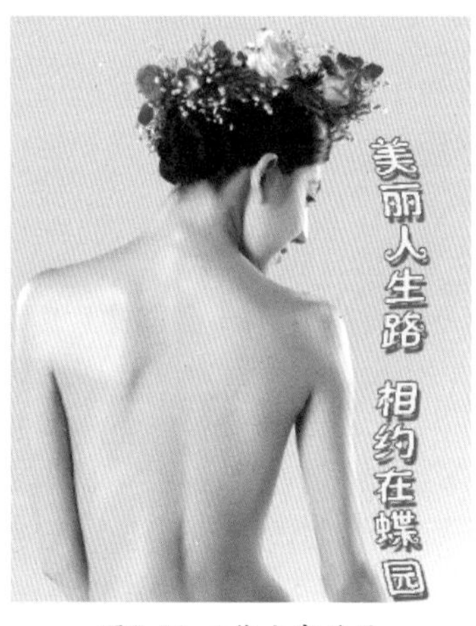

图7-44 立体文字效果

02 路径文字

路径文字是指创建在路径上的文字，文字会沿着路径排列，改变路径形状，文字的排列方式也会随之改变。图像在输出时，路径不会被输出，下面使用路径文字制作人物背部的图案。

Step 01 选择自定形状工具，在选项中，载入全部形状后，选择“蝴蝶”形状，如图7-45所示。

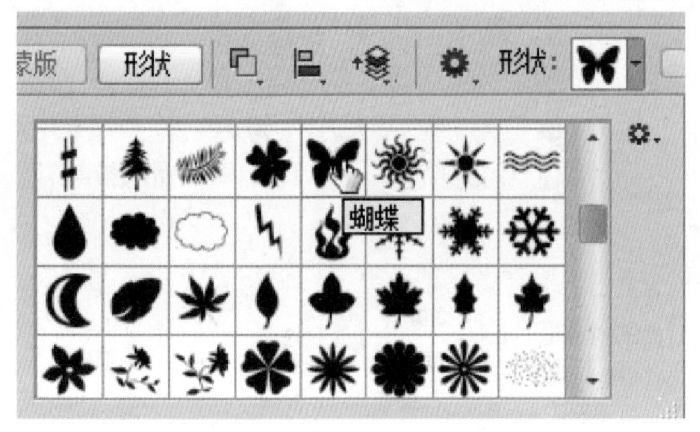

图7-45 选择“蝴蝶”形状

Step 02 在选项栏中，选择“路径”后，拖动鼠标绘制路径，如图7-46所示。

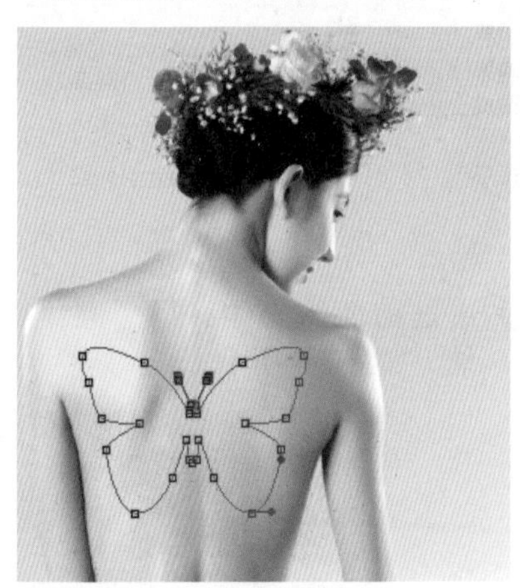

图7-46 绘制路径

Step 03 选择工具箱中的横排文字工具，将鼠标指针移动至路径上，此时鼠标指针会变成为特殊形状，单击即可确认路径文字起点，如图7-47所示。

Step 04 画面中会出现闪烁的“I”，此时输入的文字即可沿着路径排列，如图7-48所示。

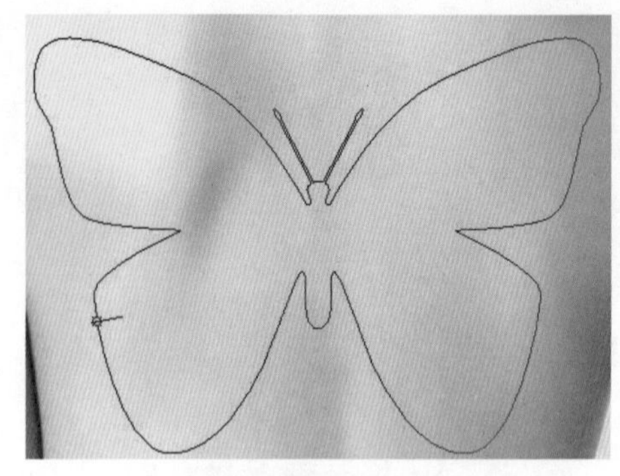

图7-47 确认路径文字起点

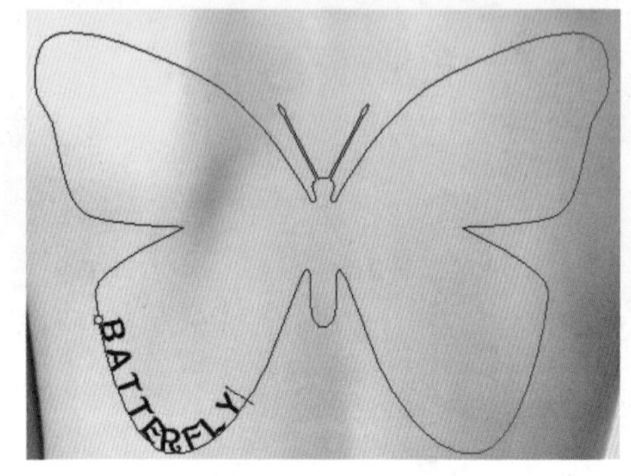

图7-48 沿路径排列文字

03 拼写检查

拼写检查可以检查当前文本中的英文单词拼写是否有误。下面动手检查英文单词“BATTERFLY”的拼写是否正确。

Step 01 执行“编辑→拼写检查”命令，打开“拼写检查”对话框，检查到错误时，Photoshop CC会提供修改建议，如图7-49所示。

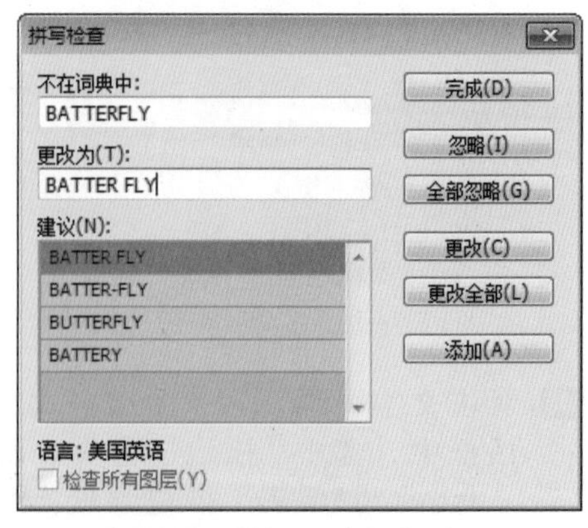

图7-49 “拼写检查”对话框

Step 02 选择修改方案，选择“BUTTERFLY”单词，单击“更改”按钮，如图7-50所示。

图7-50 选择修改方案

Step 03 弹出提示对话框，单击“确定”按钮，如图7-51所示。

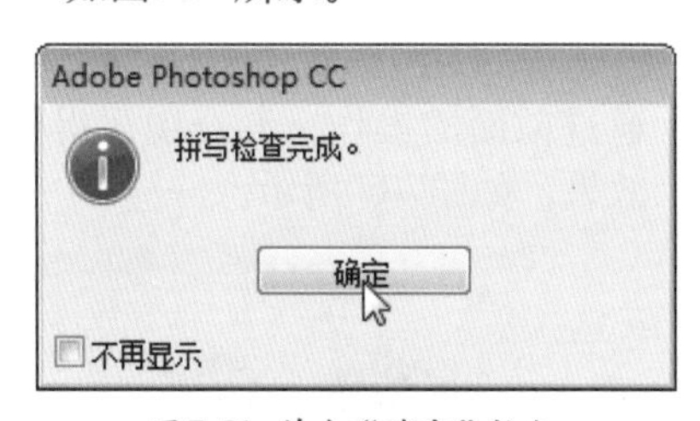

图7-51 单击“确定”按钮

Step 04 通过前面的操作，单词“BATTERFLY”被替换为“BUTTERFLY”，如图7-52所示。

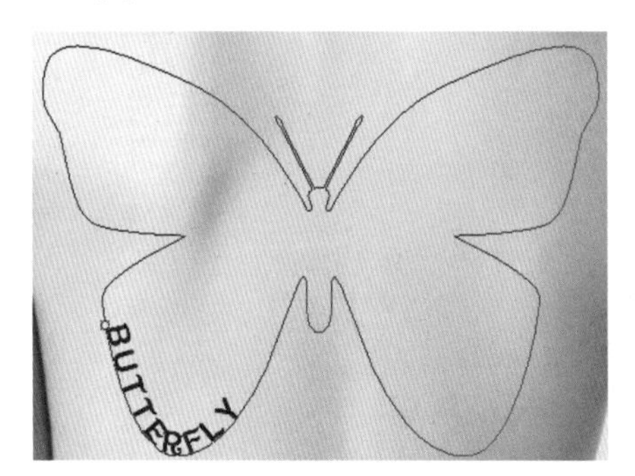

图7-52 单词被替换为“BUTTERFLY”

Step 05 继续输入字母，一直铺满整条路径，如图7-53所示。

Step 06 使用路径调整工具调整路径形状，文字排列方式也会相应变化，如图7-54所示。

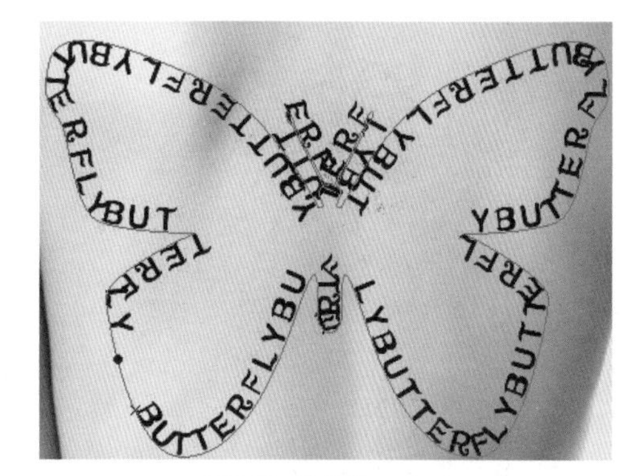

图7-53 继续输入字母

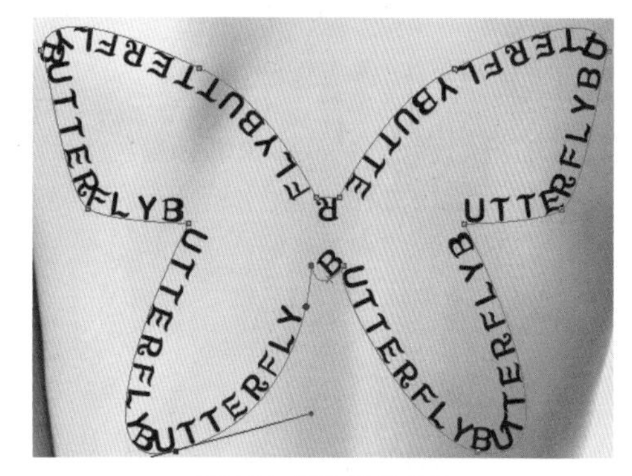

图7-54 调整路径形状

Step 07 更改文字颜色为浅粉色“#DC1417”，如图7-55所示。

图7-55 更改文字颜色

Step 08 使用移动工具往下方拖动，适当调整文字的位置，如图7-56所示。

图7-56 调整文字的位置

Step 09 打开“素材文件\模块07\蝴蝶.jpg”文件。使用魔棒工具选中蝴蝶，如图7-57所示。

图7-57 选中蝴蝶

Step 10 将选中的蝴蝶复制、粘贴到人物图像中，调整大小和位置，如图7-58所示。

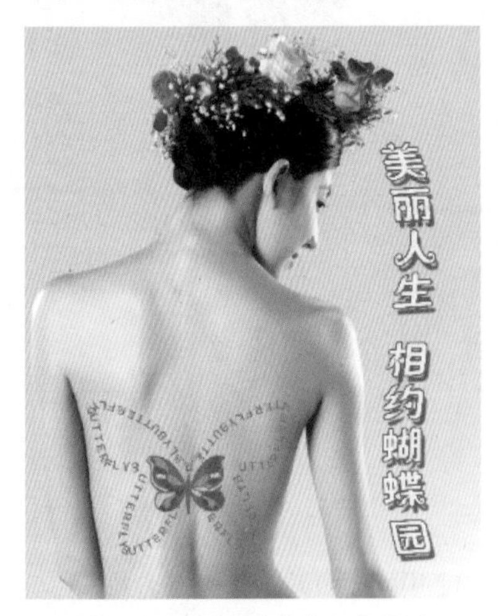

图7-58 调整蝴蝶的大小和位置

Step 11 更改图层混合模式为“颜色加深”，如图7-59所示。

图7-59 更改图层混合模式

Step 12 通过前面的操作，混合图层得到最终效果，如图7-60所示。

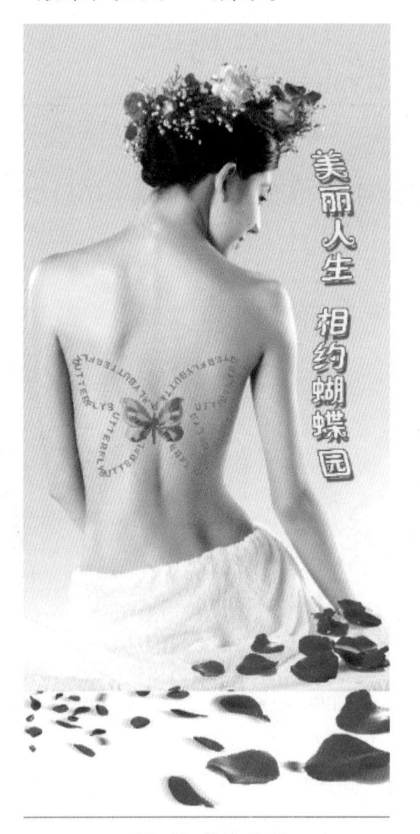

图7-60 最终效果

综合实战 制作名片效果

任务内容

名片是商业交往的纽带，可以起到自我展示和业务推介的双重作用。本任务就是在Photoshop CC中设计并制作名片，主要操作包括：①制作背景效果；②使用路径工具绘制人物脸部轮廓；③使用路径文字工具制作出头发的飘逸效果；④再输入文本，并进行字体格式、大小、颜色等设置。

任务要求

熟练掌握Photoshop CC中文本的编辑方法。

参考效果图

图7-61 任务参考效果图

Step 01 按“Ctrl+N”组合键，执行“新建”命令，设置“宽度”为9厘米、“高度”为5.4厘米、“分辨率”为200像素/英寸，单击“确定”按钮，如图7-62所示。

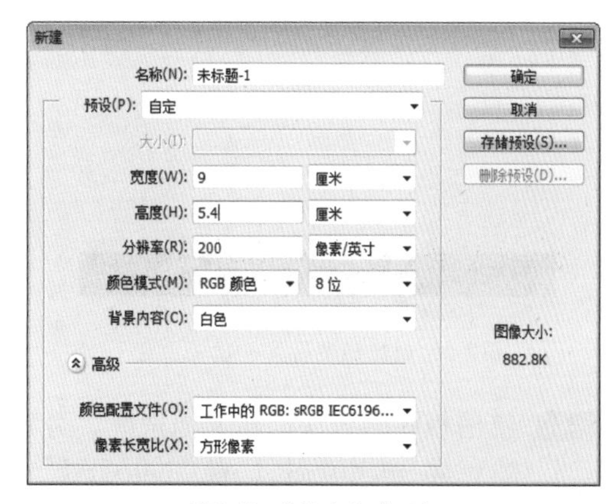

图7-62 “新建”对话框

Step 02 设置前景色为浅黄色“#F6F5BC”，按“Alt+Delete”组合键，填充前景色，如图7-63所示。

Step 03 新建“黑条”图层。选择矩形选框工具 ，拖动鼠标创建矩形选区，填充黑色，如图7-64所示。

图7-63 填充前景色

图7-64 创建矩形选区并填充黑色

Step 04 继续在图层面板中，新建“彩条”图层，如图7-65所示。

图7-65 新建“彩条”图层

Step 05 选择矩形选框工具，拖动鼠标创建矩形选区，填充白色，如图7-66所示。

图7-66 创建矩形选区并填充白色

Step 06 使用相同的方法创建其他选区，分别填充黄“#EFEF01”、青“#00A7AF”、绿“#019E45”、紫“#AC2E77”、红“#ED3F02”、深蓝“#361976”、深红“#C40E25”，效果如图7-67所示。

图7-67 创建其他选区并填充颜色

Step 07 选择路径工具，在选项栏中，选择“路径”选项，拖动鼠标绘制路径，如图7-68所示。

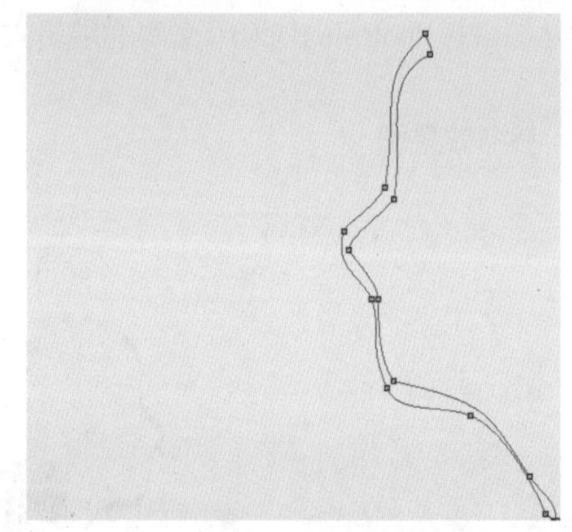

图7-68 绘制路径

Step 08 按“Ctrl+Enter”组合键，将路径作为选区载入。为选区填充黑色“#150B00”，如图7-69所示。

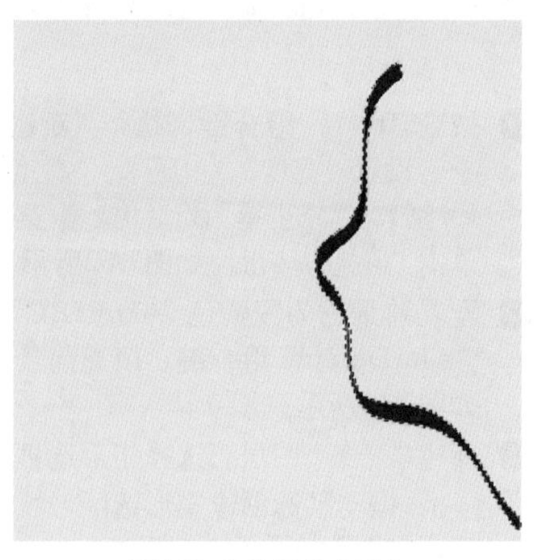

图7-69 为选区填充黑色

Step 09 在图层面板中，新建“地面”图层，如图7-70所示。

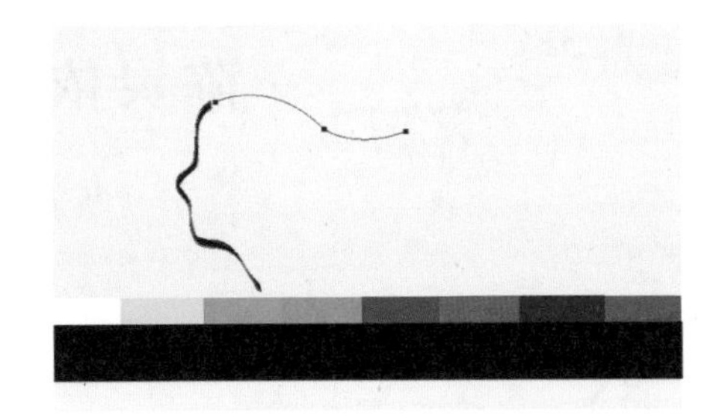

图7-70 新建“地面”图层

Step 10 选择横排文字工具[T]，在路径上单击，并输入文字“新视界前瞻传媒”，如图7-71所示。

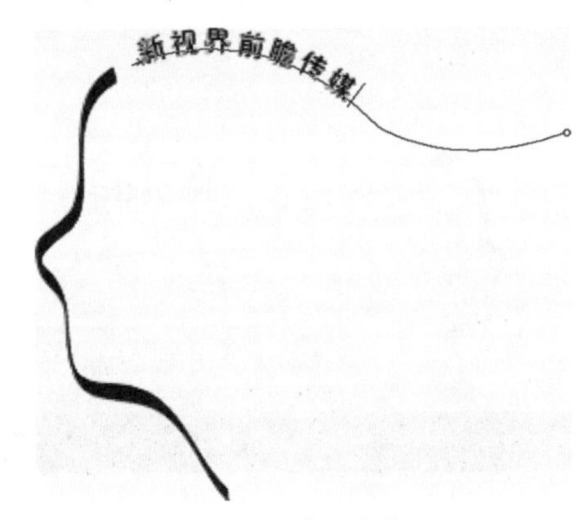

图7-71 输入文字

Step 11 在选项栏中，更改字体为方正小标宋、字体大小为5点，复制文字内容，如图7-72所示。

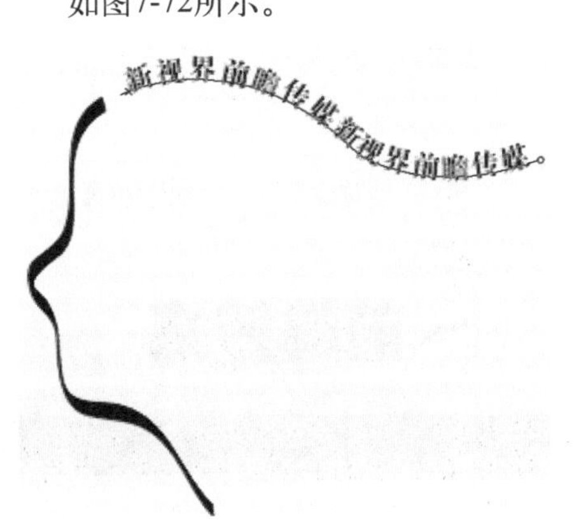

图7-72 更改字体

Step 12 复制两个文字图层，并调整文字的位置，效果如图7-73所示。

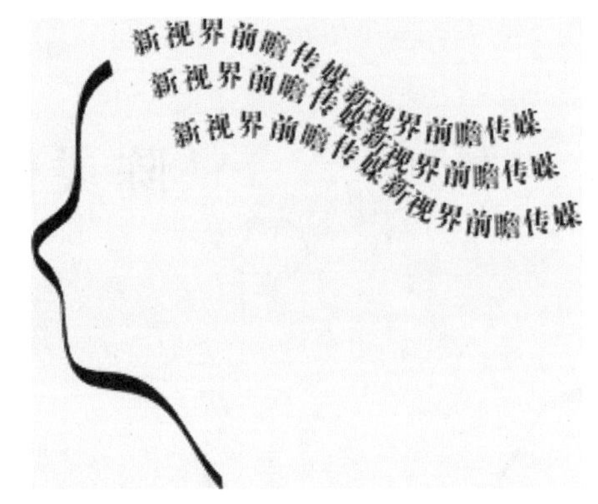

图7-73 复制两个文字图层并调整文字的位置

Step 13 调整下方文字图层“不透明度”分别为80%和50%，效果如图7-74所示。

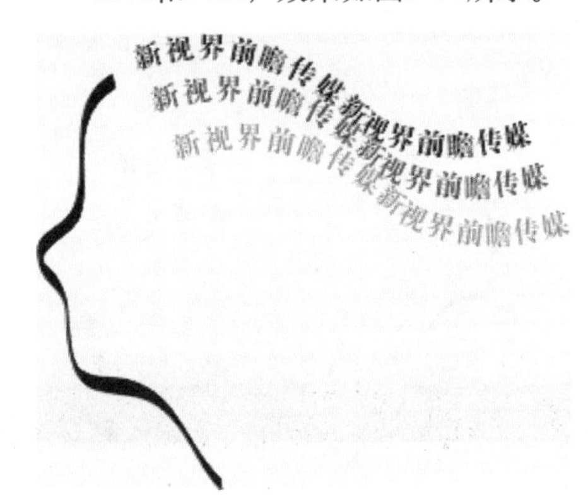

图7-74 调整下方文字图层“不透明度”

Step 14 分别调整三条路径的形状，使文字的弧度相同，如图7-75所示。

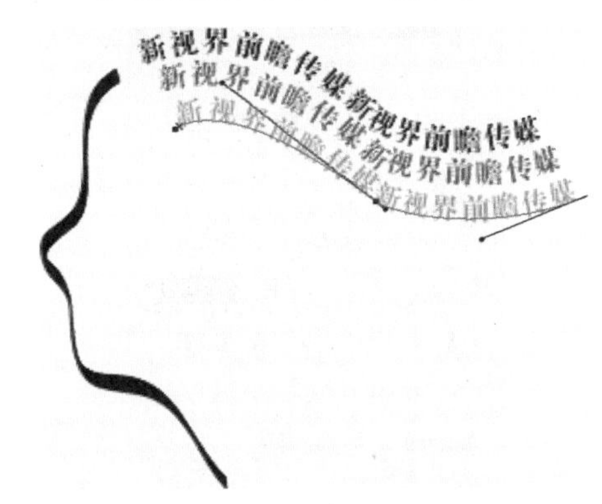

图7-75 调整三条路径的形状

Step 15 使用横排文字工具[T]，输入文字“陈灵依”，在选项栏中，设置字体为方正小标宋简体、字体大小为13点，如图7-76所示。

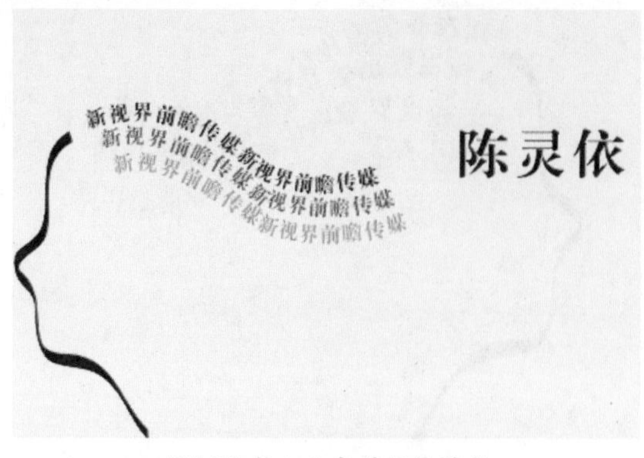

图7-76 输入文字并调整样式

Step 16 继续在下方输入文字“市场策划”，在选项栏中，调整字体大小为6点，如图7-77所示。

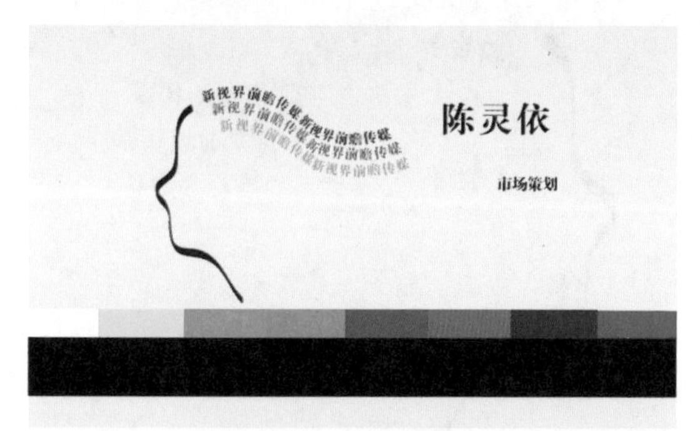

图7-77 输入文字并调整样式

Step 17 在选项栏中，调整字距为360，如图7-78所示。

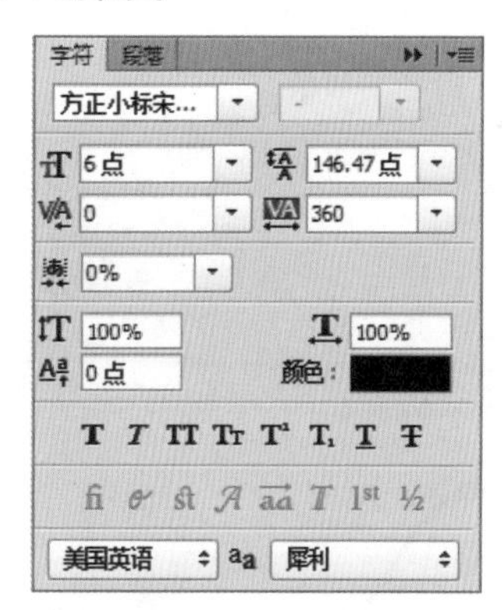

图7-78 调整字距

Step 18 通过前面的操作，增大“市场策划”文字字距，如图7-79所示。

Step 19 新建“灰条”图层。选择矩形选框工具，拖动鼠标创建矩形选区，填充灰色“#949494”，如图7-80所示。

图7-79 增大“市场策划”文字字距

技巧

按中文字后，按“Alt+←”组合键，可以缩小字距；按“Alt+→”组合键，可以增大字距。

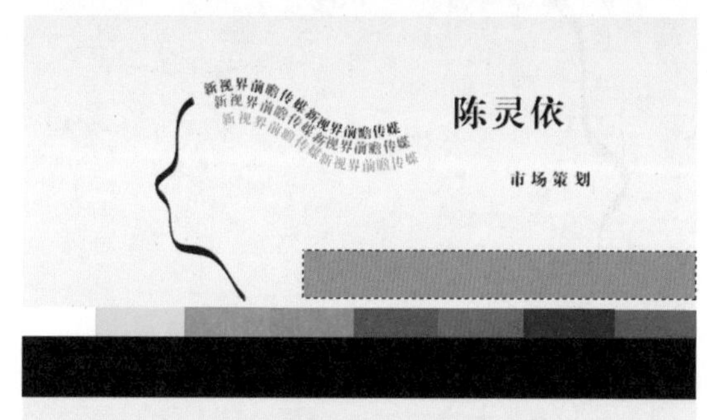

图7-80 创建矩形选区并填充灰色

Step 20 使用横排文字工具，输入文字“前瞻传媒”，在选项栏中，设置字体为方正超粗黑简体、字体大小为25点，如图7-81所示。

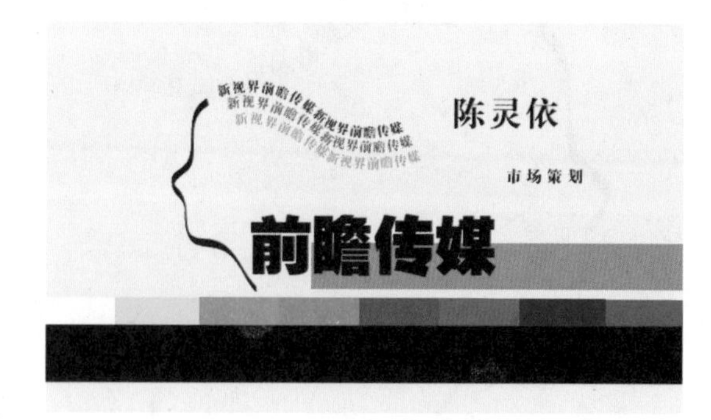

图7-81 输入文字并调整样式

Step 21 在字符面板中。设置“垂直缩放”为120%，如图7-82所示。

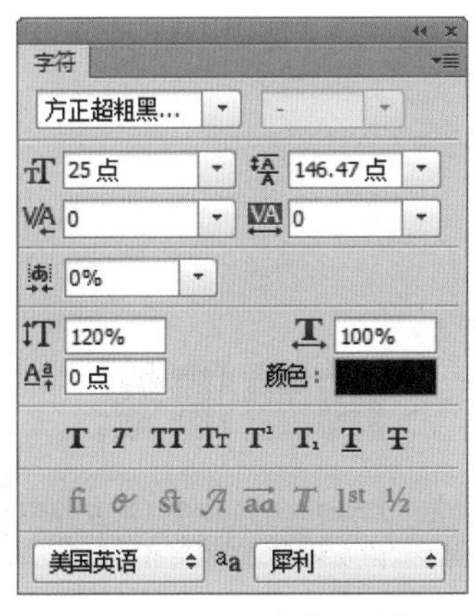

图7-82 设置“垂直缩放”

Step 22 通过前面的操作，得到文字垂直缩放效果，如图7-83所示。

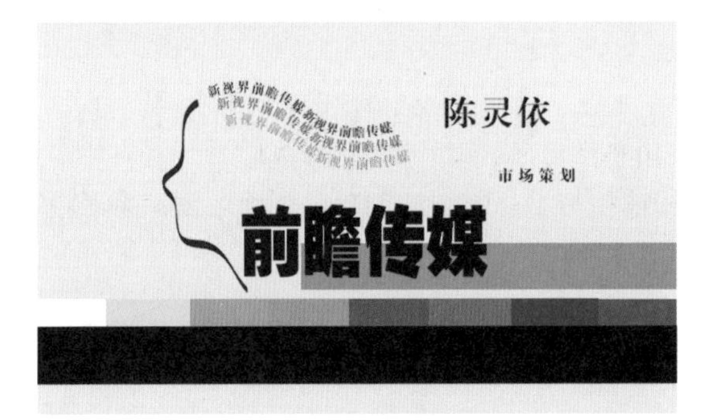

图7-83 文字垂直缩放效果

Step 23 使用横排文字工具T，输入字母“Media”，在选项栏中，设置字体为Elephant、字体大小为15点、更改文字颜色为白色，如图7-84所示。

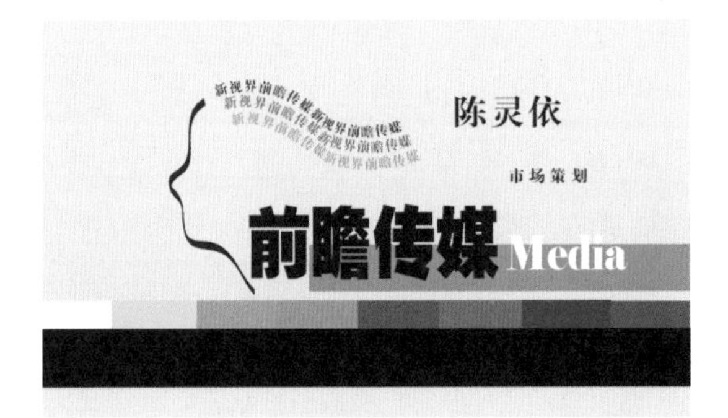

图7-84 输入字母

Step 24 新建“名片正面”图层组，将所有图层放入该组中，隐藏该组。同时，新建“名片背面”图层组，如图7-85所示。

图7-85 新建两个图层组

Step 25 新建“底图”图层，填充浅黄色“#F6F5BC”，如图7-86所示。

图7-86 新建“底图”图层并填充浅黄色

Step 26 复制“彩条”“前瞻传媒”和“Media”文字图层，移动到适当位置，更改“Media”文字图层为灰色“#9E9D95”，如图7-87所示。

图7-87 复制图层并调整位置和颜色

Step 27 双击“名片正面”组中的“前瞻传媒”文字图层，在打开的“图层样式”对话框中，设置“混合模式”为滤色，选中“外发光”选项，设置“不透明度”为75%、“扩展”为28%、“大小”为16像素，如图7-88所示。

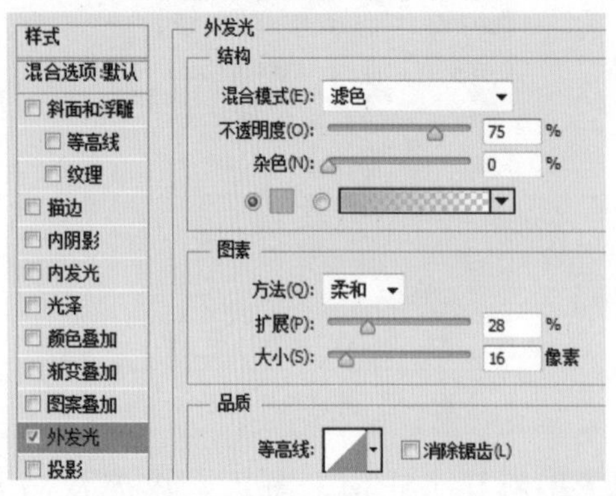

图7-88 “图层样式”对话框

Step 28 通过前面的操作，为文字添加外发光效果，如图7-89所示。

图7-89 最终图像效果

小 结

本模块由2个任务和1个综合任务组成，主要讲解了横排文字工具、直排文字工具、路径工具、字符面板和段落面板等知识和操作技能。其中横排文字工具、直排文字工具、字符面板和段落面板的操作方法和技巧是重点学习的部分。合理运用文字是进行图像处理的必备技能。希望通过本模块的讲解，读者能够熟练掌握文字处理的基础知识和相关技巧。

模块中穿插了8个操作实例，旨在引导读者运用文字的创建与编辑功能完成“制作宣传单页”“制作广告效果”“制作名片效果”等任务。

模块08 通道和蒙版的应用

蒙版可以控制图像的显示范围，是一种非破坏性的图像编辑方式，是图像合成中最常用的技术之一。通道是存储不同类型信息的灰度图像，通道可以存储选区信息和颜色信息。通过对通道的编辑可以制作出一些特殊的图像效果。

本模块将详细讲解通道和蒙版的编辑方法。

能力目标

- 调出图像的青色调
- 为图像添加波浪边框
- 合成番茄皇冠图像
- 合成傍晚的引路灯
- 合成艺术效果

技能要求

- 运用通道的基本操作方法，调出青色色调的图像
- 通过Alpha通道的创建及通道与选区的转换为图像添加波浪边框
- 运用图层蒙版和矢量蒙版的创建与编辑功能合成番茄皇冠图像
- 使用通道运算合成合成傍晚的引路灯图像
- 综合运用图层混合模式和蒙版合成艺术效果

Photoshop CC

任务一 调出图像的青色调

任务内容

通道主要用于存储颜色信息和选区，通过分离、合并、复制通道等操作就可以改变图像色调。本任务就是利用通道调出青色色调的图像。

任务要求

掌握通道的基本操作，包括复制通道、合并和分离通道、显示和隐藏通道等。

参考效果图

图8-1 任务参考效果图

01 分离和合并通道

在Photoshop CC中，可以将通道拆分为几个灰度图像，同时也可以将通道组合在一起，或者用户可以将两个图像分别进行拆分，然后选择性地将部分通道组合在一起，这样就可以得到意想不到的图像合成效果。下面动手合并与分离通道，制作绿色树叶的效果。

Step 01 打开“素材文件\模块08\红叶.jpg”文件，如图8-2所示。

Step 02 单击通道面板中的扩展按钮，在弹出的菜单中选择“分离通道”命令，如图8-3所示。

图8-2 打开文件

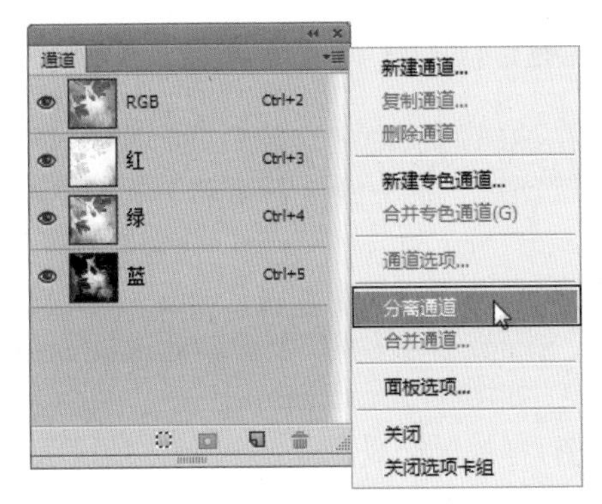

图8-3 “分离通道”命令

Step 03 在图像窗口中可以看到已将原图像分离为三个单独的灰度图像，如图8-4所示。

图8-4 原图像分离为三个单独的灰度图像

Step 04 单击通道面板右上角的扩展按钮，在打开的快捷菜单中选择“合并通道”命令，如图8-5所示。

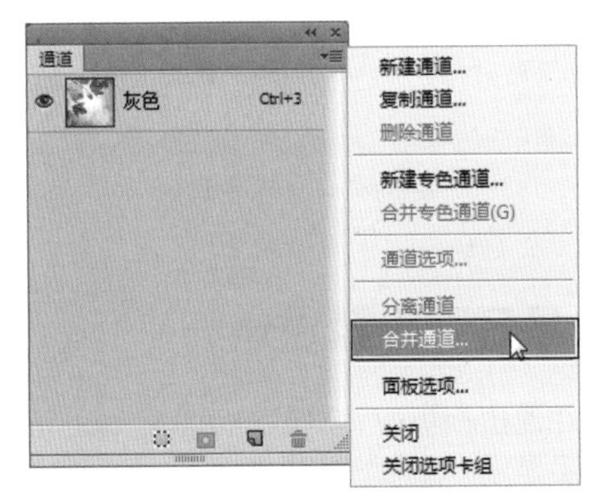

图8-5 “合并通道”命令

Step 05 打开“合并通道”对话框，在“模式”下拉列表中选择“RGB颜色”；单击“确定”按钮，如图8-6所示。

图8-6 “合并通道”对话框

Step 06 弹出“合并RGB通道”对话框，设置“红色”为“红树叶.jpg_绿”、“绿色”为“红树叶.jpg_红”，单击“确定”按钮，如图8-7所示。

图8-7 “合并RGB通道”对话框

Step 07 通过前面的操作，得到合并通道效果，如图8-8所示。

图8-8 合并通道效果

02 选择通道

通道中包含的是灰度图像，可以像编辑任何图像一样使用绘画工具、修饰工具、选区工具等对它们进行处理。在通道面板中，单击“蓝”通道，可将其选中，如图8-9所示。

图8-9 通道面板

03 删除通道

复合通道不能被删除，但是可以删除普通通道。下面动手删除图像中的“蓝”通道。

Step 01 将“蓝”通道拖到“删除当前通道”按钮，如图8-10所示。

Step 02 释放鼠标后，删除“蓝”通道，如图8-11所示。

图8-10 拖动通道

图8-11 删除“蓝”通道

Step 03 通过前面的操作，图像自动转换为多通道模式，图像效果如图8-12所示。

图8-12 图像自动转换为多通道模式

04 复制通道

在编辑通道内容之前，可以将需要编辑的通道创建一个备份。下面动手复制“青色”通道。

Step 01 在通道面板中，将“青色”通道拖动到面板右下方的“创建新通道”按钮，如图8-13所示。

Step 02 释放鼠标后，得到“青色拷贝”复制图层，如图8-14所示。

图8-13 创建新通道

图8-14 “青色拷贝”图层

Step 03 执行“滤镜→风格化→查找边缘”命令，为当前通道应用滤镜命令，如图8-15所示。

图8-15 应用滤镜命令

05 显示和隐藏通道

在通道面板中，可以显示和隐藏通道。下面动手显示“青色”通道。

Step 01 在通道面板中，将鼠标移动到“青色”通道前方的“指示通道可见性”图标□，如图8-16所示。

Step 02 单击即可显示出👁图标，表示该通道处于可见状态，如图8-17所示。

图8-16 指示通道可见性

图8-17 通道为可见状态

Step 03 显示“青色”通道后，得到最终效果，如图8-18所示。

图8-18 最终图像效果

任务二 为图像添加波浪边框

任务内容

因为通道可以记录选区信息，所以通道和选区可以相互转换。下面就利用通道选区的相互转换功能为图像添加波浪边框效果。

任务要求

掌握Alpha通道的创建、通道与选区的转换等操作。

参考效果图

图8-19 任务参考效果图

01 新建Alpha通道

Alpha通道是储存选区的通道。它是利用颜色的灰阶亮度来储存选区的，呈现的是灰度图像，只能以黑、白、灰来表现图像。在默认情况下，白色为选区部分，黑色为非选区部分，中间的灰度表示具有一定透明效果的选区。下面动手新建“Alpha 1”通道，添加波浪效果。

Step 01 打开“素材文件\模块08\红气球.jpg”文件，如图8-20所示。

图8-20 打开文件

Step 02 在通道面板中，单击“创建新通道”按钮，新建“Alpha 1”通道，如图8-21所示。

图8-21 新建“Alpha 1”通道

Step 03 按“Ctrl+A”组合键，全选图像。执行“选择→修改→边界”命令，设置“宽度”为200像素，单击“确定”按钮，如图8-22所示。

图8-22 修改图像的边界宽度

Step 04 通过前面的操作，得到边界选区效果，为选区填充白色，如图8-23所示。

图8-23 为选区填充白色

Step 05 按“Ctrl+D”键，取消选区，如图8-24所示。

图8-24 取消选区

Step 06 执行“滤镜→扭曲→波浪”命令，设置“数量”为999%、“大小”为大，单击“确定”按钮，如图8-25所示。

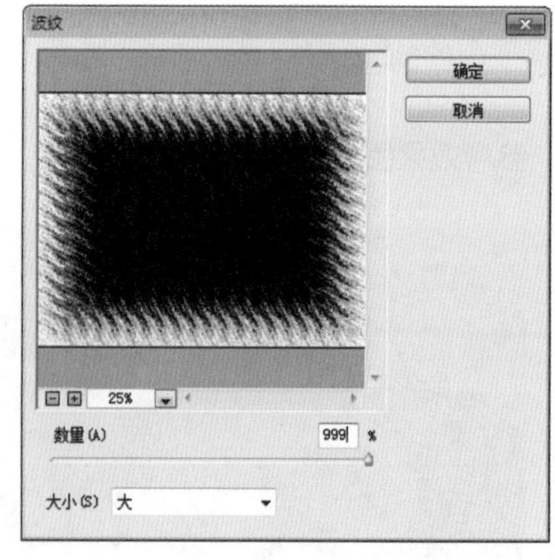

图8-25 设置“波浪”滤镜

02 通道和选区的转换

通道与选区是可以互相转换的，可以把选

区存储为通道，也可把通道作为选区载入。下面动手将通道转换为选区，让图像呈现波浪效果。

Step 01 在通道面板中，单击“将通道作为选区载入”按钮，如图8-26所示。

Step 02 在通道面板中，单击选中“RGB”复合通道，如图8-27所示。

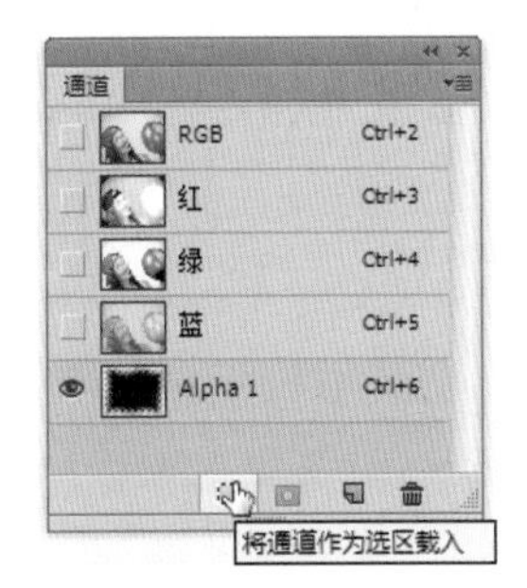

图8-26 通道面板　图8-27 选中“RGB”复合通道

Step 03 通过前面的操作，将“Alpha 1”通道作为选区载入，如图8-28所示。

图8-28 选区载入

Step 04 在图层面板中，新建“图层1”，如图8-29所示。

图8-29 新建“图层1”

Step 05 按“D”键恢复默认前（背）景色，按“Ctrl+Delete”组合键，为选区填充白色，如图8-30所示。

图8-30 为选区填充白色

Step 06 执行“滤镜→扭曲→波浪”命令，设置“生成器数”为5、“波长”为“最小1，最大120”、“波幅”为“最小5，最大35”、“比例”为100%、“类型”为正弦、“未定义区域”为重复边缘像素，如图8-31所示。

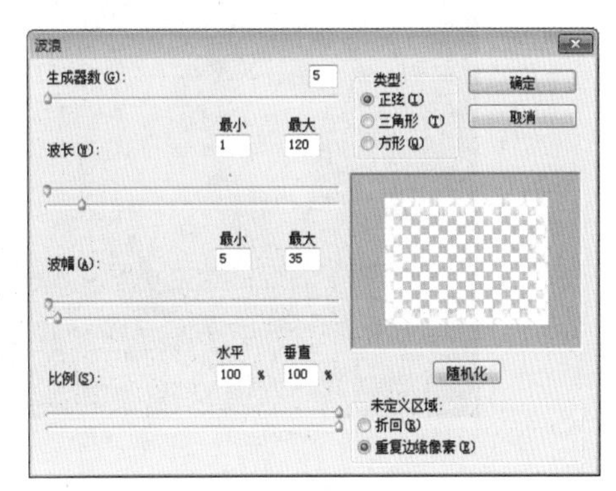

图8-31 设置“波浪”滤镜属性

Step 07 通过前面的操作得到波浪效果，如图8-32所示。

图8-32 波浪效果

任务三 合成番茄皇冠图像

任务内容

蒙版是图像合成中常用的技术之一。在Photoshop中蒙版可以遮盖图像部分区域，从而控制画面的显示内容。下面就通过合成番茄皇冠图像的案例来学习蒙版的创建与编辑等操作。

任务要求

学会图层蒙版和矢量蒙版的创建与编辑。

参考效果图

图8-33 任务参考效果图

01 创建图层蒙版

图层蒙版是一种特殊的蒙版，它附加在目标图层上，用于控制图层中的部分区域——隐藏或者显示。通过使用图层蒙版，可以在图像处理中制作出特殊的效果，下面动手添加图层蒙版。

Step 01 打开“素材文件\模块08\番茄.jpg”文件，如图8-34所示。

Step 02 打开“素材文件\模块08\婴儿.jpg”文件，如图8-35所示。

图8-34 打开番茄文件

图8-35 打开婴儿文件

Step 03 将婴儿图像复制、粘贴到蕃茄图像中，如图8-36所示。

图8-36 将婴儿图像复制、粘贴到蕃茄图像中

Step 04 在图层蒙版中，单击“添加图层蒙版”按钮，如图8-37所示。

Step 05 通过前面的操作，为“图层1”添加图层蒙版，如图8-38所示。

图8-37 图层蒙版

图8-38 添加图层蒙版

02 编辑图层蒙版

创建图层蒙版后，常会使用画笔工具对蒙版进行编辑。将画笔设置为黑色，在蒙版中绘画后，被绘制的区域即被隐藏；将画笔设置为白色，在蒙版中涂抹后，被绘制的区域即可显示出来；使用半透明画笔进行涂抹，可以创建图像的羽化效果。下面动手编辑图层蒙版，制作特殊效果的宝宝照片。

Step 01 选择画笔工具，在画笔选取器中，选择柔边圆画笔，如图8-39所示。

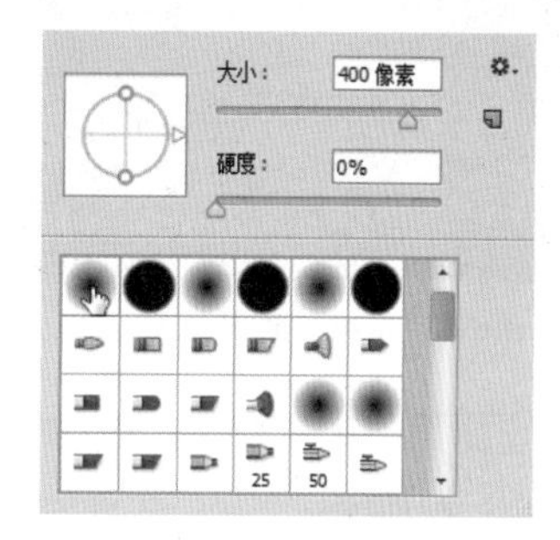

图8-39 选择画笔样式

Step 02 前景色为黑色，在图像中涂抹，图像被隐藏，如图8-40所示。

图8-40 设置前景色为黑色

Step 03 继续拖动鼠标，修改图层蒙版，隐藏人物的背景图像，如图8-41所示。

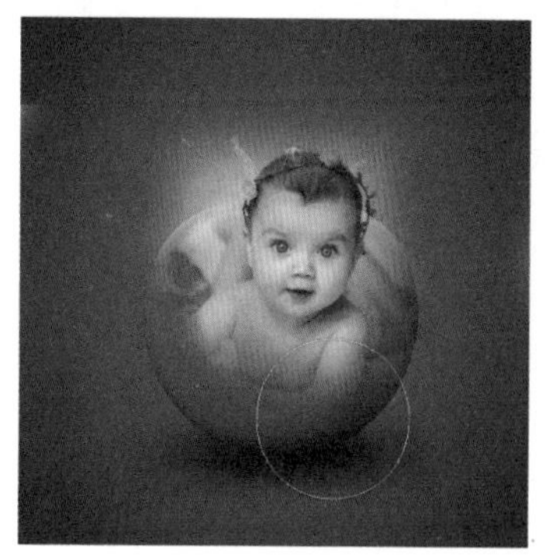

图8-41 隐藏人物的背景图像

Step 04 向下方拖动，移动人物图像的位置，如图8-42所示。

图8-42 移动人物图像的位置

Step 05 继续使用画笔工具修改图层蒙版，如图8-43所示。

图8-43 修改图层蒙版

Step 06 调整画笔的“不透明度”为20%，设置前景色为白色。在人物周围涂抹，显示出部分背景，如图8-44所示。

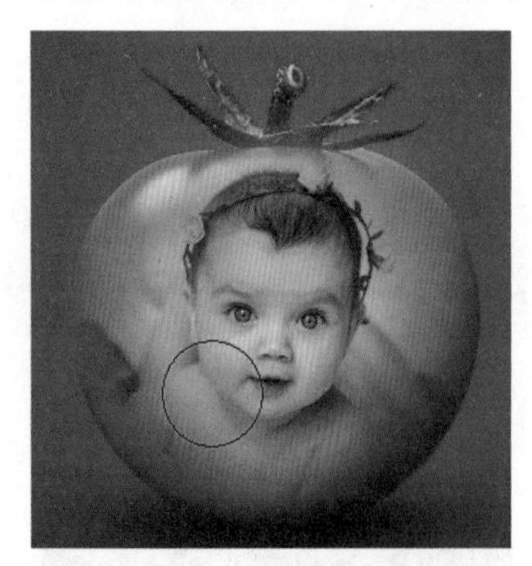

图8-44 调整图像

03 隐藏图层蒙版

对于已经通过蒙版进行编辑的图层，可以通过隐藏图层蒙版的方式查看原图效果。下面单击图层蒙版缩览图，暂时隐或显示图层蒙版。

Step 01 按住“Shift”键，单击图层蒙版缩览图，如图8-45所示。

图8-45 图层蒙版缩览图

Step 02 通过前面的操作，可以暂时隐藏图层蒙版效果，如图8-46所示。这样方便设计师对整体效果进行观察。

图8-46 暂时隐藏图层蒙版效果

Step 03 再次按住“Shift”键，单击图层蒙版缩览图，可以显示出图层蒙版。图层蒙版缩览图中的红叉消失，如图8-47所示。

图8-47 图层蒙版缩览图中的红叉消失

04 创建矢量蒙版

矢量蒙版是将矢量图形引入蒙版中，它不仅丰富了蒙版的多样性，还提供了一种可以在矢量状态下编辑蒙版的特殊方式。下面动手添加矢量蒙版。

Step 01 打开“素材文件\模块08\儿童.jpg”文件，如图8-48所示。

图8-48 打开儿童图像文件

Step 02 将儿童图像复制、粘贴到蕃茄图像中，如图8-49所示。

图8-49 将儿童图像复制、粘贴到蕃茄图像中

Step 03 选择自定形状工具，在选项栏中，选择“皇冠5”形状，如图8-50所示。

图8-50 选择自定形状工具

Step 04 在选项栏中，选择“路径”选项，拖动鼠标绘制路径，如图8-51所示。

图8-51 绘制路径

Step 05 在图层面板中，按住“Ctrl”键，单击“添加图层蒙版”按钮。即可为图像添加矢量蒙版，如图8-52所示。

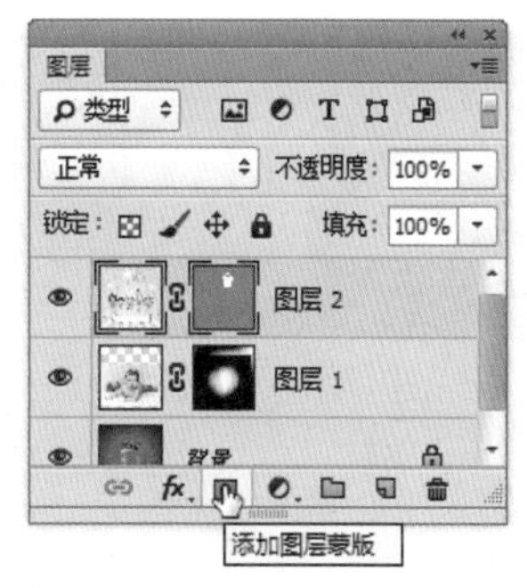

图8-52 添加矢量蒙版

Step 06 添加矢量蒙版后，得到图像效果，如图8-53所示。

图8-53 图像效果

05 变换矢量蒙版

创建矢量蒙版后，还可以变换矢量蒙版，接下来变换皇冠图像。下面动手变换皇冠图像。

Step 01 单击图层面板中的矢量蒙版缩览图，如图8-54所示。

图8-54 矢量蒙版缩览图

Step 02 执行“编辑→自由变换路径”命令，即可对矢量蒙版进行各种变换操作，如图8-55所示。

图8-55 对矢量蒙版进行各种变换操作

06 链接与取消链接蒙版

创建蒙版后，蒙版缩览图和图像缩览图中间有一个链接图标，它表示蒙版与图像处于链接状态，此时进行变换操作，蒙版会与图像一同变换。取消链接蒙版后，则可以单独变换图像和蒙版。下面动手取消蒙版链接状态。

Step 01 在图层面板中，单击图层和蒙版缩览图之间的“指示矢量蒙版链接到图层”图标，如图8-56所示。

Step 02 通过前面的操作，可以取消图层和蒙版之间的链接，取消后可以单独变换图像和蒙版，如图8-57所示。

图8-56 图层面板

图8-57 取消链接

Step 03 单击“图层2”缩览图，选中该图层，如图8-58所示。

图8-58 选中“图层2”

Step 04 使用移动工具移动图像，调整图像位置，如图8-59所示。

图8-59 调整图像位置

07 应用图层蒙版

当确定不再修改图层蒙版时，可将蒙版进

行应用，即合并到图层中。下面动手将图层蒙版效果合并到图层中。

Step 01 在蒙版缩览图上右击，在弹出的菜单中选择“应用图层蒙版”命令，如图8-60所示。

Step 02 通过前面的操作，应用图层蒙版，将图层蒙版效果合并到图层中，如图8-61所示。

图8-60 应用图层蒙版

图8-61 合并图层蒙版效果

> **提示**
>
> 在图层面板中选择蒙版缩览图，并将其拖动至面板底部的“删除图层”按钮处 。可以删除图层蒙版。删除图层蒙版后，蒙版效果也不再存在；而应用图层蒙版时，虽然删除了图层蒙版，而蒙版效果依然存在，并合并到图层中。

08 矢量蒙版转换为图层蒙版

矢量蒙版和图层蒙版都有其独有的编辑属性。下面动手将矢量蒙版转换为图层蒙版。

Step 01 在蒙版缩览图上右击，在弹出的菜单中选择“栅格化矢量蒙版”命令，如图8-62所示。

Step 02 通过前面的操作，可以将矢量蒙版转换为图层蒙版，如图8-63所示。

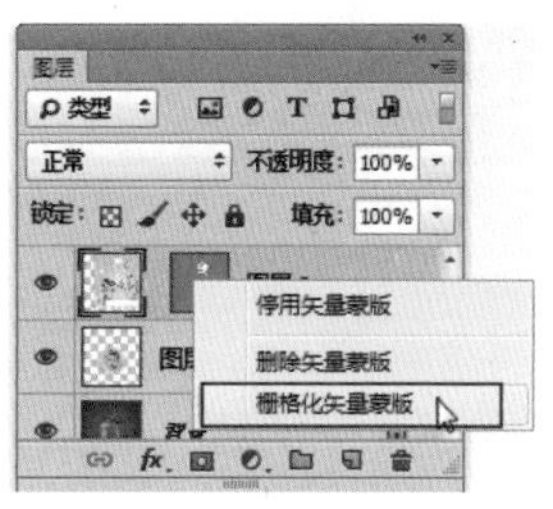

图8-62 栅格化矢量蒙版

图8-63 已进行蒙版转换

任务四 合成傍晚的引路灯

任务内容

通过通道运算合成图像可以产生非常奇妙的图像效果。下面就使用应用图像和计算命令合成傍晚引路灯图像效果。

任务要求

掌握通道的基本运算操作，包括应用图像和计算命令的用法。

参考效果图

图8-64 任务参考效果图

01 应用图像

“应用图像”命令将一个图像的图层和通道（源）与现用图像（目标）的图层和通道混合。使用“应用图像”命令可将两个图像进行混合，也可在同一图像中选择不同的通道来进行应用。打开源图像和目标图像，并在目标图像中选择所需要的图层和通道。图像的像素尺寸必须与“应用图像”对话框中出现的图像名称匹配。

执行“图像→应用图像”命令，打开“应用图像”对话框，如图8-65所示。

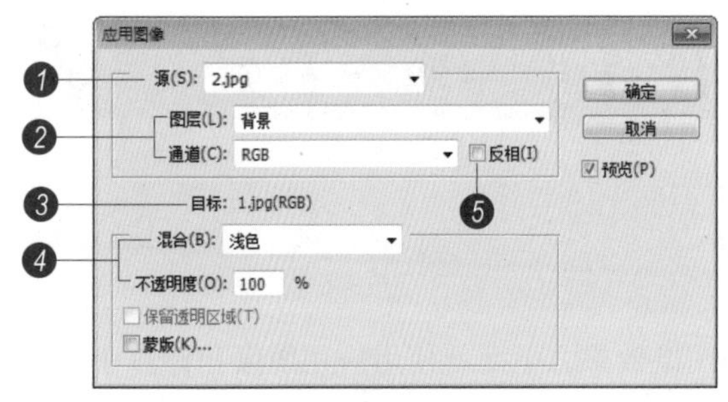

图8-65 “应用图像”对话框

❶ 源：默认的当前文件，也可以选择使用其他文件来与当前图像混合，但选择的文件必须是打开的且与当前文件具有相同尺寸和分辨率的图像。

❷ 图层和通道：“图层”选项用于设置源图像需要混合的图层，当只有一个图层时，就显示背景图层。“通道”选项用于选择源图像中需要混合的通道，如果图像的颜色模式不同，通道也会有所不同。

❸ 目标：显示目标图像，以执行应用图像命令的图像为目标图像。

❹ 混合和不透明度：“混合”选项用于选择混合模式；“不透明度”选项用于设置源中选择的通道或图层的不透明度。

❺ 反相：这个选项对源图像和蒙版后的图像都是有效的。如果想要使用与选择区相反的区域，可选择该项。

下面进行混合通道的操作。

Step 01 打开“素材文件\模块08\灯.jpg”文件，如图8-66所示。

图8-66 打开“灯”文件

Step 02 打开“素材文件\模块08\骑行.jpg”文件，如图8-67所示。

图8-67 打开“骑行”文件

Step 03 执行“图像→应用图像”命令，在弹出的“应用图像”对话框中，设置“源”为“2.jpg”、“混合”为“浅色”，单击“确定”按钮，如图8-68所示。

应用图像
源(S): 2.jpg
图层(L): 背景
通道(C): RGB 反相(I)
目标: 1.jpg(RGB)
混合(B): 浅色
不透明度(O): 100 %
保留透明区域(T)
蒙版(K)...
确定
取消
预览(P)

图8-68 “应用图像”对话框

Step 04 通过前面的操作，得到通道混合效果，如图8-69所示。

图8-69 通道混合效果

02 计算

“计算”命令与“应用图像”命令基本相同，也可将不同的两个图像中的通道混合在一起，它与“应用图像”命令不同的是，使用“计算”命令混合出来的图像以黑、白、灰显示。通过计算面板中结果选项的设置，可将混合的结果新建为通道、文档或选区。下面动手加强图像整体变暗效果。

Step 01 执行“图像→计算”命令，在弹出的“计算”对话框中，设置“源1”为“2.jpg”、“通道”为“红”、“源1”为“1.jpg”、“通道”为“红”、“混合”为“叠加”、“结果”为选区，单击“确定”按钮，如图8-70所示。

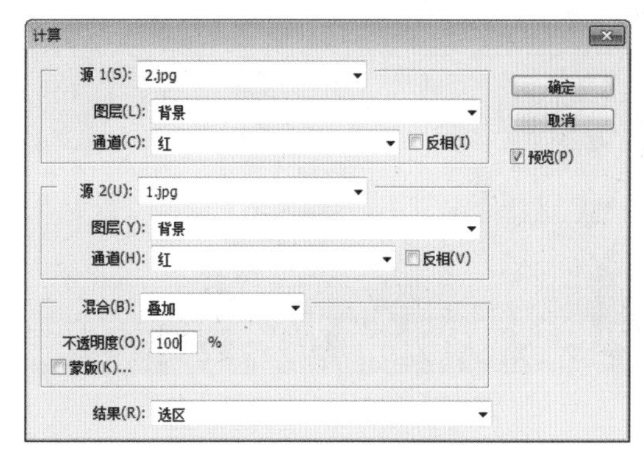

图8-70 “计算”对话框

Step 02 通过前面的操作，得到混合通道选区，效果如图8-71所示。

图8-71 混合通道选区

Step 03 按“Ctrl+J”键，复制选区到新图层中，更改图层混合模式为“正片叠底”，如图8-72所示。

Step 04 通过前面的操作，图像整体变暗，效果如图8-73所示。

图8-72 更改图层混合模式

图8-74 复制图层

图8-73 图像整体变暗的效果

图8-75 加强图像整体变暗效果

Step 05 再次按“Ctrl+J”键，复制图层，如图8-74所示。

Step 06 通过前面的操作，加强图像整体变暗效果，如图8-75所示。

提示

使用“应用图像”和“计算”命令进行操作时，如果是两个文件之间进行通道合成，需要确保两个文件有相同的文件大小和分辨率，否则将不能进行通道合成。

综合实战　合成艺术效果

任务内容

艺术效果可以增强画面的艺术氛围，使画面更加富有韵味。下面将在Photoshop CC中合成艺术效果，主要操作包括：①使用图层混合模式融合图像，确定背景效果；②添加人物素材并使用图层蒙版使人物融合到背景图像中。

任务要求

综合运用图层混合模式和蒙版合成艺术效果。

参考效果图

图8-76 任务参考效果图

Step 01 打开“素材文件\模块08\紫花.jpg”文件，如图8-77所示。

图8-77 打开“紫花”文件

Step 02 打开“素材文件\模块08\炫光.jpg”文件，如图8-78所示。

图8-78 打开“炫光”文件

Step 03 将炫光图像复制到紫花图像中，移动到适当位置，如图8-79所示。

图8-79 将炫光图像复制到紫花图像中

Step 04 更改“图层1”图层混合模式为“变亮”，如图8-80所示。

图8-80 更改“图层1”图层混合模式为“变亮”

Step 05 调整图层混合模式后，得到图像效果，如图8-81所示。

图8-81 调整图层混合模式后的效果

Step 06 打开“素材文件\模块08\背影.jpg”文件，如图8-82所示。

图8-82 打开“背景”文件

Step 07 将背影图像复制、粘贴到文件中，调整大小和位置，如图8-83所示。

图8-83 将背影图像复制、粘贴到当前文件中

Step 08 在图层面板中，单击“添加图层蒙版”按钮，为“图层2”添加图层蒙版，如图8-84所示。

图8-84 为“图层2”添加图层蒙版

Step 09 使用黑色画笔工具在周围涂抹，修改图层蒙版，如图8-85所示。

图8-85 修改图层蒙版

Step 10 继续使用黑色画笔工具在周围涂抹，修改图层蒙版，使人物融合到图像中，效果如图8-86所示。

图8-86 最终图像效果

小 结

本模块由4个任务和1个综合任务组成，主要介绍了通道的基本编辑及通道运算的相关内容，以及蒙版的创建和编辑方法。其中，新建Alpha通道、通道和选区的转换、图层蒙版的创建和编辑是本模块的重点内容。通道和蒙版是图像合成与特效制作中最常用的技术之一，是Photoshop CC的进阶知识，读者需要充分理解它们的原理，为图像合成与特效制作打下坚实的基础。

模块中穿插了17个操作实例，旨在引导读者运用通道和蒙版完成“调出图像的青色调”“图像添加波浪”“合成番茄皇冠图像”“合成傍晚的引路灯”“合成艺术效果”等任务。

模块09 色彩的调整与编辑

图像的色彩在一定程度上能决定图像的好坏。不同的色彩往往带有不同的情感倾向，只有与图像主题相匹配的色彩才能正确传达图像的内涵。在Photoshop CC中，有大量用于色调和色彩调整的命令，使用这些命令不仅可以校正色调，还可以调整图像色彩。

本模块将详细讲解色彩的调整与编辑等相关内容和方法。

能力目标

- 调出朦胧、怀旧、山水调
- 将图像转换为画像
- 调出浪漫花海
- 调出仙境色调
- 制作钢笔画效果
- 打造淡雅五彩色调

技能要求

- 使用黑白、色阶、阴影或高光命令调出朦胧、怀旧、山水调
- 掌握去色、曲线、反相命令将图像转换为画像
- 利用色彩调整工具调整图像色彩和色调（浪漫花海）
- 利用色相/饱和度、颜色查找等命令调出仙境色调效果图像
- 通过设置阈值、通道混合器等命令的参数调出钢笔画的效果
- 利用色调调整工具调出淡雅五彩色调图像

Photoshop CC

任务一 调出朦胧、怀旧、山水调

任务内容

在摄影中，怀旧成为很多作品的主色调，这样一种朦胧的追忆和对往事的眷恋会带给人深深的感动。下面就打造朦胧、怀旧、山水调风格的图像。

任务要求

掌握黑白、色阶、阴影或高光命令及用法。

参考效果图

图9-1 任务参考效果图

01 黑白

“黑白”命令将彩色图像转换为黑白图像时，可以控制每一种颜色的色调深浅，避免色调单一。执行“图像→调整→黑白”命令，可以打开“黑白”对话框，如图9-2所示。

❶ 拖动颜色滑块调整：拖动各个颜色的滑块可调整图像中特定颜色的灰色调，向左拖动灰色调变暗，向右拖动灰色调变亮。

❷ 色调：选中该复选框，可为灰度着色，创建单色调效果，拖动“色相”和“饱和度”滑块进行调整，单击颜色块，可打开“拾色器”对颜色进行调整。

❸ 自动：单击该按钮，可设置基于图像颜色值的灰度混合并使灰度值的分布最大化。

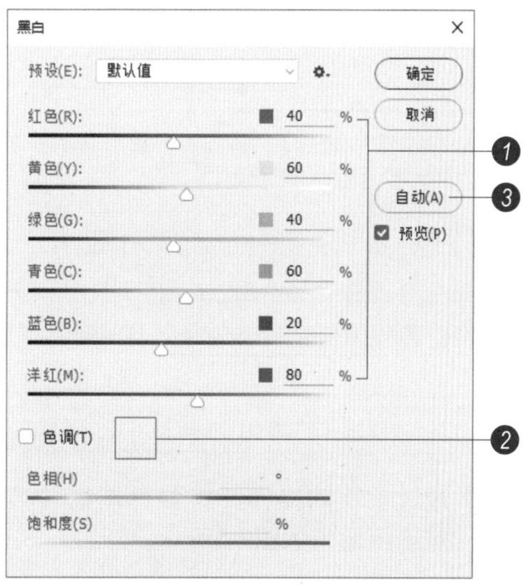

图9-2 “黑白”对话框

下面使用“黑白”命令，动手将彩色图像转换为黑白图像。

Step 01 打开“素材文件\模块09\山水画.jpg”文件，如图9-3所示。

图9-3 打开“山水画”文件

Step 02 执行“图像→调整→黑白”命令，打开“黑白”对话框。设置“红色”为36%、“黄色”为161%、“蓝色”为-33%、“洋红”为60%，单击“确定”按钮，如图9-4所示。

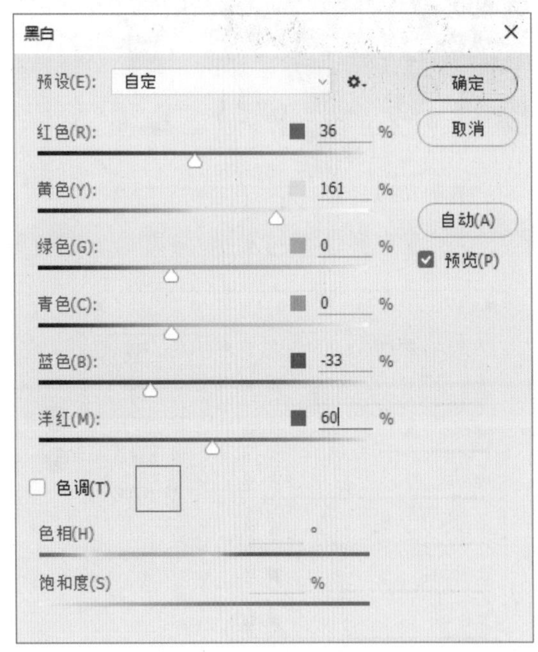

图9-4 “黑白”对话框

Step 03 通过前面的操作，将彩色图像转换为灰度图像，如图9-5所示。

图9-5 将彩色图像转换为灰度图像

02 色阶

“色阶”命令可以调整图像的阴影、中间调和高光的强度级别，校正色调范围和色彩平衡。

执行“图像→调整→色阶”命令，可以打开“色阶”对话框，如图9-6所示。

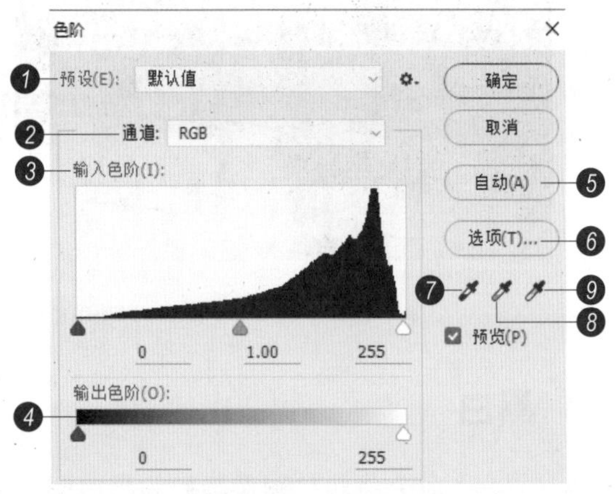

图9-6 “色阶”对话框

❶ 预设：单击“预设”选项右侧的按钮，在打开的下拉列表中选择“存储”命令，可以将当前的调整参数保存为一个预设文件。在使用相同的方式处理其他图像时，可以用该文件自动完成调整。

❷ 通道：在“色阶”对话框中，可以选择一个通道进行调整。调整通道会影响图像的颜色。

❸ 输入色阶：用于调整图像的阴影、中

间调和高光区域。可拖动滑块或者在滑块下面的文本框中输入数值来进行调整。

❹ 输出色阶：可以限制图像的亮度范围，从而降低对比度，使图像呈现褪色效果。

❺ 自动：单击该按钮，可应用自动颜色校正，Photoshop会以0.5%的比例自动调整图像色阶，使图像的亮度分布更加均匀。

❻ 选项：单击该选项，可以打开“自动颜色校正选项”对话框，在对话框中可以设置黑色像素和白色像素的比例。

❼ 设置白场：使用该工具在图像中单击，可以将单击点的像素调整为白色，比该点亮度值高的像素也都会变为白色。

❽ 设置灰点：使用该工具在图像中灰阶位置单击，可根据单击点像素的亮度来调整其他中间色调的平均亮度。通常使用它来校正色偏。

❾ 设置黑场：使用该工具在图像中单击，可以将单击点的像素调整为黑色，原图中比该点暗的像素也变为黑色。

下面动手用“色阶”命令来调整图像。

Step 01 执行“图像→调整→色阶”命令，打开“色阶”对话框，设置“输入色阶”为（0，2.05，255）、“输出色阶”为（38，255），单击“确定”按钮，如图9-7所示。

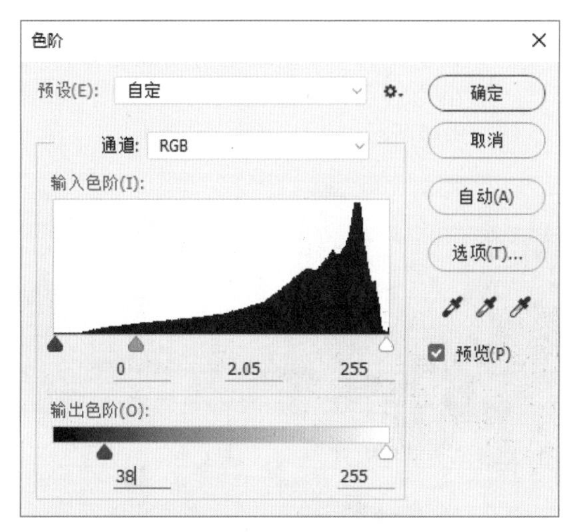

图9-7 “色阶”对话框

Step 02 通过前面的操作，调整图像的色调，提亮图像，如图9-8所示。

图9-8 提亮图像

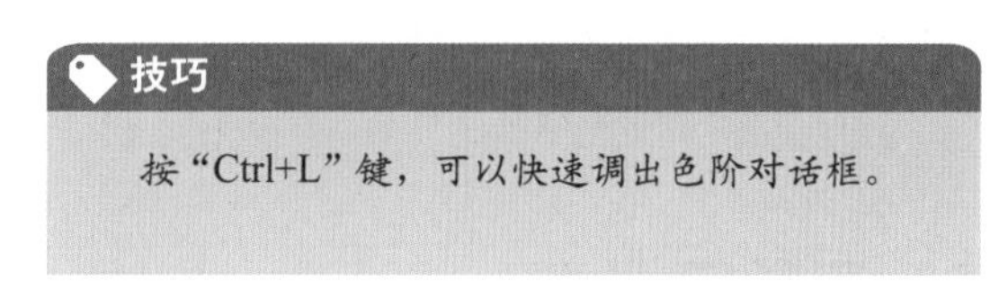

技巧

按“Ctrl+L”键，可以快速调出色阶对话框。

Step 03 按“Ctrl+J”键复制“背景”图层，得到“图层1”，如图9-9所示。

图9-9 得到“图层1”

Step 04 执行“滤镜→滤镜库”命令，在“扭曲”滤镜组中，单击“扩散亮光”图标，设置“粒度”为1、“发光量”为2、“消除数量”为17，单击“确定”按钮，如图9-10所示。

图9-10 扩散亮光

Step 05 通过前面的操作，得到略泛黄的图像色调，如图9-11所示。

图9-11 略泛黄的图像色调

03 阴影/高光

“阴影/高光”命令可以调整图像的阴影和高光部分，主要用于修改一些因为阴影或者逆光而造成主体较暗的照片。

执行“图像→调整→阴影/高光”命令，可以打开“阴影/高光”对话框，如图9-12所示。

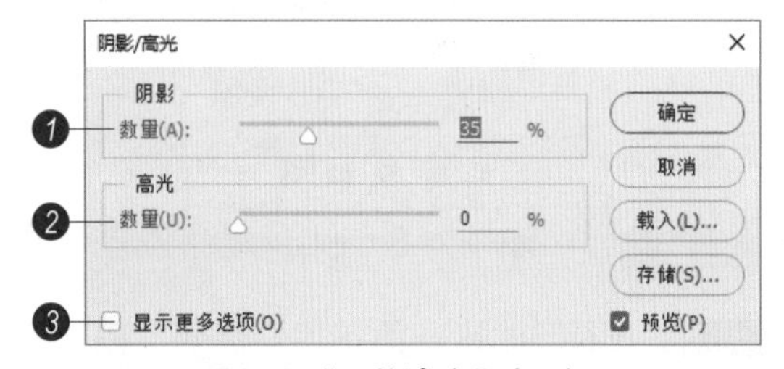

图9-12 “阴影/高光”对话框

❶ 阴影：拖动“数量”滑块可以控制调整强度，其值越高，阴影区域越亮。

❷ 高光：“数量”控制调整强度，其值越大，高光区域越暗。

❸ 显示更多选项：选中此复选项，可以显示全部选项。

下面动手用“阴影/高光”命令调整阴影色调。

Step 01 执行“图像→调整→阴影/高光”命令，打开“阴影/高光”对话框，设置阴影“数量”为35%，单击“确定”按钮，如图9-13所示。

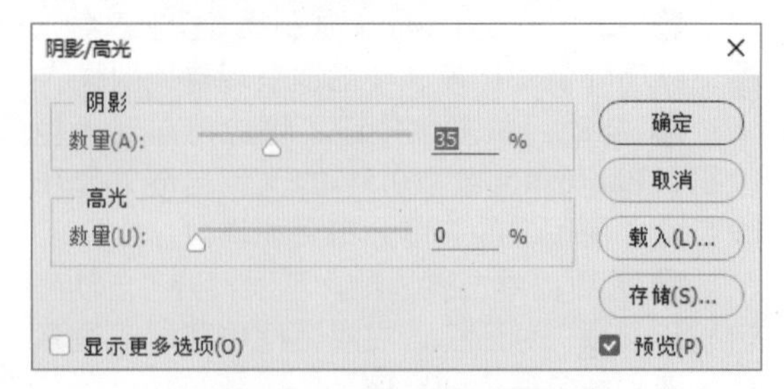

图9-13 “阴影/高光”对话框

Step 02 通过前面的操作，适当地调亮阴影区域，效果如图9-14所示。

图9-14 适当地调亮阴影区域

Step 03 使用横排文字工具T输入黑色文字“一江春水向东流”，在选项栏中，设置字体为“全新硬笔行书简”、字体大小为50点，完成图像效果制作，如图9-15所示。

图9-15 完成图像效果制作

任务二 将图像转换为画像

任务内容

在Photoshop中结合去色、曲线、反相等命令的使用可以模拟素描效果，使图像变成画像。

任务要求

掌握去色、曲线、反相命令的作用和用法。

参考效果图

图9-16 任务参考效果图

01 去色

“去色”命令可以将彩色图像转换为相同颜色模式下的灰度图像，与“黑白”命令作用类似，但“去色”命令直接应用于图像，没有可调整的参数。下面动手操作“去色”命令去除图像颜色。

Step 01 打开“素材文件\模块09\抱臂.jpg”文件，如图9-17所示。

Step 02 执行“图像→调整→去色”命令，去除图像颜色，如图9-18所示。

图9-17 打开“抱臂”文件

图9-18 去除图像颜色

技巧

按“Ctrl+Shift+U”键，可以快速去除图像颜色。

02 曲线

“曲线”命令是功能强大的图像校正命令，该命令可以在图像的整个色调范围内调整不同的色调，还可以对图像中的个别颜色通道进行精确的调整。下面使用“曲线”命令调整图像色调层次。

Step 01 执行“图像→调整→曲线”命令，拖动调整曲线形状，单击“确定”按钮，如图9-19所示。

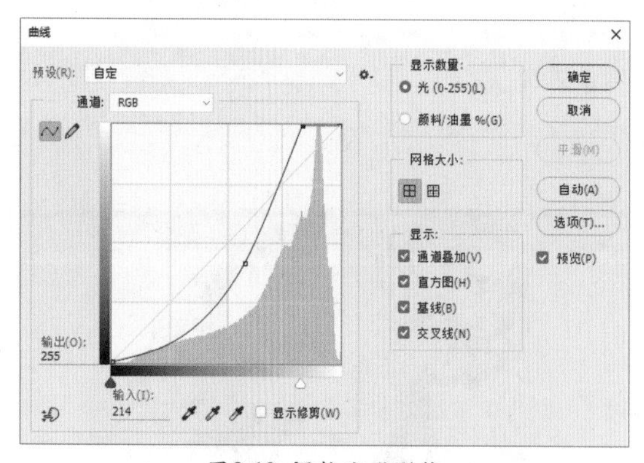

图9-19 调整曲线形状

技巧

如果图像为RGB模式，曲线向上弯曲时，可以将色调调亮；曲线向下弯曲时，可以将色调调暗，曲线为S形时，可以加大图像的对比度。如果图像为CMYK模式，调整方向相反即可。

Step 02 通过前面的操作，调整图像色调层次，使图像看起来黑白分明，如图9-20所示。

图9-20 调整图像色调层次

技巧

按“Ctrl+M”快捷键，可以快速调出曲线对话框。

03 反相

“反相”命令可以将黑色变成白色。如果是一张彩色的图像，它能够把每一种颜色都反转成该颜色的互补色。下面动手将图像转换为画像效果。

Step 01 按“Ctrl+J”键复制“背景”图层，得到“图层1”，如图9-21所示。

图9-21 复制“背景”图层，得到“图层1”

Step 02 执行“图像→调整→反相”命令，得到反相效果，如图9-22所示。

技巧

按“Ctrl+I”组合键，可以快速反相图像。

图9-22 反相效果

Step 03 执行“滤镜→模糊→高斯模糊”命令，设置“半径”为16像素，单击“确定”按钮，如图9-23所示。

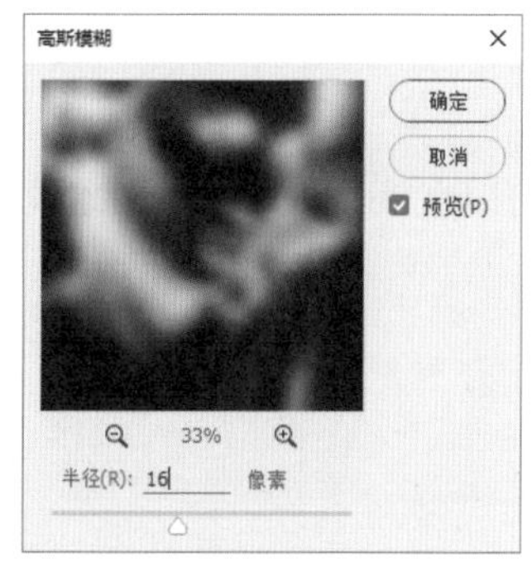

图9-23 设置“高斯模糊”滤镜属性

Step 04 执行“滤镜→杂色→添加杂色”命令，设置“数量”为10%、“分布”为高斯分布，选中“单色”复选项，单击“确定”按钮，如图9-24所示。

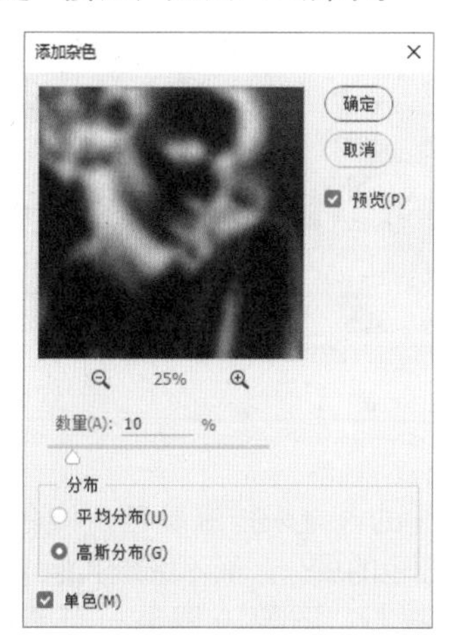

图9-24 设置“添加杂色”滤镜属性

Step 05 执行“滤镜→滤镜库”命令，在“画笔描边”滤镜组中，单击“成角的线条”滤镜图标，设置“方向平衡”为50、“描边长度”为15、“锐化程度”为10，单击“确定”按钮，如图9-25所示。

Step 06 更改“图层1”混合模式为“颜色减淡”，如图9-26所示。

图9-25 “成角的线条”滤镜 图9-26 更改图层混合模式

Step 07 混合图层后，得到黑白图像效果，如图9-27所示。

图9-27 黑白图像效果

Step 08 新建“图层2”，为图层填充深黄色“#C9C0A7”，更改图层混合模式为“线性加深”，如图9-28所示。

图9-28 更改图层混合模式

Step 09 通过前面的操作，将图像转换为画像效果，如图9-29所示。

图9-29 最终图像效果

任务三 调出浪漫花海

任务内容

对于拍摄好的图像，如果对图像色彩和色调不满意，可以在Photoshop中利用色彩调整工具调整图像色彩和色调。

任务要求

掌握色彩调整命令的用法。

参考效果图

图9-30 任务参考效果图

01 可选颜色

所有的印刷色都是由青、洋红、黄、黑4种颜色混合而成的。“可选颜色”命令通过调整印刷油墨的含量来控制颜色。该命令可以修改某一种颜色的成分，而不影响其他主要颜色。

下面执行“图像→调整→可选颜色”命令，打开“可选颜色”对话框，动手调整向日葵的颜色。

Step 01 打开“素材文件\模块09\向日葵.jpg”文件，如图9-31所示。

图9-31 打开文件

Step 02 在调整面板中，单击“创建新的可选颜色调整图层”按钮，如图9-32所示。

图9-32 调整面板

Step 03 打开属性面板，设置“颜色”为黄色（0%，0%，-100%，100%），如图9-33所示。

图9-33 “可选颜色”对话框

Step 04 继续在属性面板中，设置“颜色”为绿色（0%，0%，-80%，00%），如图9-34所示。

Step 05 通过前面的操作，调整向日葵，包括叶片的色彩，效果如图9-35所示。

图9-34 “可选颜色”对话框

图9-35 调整向日葵

02 色彩平衡

“色彩平衡”命令可以分别调整图像阴影区、中间调和高光区的色彩成分，并混合色彩达到平衡。当打开“色彩平衡”对话框后，相互对应的两个颜色互为补色，当提高某种颜色的比重时，位于另一侧的补色的颜色就会减少。

下面执行“图像→调整→色彩平衡”命令，打开“色彩平衡”对话框，动手调整图像色彩。

Step 01 在调整面板中，单击“创建新的色彩平衡调整图层”按钮，如图9-36所示。

图9-36 调整面板

提示

“调整图层”是将调色操作以图层的形式存在于图层面板中，不会对图像本身的像素进行任何的修改，是一种非破坏性修图方式。使用“调整图层”调色可以随时修改图像效果。

Step 02 在属性面板中，设置“色调”为中间调（0，0，31），如图9-37所示。

Step 03 继续在属性面板中，设置“色调”为高光（4，-58，0），如图9-38所示。

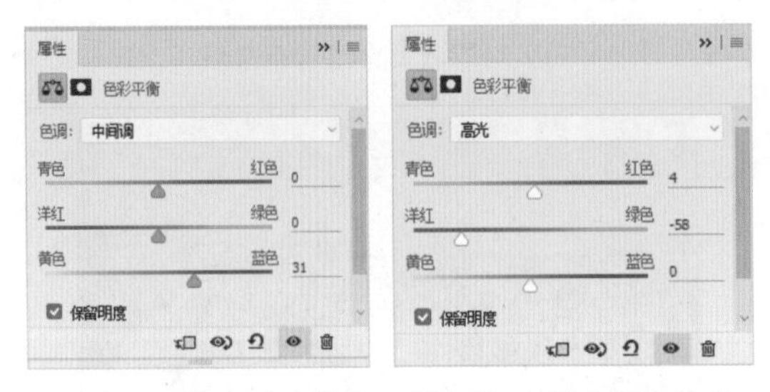

图9-37 设置色调为中间调　图9-38 设置色调为高光

Step 04 通过前面的操作，调整图像中间调和高光彩色，如图9-39所示。

图9-39 调整图像中间调和高光彩色

Step 05 按“Ctrl+J”组合键，复制背景图层，如图9-40所示。

Step 06 执行“滤镜→模糊→高斯模糊”命令，设置“半径”为10像素，单击“确定”按钮，如图9-41所示。

Step 07 更改“背景拷贝”图层混合模式为“叠加”，如图9-42所示。

Step 08 混合图层后，得到有些朦胧的图像效果，如图9-43所示。

图9-40 复制背景图层

图9-41 设置“半径”

图9-42 更改“背景拷贝”图层混合模式

图9-43 朦胧的图像效果

任务四 调出仙境色调

任务内容

对于颜色不够艳丽的照片可以通过调整饱和度来增强颜色的艳丽程度。下面就利用色相/饱和度、颜色查找等命令打造仙境色调效果的图像。

任务要求

了解并学会使用色相/饱和度、颜色查找命令调整图像色调。

参考效果图

图9-44 任务参考效果图

01 色相/饱和度

“色相/饱和度”命令可以对色彩的色相、饱和度、明度分别进行修改。它的特点是可以调整整个图像或图像中某一种颜色成分的色相、饱和度和明度。执行“图像→调整→色相/饱和度”命令，可以打开“色相/饱和度”对话框。

下面动手用“色相/饱和度”命令调整图像的饱和度。

Step 01 打开“素材文件\模块09\仙境.jpg”文件，如图9-45所示。

Step 02 在调整面板中，单击“创建新的色相/饱和度调整图层”按钮，如图9-46所示。

图9-45 打开“仙境”文件

图9-46 调整面板

Step 03 打开“属性”对话框，设置“饱和度”为37，单击“确定”按钮，如图9-47所示。

图9-47 设置“饱和度”

提示

执行“图像→调整→自然饱和度”命令，可以打开“自然饱和度”对话框。“自然饱和度”命令也可以调整图像的饱和度。它的特别之处是可在增加饱和度的同时防止颜色过于饱和而出现溢色。

Step 04 通过前面的操作，增加图像的饱和度，如图9-48所示。

图9-48 增加饱和度后的图像效果

02 颜色查找

“颜色查找”命令可以让颜色在不同的设备之间精确地传递和再现，还可以创建特殊色调效果。下面动手0用“颜色查找”命令制作特殊色调效果。

Step 01 在调整面板中，单击“创建新的颜色查找调整图层”按钮，如图9-49所示。

图9-49 调整面板

Step 02 打开“属性”对话框，设置“3DLUT文件”为“Crisp_Warm.look”，如图9-50所示。

图9-50 “属性”对话框

提示

3dlut是颜色查找，和滤镜一样，它相当于一个颜色预设，广泛应用于图像处理领域。

Step 03 通过前面的操作，得到特殊色调效果，如图9-51所示。

图9-51 最终图像效果

任务五 制作钢笔画效果

任务内容

在Photoshop中通过设置阈值、通道混合器等命令的参数可以模拟出钢笔画的效果。

任务要求

掌握曝光度、阈值、通道混合器的作用及使用方法。

参考效果图

图9-52 任务参考效果图

01 曝光度

“曝光度”命令可以调整图像的曝光度，使图像中的曝光度恢复正常。执行“图像→调整→曝光度”命令，打开“曝光度”对话框，如图9-53所示。

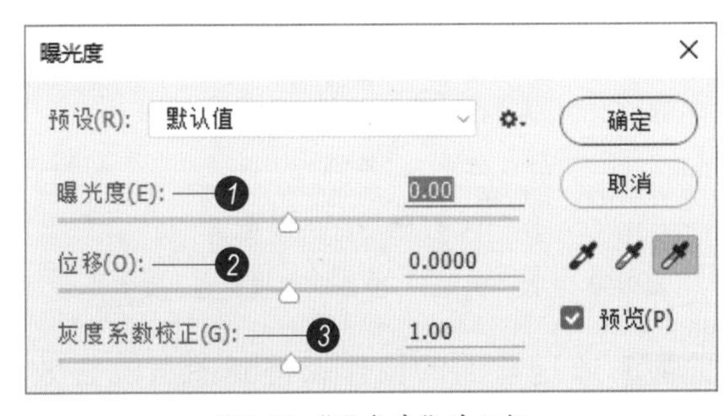

图9-53 “曝光度”对话框

❶ 曝光度：设置图像的曝光度，向右拖动下方的滑块可增强图像的曝光度，向左拖动滑块可降低图像的曝光度。

❷ 位移：该选项将使数码照片中的阴影和中间调变暗，对高光的影响很轻，通过设置“位移”参数可快速调整数码照片的整体明暗度。

❸ 灰度系数校正：该选项使用简单的乘方函数调整数码照片的灰度系数。

下面使用“曝光度”命令调整图像的曝光。

Step 01 打开“素材文件\模块09\晨光.jpg”文件，如图9-54所示。

图9-54 打开“晨光”文件

Step 02 创建“曝光度”调整图层。弹出“属性”对话框，设置“曝光度”为0.2，如图9-55所示。

属性
曝光度
预设：自定
曝光度：+0.20
位移：0.0000
灰度系数校正：1.00

图9-55 “属性”对话框

Step 03 通过前面的操作，提高图像整体曝光，效果如图9-56所示。

图9-56 提高图像整体曝光

02 阈值

“阈值”命令可以将灰度或彩色图像转换为高对比度的黑白图像。指定某个色阶作为阈值，所有比阈值色阶亮的像素转换为白色，反之转换为黑色，适合制作单色照片或者模拟手绘效果的线稿。下面使用“阈值”命令，制作仿手绘效果。

Step 01 创建“阈值”调整图层，弹出“阈值”对话框，设置“阈值色阶”为180，如图9-57所示。

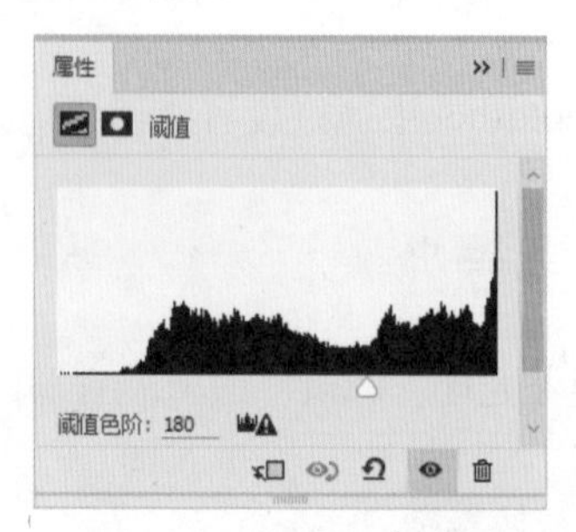

图9-57 “阈值”对话框

Step 02 通过前面的操作，将图像转换为单色手绘线稿，如图9-58所示。

图9-58 将图像转换为单色手绘线稿

Step 03 更改“阈值1”图层混合模式为“柔光”，如图9-59所示。

图9-59 更改“阈值1”图层混合模式为“柔光”

Step 04 通过前面的操作，得到图层混合效果，如图9-60所示。

图9-60 图层混合效果

Step 05 在图层面板中，复制生成“背景拷贝”图层，如图9-61所示。

图9-61 生成“背景拷贝”图层

Step 06 执行“滤镜→风格化→查找边缘”命令，得到图像效果，如图9-62所示。

图9-62 图像效果

Step 07 使用魔棒工具在白色背景处单击，选择图像，如图9-63所示。

Step 08 执行“选择→选取相似”命令，选中图像中所有白色区域，如图9-64所示。

Step 09 按“Delete”键，删除选区中的图像，效果如图9-65所示。

图9-63 选择图像

图9-64 选中图像中所有白色区域

图9-65 删除选区中的图像

03 通道混合器

在通道面板中，各个颜色通道保存着图像的色彩信息。将颜色通道调亮或者调暗，都会改变图像的颜色。“通道混合器”可以将所选的通道与我们想要调整的颜色通道采用“相加”或者“减去”模式混合，从而修改该颜色通道中的光线量，影响其颜色含量，从而改变色彩。

执行“图像→调整→通道混合器”命令，可以打开“通道混合器”对话框，如图9-66所示。

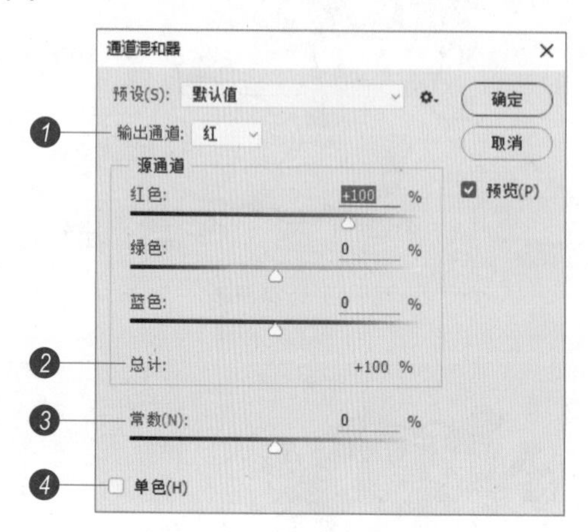

图9-66 “通道混合器”对话框

❶ 源通道：用于设置输出通道中源通道所占的百分比。

❷ 总计：显示了通道的总计值。如果通道混合后总值高于100%，会在数值前面添加一个警告符号▲。该符号表示混合后的图像可能损失细节。

❸ 常数：用于调整输出通道灰度值。

❹ 单色：选中该项，可以将彩色图像转换为黑白效果。

下面动手用“通道混合器”命令调整颜色。

Step 01 创建“通道混合器”调整图层，设置“输出通道”为蓝，设置“红色”为58%，如图9-67所示。

图9-67 设置属性

Step 02 通过前面的操作，调整图像整体色调，如图9-68所示。

图9-68 调整图像整体色调

综合实战 打造淡雅五彩色调

任务内容

淡雅五彩色调可以使图像看起来温馨浪漫。下面就在Photoshop CC中利用色调调整工具打造淡雅五彩色调图像，主要操作包括：①使用曲线调整图层、调整图像的整体色调，使其整体偏绿色；②新建颜色调整图层并设置图层混合模式，使人物肤色偏红色；③新建图层并填充渐变颜色；④设置图层混合模式，融合图像。

任务要求

熟悉调整图层的使用，掌握使用曲线调整图像色调的方法。

参考效果图

图9-69 任务参考效果图

Step 01 打开“素材文件\模块09\白砖.jpg”文件，如图9-70所示。

图9-70 打开“白砖”文件

Step 02 创建“曲线”调整图层，在属性面板中，选择“RGB”通道，调整曲线形状，适当提亮图像，如图9-71所示。

Step 03 在属性面板中，选择“红”通道，调整曲线形状，减少图像中的红色，如图9-72所示。

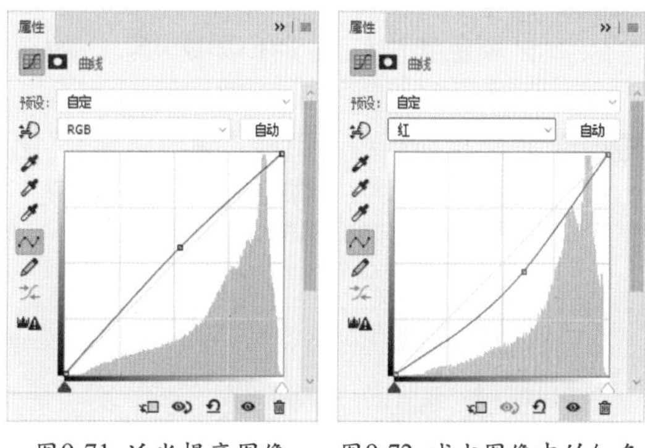

图9-71 适当提亮图像　图9-72 减少图像中的红色

Step 04 在属性面板中，选择“绿”通道，调整曲线形状，为图像增加绿色，如图9-73所示。

Step 05 通过前面的操作，调整图像的整体色调，图像整体偏绿色，如图9-74所示。

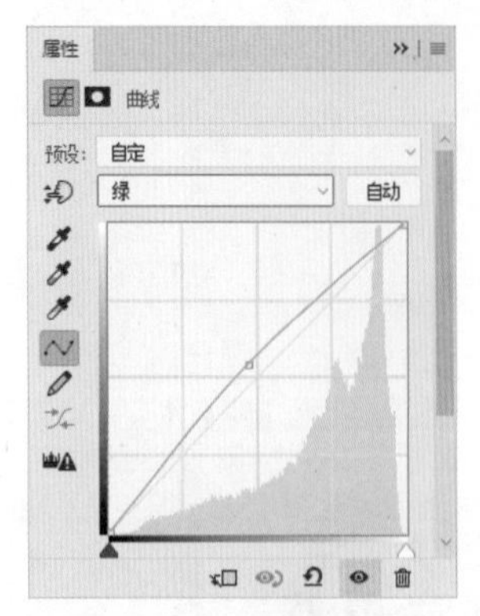

图9-73 为图像增加绿色

图9-74 调整图像的整体色调

Step 06 创建“颜色填充1”纯色填充图层，填充颜色为浅红色“#FC9D9D”，如图9-75所示。

Step 07 在图层面板中，更改“颜色填充1”图层混合模式为“柔光”、“不透明度”为50%，如图9-76所示。

图9-75 纯色填充图层

图9-76 图层面板

Step 08 通过前面的操作，使人物皮肤略偏红色，如图9-77所示。

图9-77 使人物皮肤略偏红色

Step 09 在图层面板中，单击“创建新图层”按钮，新建“图层1”，如图9-78所示。

Step 10 选择工具箱中的渐变工具，在“属性”栏中，单击色条右侧的按钮，选择“透明彩虹渐变”，单击“角度渐变”按钮，如图9-79所示。

图9-78 新建“图层1”

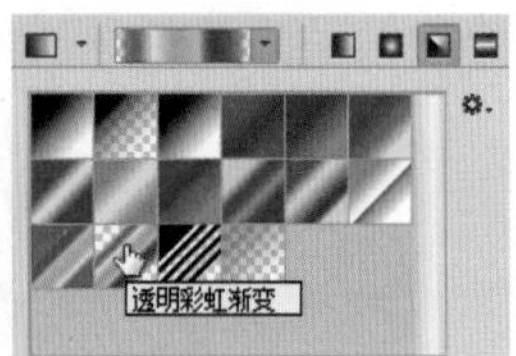

图9-79 角度渐变

Step 11 从左下角往右上角拖动鼠标，填充渐变色，如图9-80所示。

Step 12 执行“滤镜→扭曲→波浪”命令，设置生成器数为2，单击“确定”按钮，如图9-81所示。

Step 13 更改“图层1”图层混合模式为“变亮”，如图9-82所示。

Step 14 混合图层后，得到淡彩图像效果，如图9-83所示。

图9-80 填充渐变色

图9-82 更改“图层1”图层混合模式为“变亮”

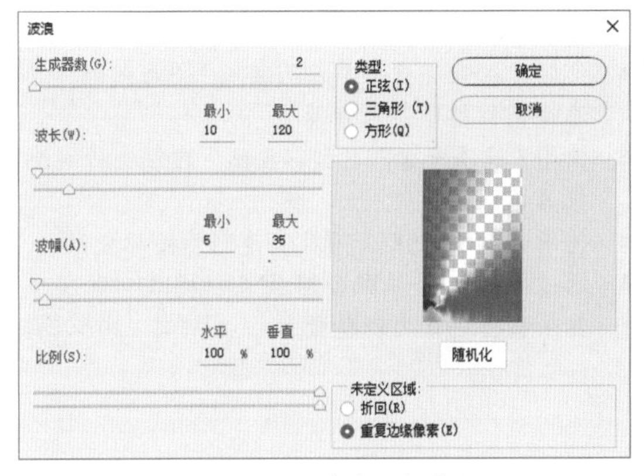

图9-81 设置生成器数为2

图9-83 最终图像效果

小 结

本模块由5个任务和1个综合任务组成，主要讲述了色彩的调整与编辑，包括色阶、曲线、可选颜色、色相/饱和度、色彩平衡、可选颜色、黑白、颜色查找等操作。其中色阶、曲线、色相/饱和度是色彩调整中使用频率极高的操作，一定要熟练掌握。色彩是有意义的，不同的色彩可以带给人不同的心理感受。学习并掌握色彩调整，是学习Photoshop CC的重要组成部分。

模块中穿插了14个操作实例，旨在引导读者通过色彩的调整与编辑完成“调出朦胧、怀旧、山水调”“将图像转换为画像”“调出浪漫花海”“调出仙境色调”“制作钢笔画效果”“打造淡雅五彩色调”等任务。

模块 10 神奇滤镜的功能和应用

滤镜主要用来实现图像的各种特殊效果。Photoshop CC中滤镜种类繁多，结合使用多种滤镜，就可以制作出各种炫目的图像特效。

能力目标

- 制作透明冰花图案
- 制作格子艺术背景效果
- 制作炫酷机器狗
- 制作帷幕
- 打造科技之眼

技能要求

- 使用“波浪”“极坐标”“挤压”“铬黄渐变”滤镜制作透明冰花图案
- 使用“扩散亮光”“染色玻璃”“粗糙蜡笔”滤镜制作格子艺术背景
- 使用“镜头光晕”“水彩画纸”滤镜制作炫酷机器狗
- 使用“风”“光照效果”滤镜制作帷幕效果
- 通过滤镜命令并配合图层混合模式、蒙版工具等制作科技之眼特效

任务一 制作透明冰花图案

任务内容

使用滤镜可以模拟出一些自然景物，下面就使用滤镜制作透明冰花图案。

任务要求

了解“波浪”滤镜、“极坐标”滤镜、“挤压”滤镜、“铬黄渐变”滤镜的作用及用法。

参考效果图

图10-1 任务参考效果图

01 波浪

使用“波浪”滤镜可以使图像产生强烈波纹起伏的波浪效果。

执行“滤镜→扭曲→波浪”命令，可以打开“波浪”对话框。下面使用“波浪”滤镜，制作图像的波浪效果。

Step 01 执行“文件→新建”命令，设置“宽度”和“高度”为500像素、“分辨率”为72像素/英寸，单击“确定”按钮，如图10-2所示。

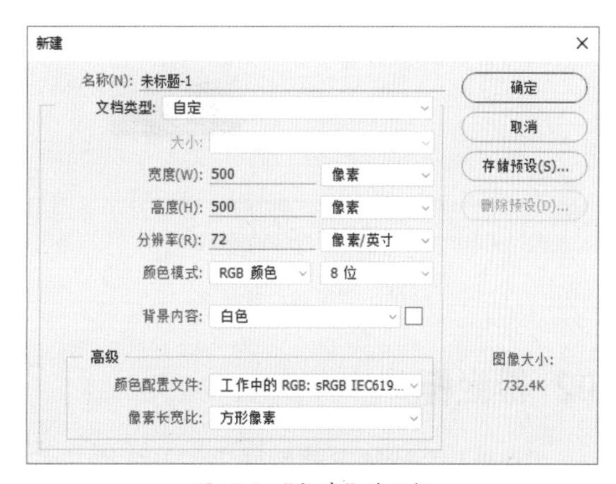

图10-2 “新建”对话框

Step 02 选择渐变工具，选择黑白渐变色，设置渐变方式为线性渐变，如图10-3所示。

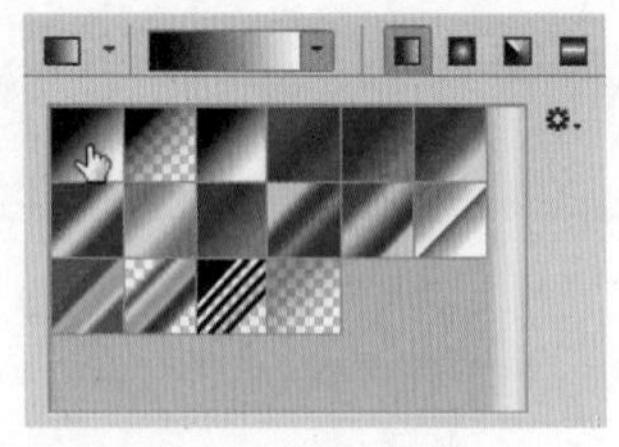
图10-3 选择黑白渐变色的线性渐变

Step 03 在图像中，从下往上拖动鼠标，填充渐变色，效果如图10-4所示。

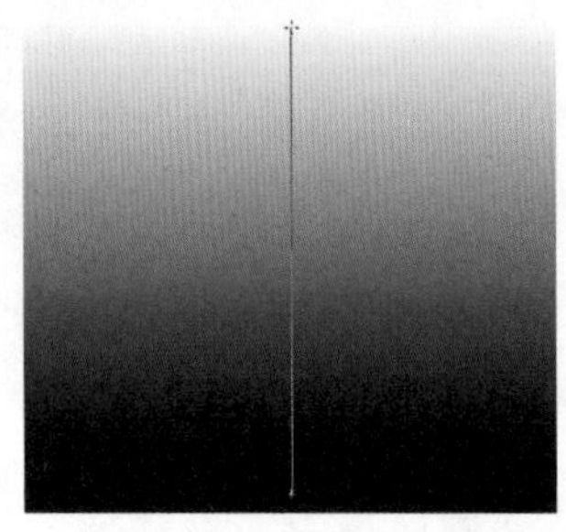
图10-4 填充渐变色

Step 04 执行"滤镜→扭曲→波浪"命令，在"波浪"对话框，设置"生成器数"为1、"波长"均为80、"波幅"为"最小60，最大120"、"比均"为100%、"类型"为三角形、"未定义区域"为重复边缘像素，单击"确定"按钮，如图10-5所示。

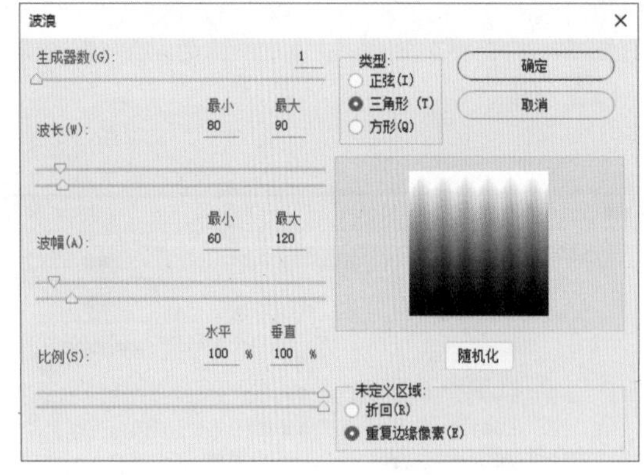

图10-5 "波浪"对话框

02 极坐标

"极坐标"滤镜可使图像坐标从直角坐标系转化成极坐标系，或者将极坐标转化为直角坐标。接下来使用"极坐标"滤镜扭曲图像。执行"图像→扭曲→极坐标"命令，打开"极坐标"对话框，选中"平面坐标到极坐标"单选项，单击"确定"按钮，如图10-6所示。

图10-6 "极坐标"对话框

03 铬黄渐变

"铬黄渐变"滤镜可以渲染图像，创建如铬黄表面般的金属效果，高光在反射表面上是高点，在阴影面则是低点。接下来使用"铬黄渐变"调整图像色调，使图像轮廓更加分明。

执行"图像→滤镜库"命令，打开"滤镜库"对话框，选择"素描"滤镜组中的"铬黄渐变"滤镜，设置"细节"和"平滑度"为10，单击"确定"按钮，如图10-7所示。

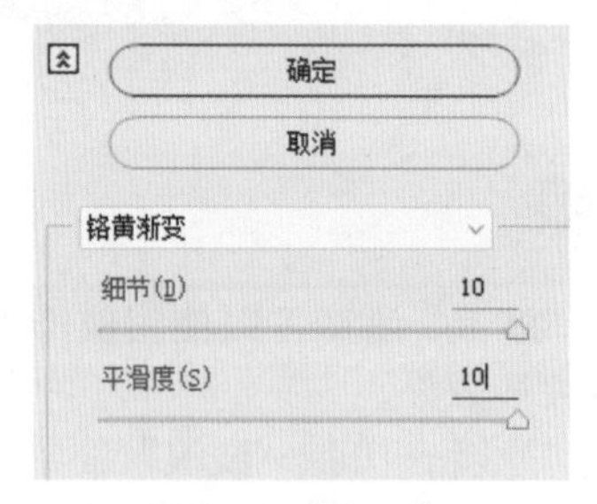

图10-7 "滤镜库"对话框

04 挤压

"挤压"命令可以把图像挤压变形，收缩膨胀，从而产生离奇的效果。下面使用"挤压"命令挤压图像，使图像产生花瓣效果。

Step 01 执行"滤镜→扭曲→挤压"命令，在"挤压"对话框中，设置"数量"为

100%，单击“确定”按钮，如图10-8所示。

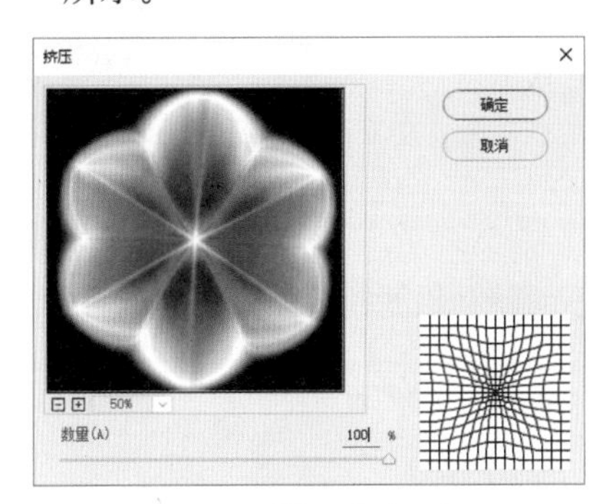

图10-8 “挤压”对话框

Step 02 在图层面板中，新建“图层1”，如图10-9所示。

Step 03 选择渐变工具，在选项栏中，选择“紫，绿，橙渐变”，设置渐变方式为径向渐变，如图10-10所示。

图10-9 新建“图层1”

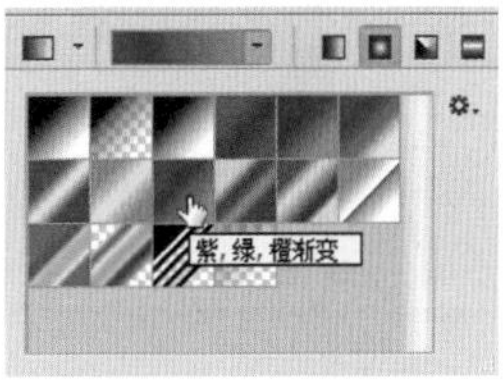

图10-10 设置渐变

Step 04 从中心往外拖动鼠标，填充渐变色，如图10-11所示。

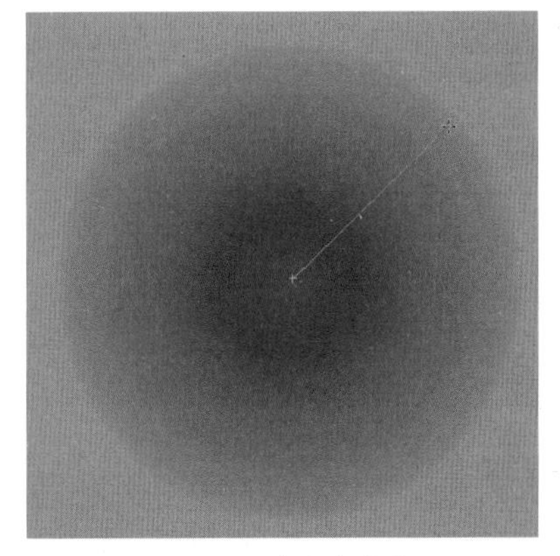

图10-11 填充渐变色

Step 05 执行“图像→调整→反相”命令，反相色调，如图10-12所示。

图10-12 反相色调

Step 06 在图层面板中，更改“图层1”混合模式为线性光，如图10-13所示。

图10-13 更改“图层1”混合模式

Step 07 通过前面的操作，得到图层混合效果，如图10-14所示。

图10-14 图层混合效果

任务二 制作格子艺术背景效果

任务内容

格子总能给人一种整齐有序、井井有条的既视感。下面就利用滤镜制作格子艺术背景效果。

任务要求

学习“扩散亮光”滤镜、“染色玻璃”滤镜、“粗糙蜡笔”滤镜的作用及用法。

参考效果图

图10-15 任务参考效果图

01 扩散亮光

“扩散亮光”滤镜可以在图像中添加白色杂色，并从图像中心向外渐隐亮光，让图像产生一种光芒漫射的亮度效果。

执行“滤镜→滤镜库”命令，打开“滤镜库”对话框，在“扭曲”滤镜组中选择“扩散亮光”滤镜。下面使用“扩散亮光”滤镜为图像添加发光效果。

Step 01 打开“素材文件\模块10\绿裙.jpg”文件，如图10-16所示。

Step 02 执行“滤镜→滤镜库”命令，打开“滤镜库”对话框，在“扭曲”滤镜组中选择“扩散亮光”滤镜，设置“粒度”为1、“发光量”为1、“消除数量”为17，如图10-17所示。

图10-16 打开“绿裙”文件

Step 03 通过前面的操作，得到图像的发光效果，如图10-18所示。

图10-17 “滤镜库”对话框

图10-18 图像的发光效果

02 染色玻璃

“染色玻璃”滤镜可将图像重新进行绘制成玻璃拼贴的效果，生成的玻璃块之间的缝隙会使用前景色来填充。下面使用“染色玻璃”滤镜制作纹理效果。

Step 01 按“Ctrl+J”组合键，复制背景图层，如图10-19所示。

Step 02 设置前景色为黑色。执行“滤镜→滤镜库”命令，打开“滤镜库”对话框，选择“纹理”滤镜组的“染色玻璃”滤镜，设置“单元格大小”为26、“边框粗细”为3、“光照强度”为0，如图10-20所示。

图10-19 复制背景图层　图10-20 “滤镜库”对话框

Step 03 通过前面的操作，得到染色玻璃纹理效果，如图10-21所示。

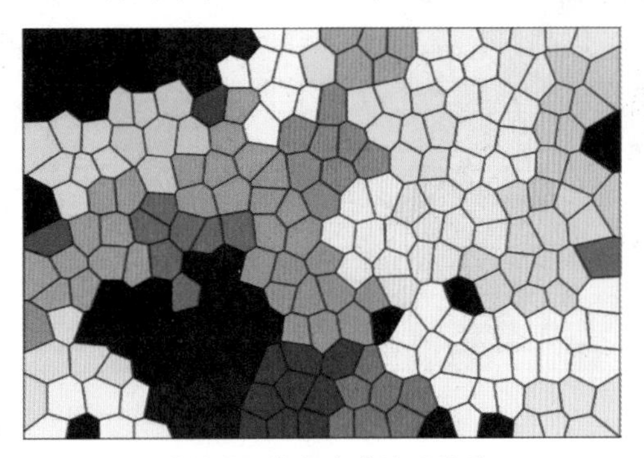

图10-21 染色玻璃纹理效果

03 粗糙蜡笔

“粗糙蜡笔”滤镜可以在布满纹理的图像背景上应用彩色画笔描边。

执行“滤镜→滤镜库”命令，打开“滤镜库”对话框，在“艺术效果”滤镜组中选择“粗糙蜡笔”滤镜。下面使用“粗糙蜡笔”滤镜在图像上绘制描边。

Step 01 执行“滤镜→滤镜库”命令，打开“滤镜库”对话框，选择“艺术文理”滤镜组的“粗糙蜡笔”滤镜，设置“描边长度”为22、“描边细节”为16、“纹理”为画布、“缩放”为105%、“凸现”为20、“光照”为右下，如图10-22所示。

图10-22 “滤镜库”对话框

Step 02 通过前面的操作，得到绘制描边效果，如图10-23所示。

Step 03 在图层面板中，为“图层1”添加图层蒙版，如图10-24所示。

图10-23 绘制描边效果

图10-24 为“图层1”添加图层蒙版

Step 04 使用黑色画笔工具修改图层蒙版，得到最终效果，如图10-25所示。

图10-25 最终图像效果

任务三 制作炫酷机器狗

任务内容

使用“镜头光晕”滤镜、“水彩画纸”滤镜可以制作出炫酷机器狗效果。

任务要求

掌握“镜头光晕”滤镜、“水彩画纸”滤镜的作用及用法。

参考效果图

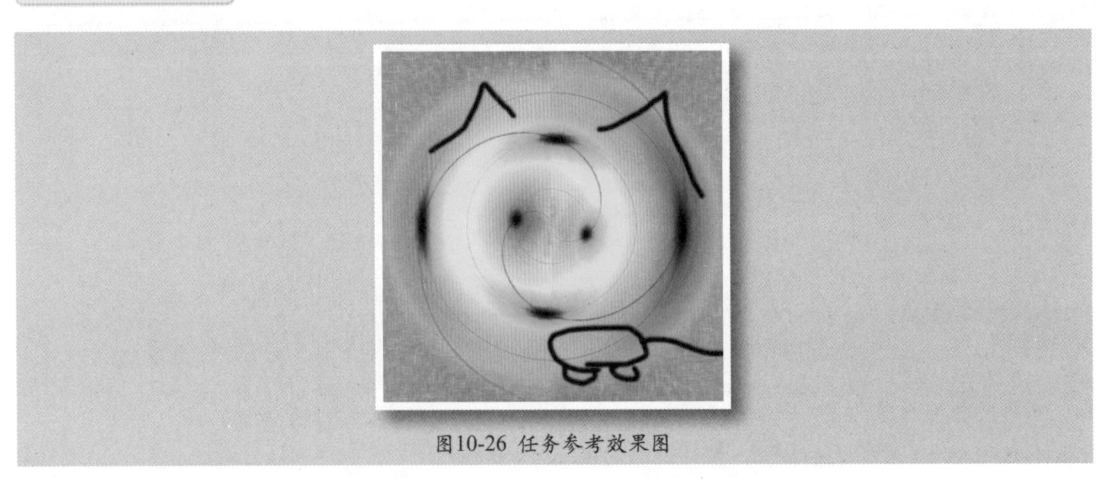

图10-26 任务参考效果图

01 镜头光晕

“镜头光晕”滤镜可以模拟亮光照射到相机镜头所产生的折射效果，在预览框中拖动，可以调整光晕的位置，

执行“滤镜→渲染→镜头光晕”命令，可以打开“镜头光晕”对话框。下面使用“镜头光晕”命令为图像添加光晕。

Step 01 按“Ctrl+N”组合键，执行“新建”命令，设置“宽度”和“高度”为800像素、“分辨率”为200像素/英寸，单击“确定”按钮，如图10-27所示。

图10-27 “新建”对话框

Step 02 为背景图层填充黑色。执行“滤镜→渲染→镜头光晕”命令，打开“镜头光晕”对话框，在预览框中，拖动光晕中心到图像中心位置，设置“亮度”为150%、“镜头类型”为电影镜头，单击“确定”按钮，如图10-28所示。

图10-28 为背景图层填充黑色

Step 03 通过前面的操作，为图像添加光晕，效果如图10-29所示。

图10-29 为图像添加光晕

Step 04 使用相同的方法，继续添加其他的光晕，如图10-30所示。

图10-30 继续添加其他的光晕

Step 05 执行“滤镜→扭曲→极坐标”命令，选中“平面坐标到极坐标”单选项，单击“确定”按钮，如图10-31所示。

图10-31 选中“平面坐标到极坐标”单选项

Step 06 在图层面板中，按“Ctrl+J”组合键，复制生成“图层1”，如图10-32所示。

图10-32 复制生成“图层1”

Step 07 执行“编辑→变换→旋转180度”命令，旋转图像，如图10-33所示。

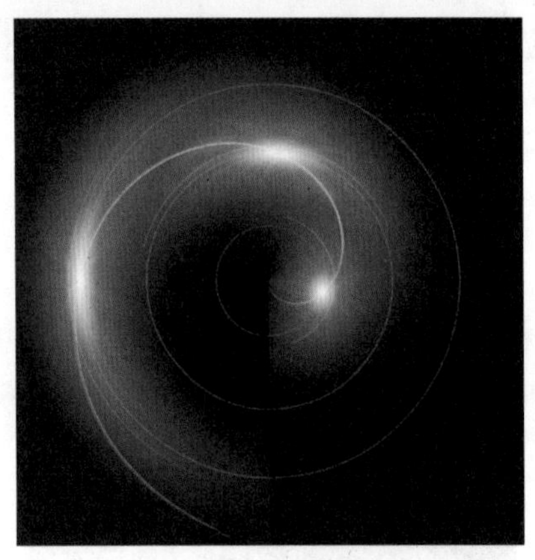

图10-33 旋转图像

Step 08 更改“图层1”图层混合模式为“滤色”，如图10-34所示。

图10-34 更改“图层1”图层混合模式为“滤色”

Step 09 更改图层混合模式后，得到图像效果，如图10-35所示。

Step 10 按“Alt+Shift+Ctrl+E”组合键，盖印图层，生成“图层2”，如图10-36所示。

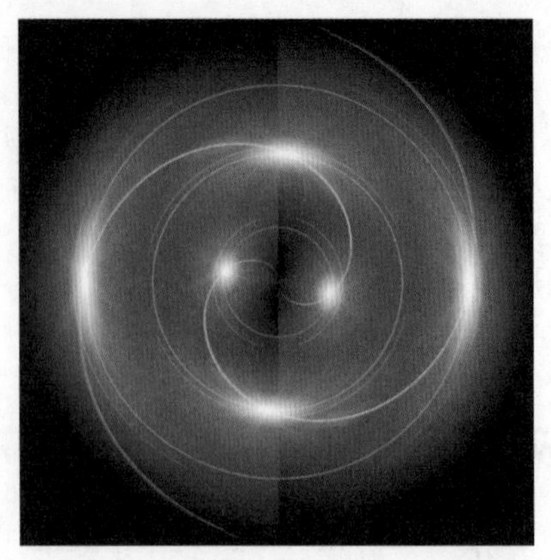

图10-35 更改图层混合模式后的图像效果

Step 11 选择渐变工具，在选项栏中，选择“橙、黄、橙”渐变，单击选择“径向渐变”按钮，如图10-37所示。

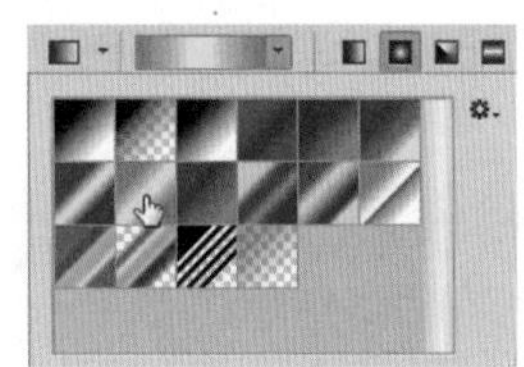

图10-36 生成“图层2”

图10-37 设置渐变

Step 12 新建“图层3”，拖动鼠标填充渐变色，如图10-38所示。

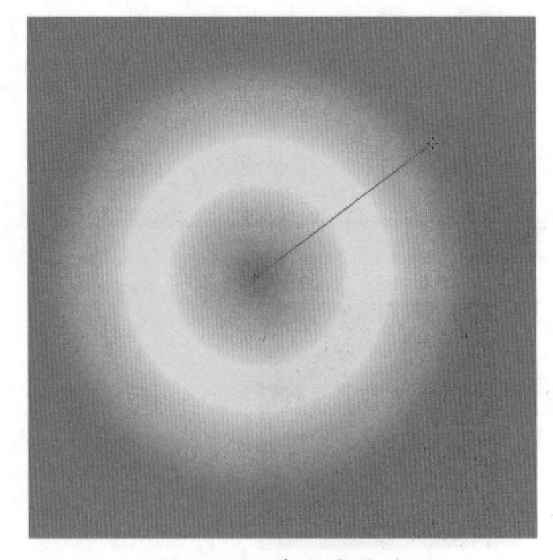

图10-38 填充渐变色

Step 13 更改“图层3”图层混合模式为“叠加”，如图10-39所示。

Step 14 通过前面的操作，为图像添加颜色，如图10-40所示。

图10-39 更改“图层3”图层混合模式为“叠加”

图10-41 图层面板

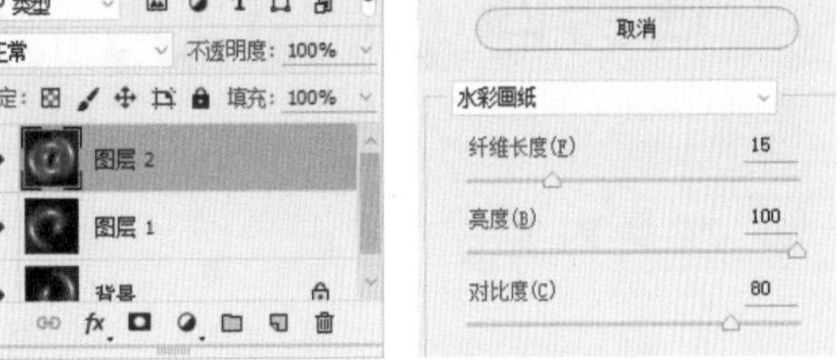

图10-42 “滤镜库”对话框

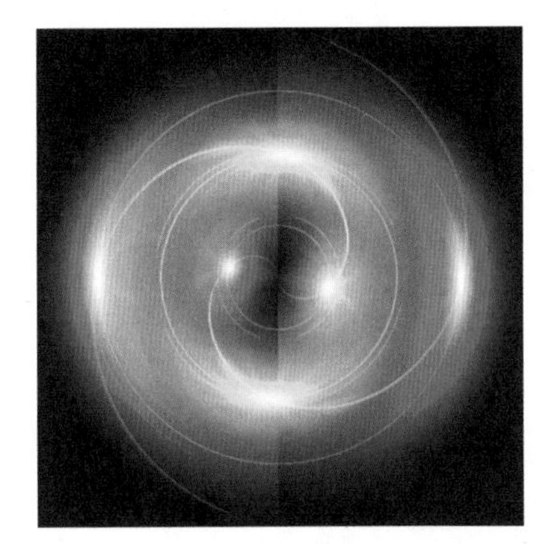

图10-40 为图像添加颜色

图10-43 更改“图层2”图层混合模式为“排除”

02 水彩画纸

“水彩画纸”滤镜是素描滤镜组中唯一能够保留图像颜色的滤镜，它可以用有污点的、好似画在潮湿纤维纸上的涂抹，使颜色流动并混合。

执行“滤镜→滤镜库”命令，打开“滤镜库”对话框，在“素描”滤镜组中选择“水彩画纸”滤镜。下面使用“水彩画纸”命令调整图像效果。

Step 01 在图层面板中，单击选择“图层2”，如图10-41所示。

Step 02 执行“滤镜→滤镜库”命令，打开“滤镜库”对话框，在“素描”滤镜组中选择“水彩画纸”滤镜，设置“纤维长度”为15、“亮度”为100、“对比度”为80，如图10-42所示。

Step 03 更改“图层2”图层混合模式为“排除”，如图10-43所示。

Step 04 通过前面的操作，得到图层混合效果，如图10-44所示。

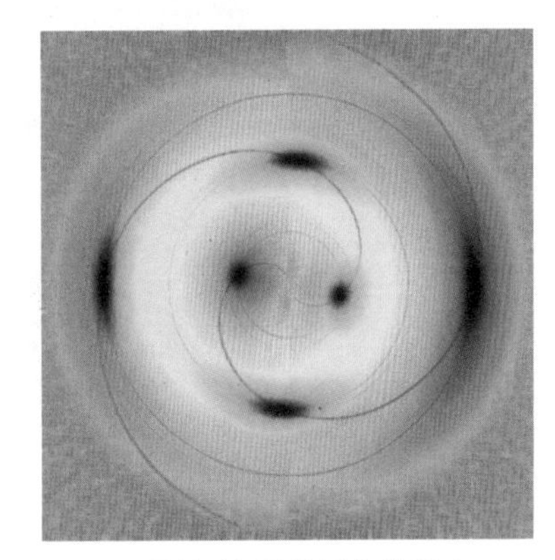

图10-44 图层混合效果

Step 05 新建“图层4”，使用黑色画笔工具绘制线条，如图10-45所示。

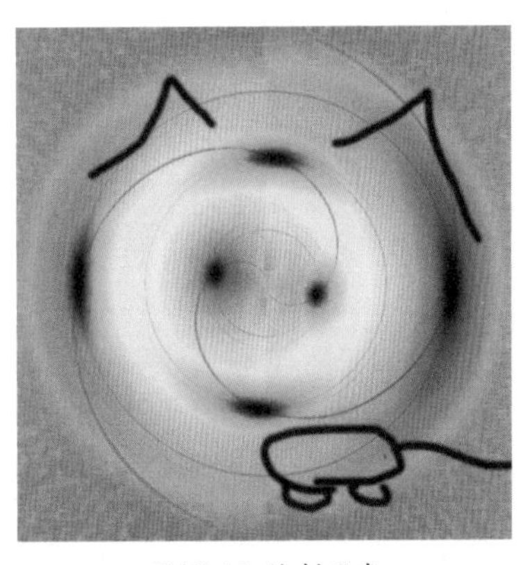

图10-45 绘制线条

任务四 制作帷幕

任务内容

帷幕是悬挂起来用于遮挡的大块布、绸、丝绒等，通常用于舞台布置。下面就在Photoshop CC中使用滤镜制作帷幕效果。

任务要求

学习“风”滤镜和“光照效果”滤镜的效果及用法。

参考效果图

图10-46 任务参考效果图

01 风

“风”滤镜命令可以在图像上设置犹如被风吹过的效果，可以选择“风”“大风”和“飓风”三种效果。该滤镜只在水平方向起作用，要产生其他方向的风吹效果，需要先将图像旋转，然后再使用此滤镜。下面动手制作风吹效果。

Step 01 按“Ctrl+N”组合键，执行“新建”命令，设置“宽度”为15厘米、“高度”为10厘米、“分辨率”为200像素/英寸，单击“确定”按钮，如图10-47所示。

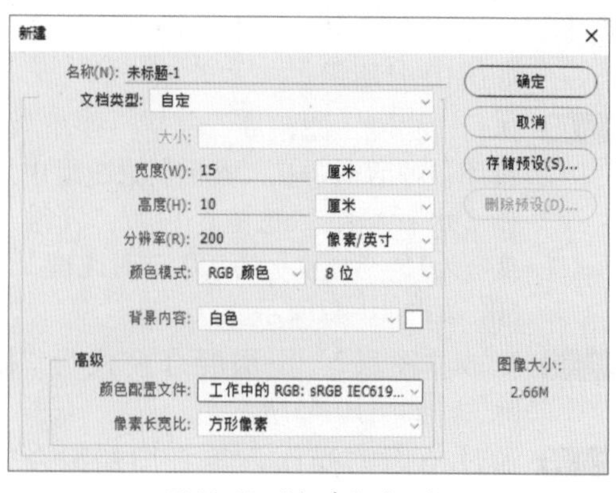

图10-47 “新建”对话框

Step 02 为背景图层填充黑色。选择画笔工具，单击选项栏画笔图标右侧的下拉按钮，在下拉面板中选择“平扇形多毛硬毛刷”画笔，设置画笔大小为30像素，如图10-48所示。

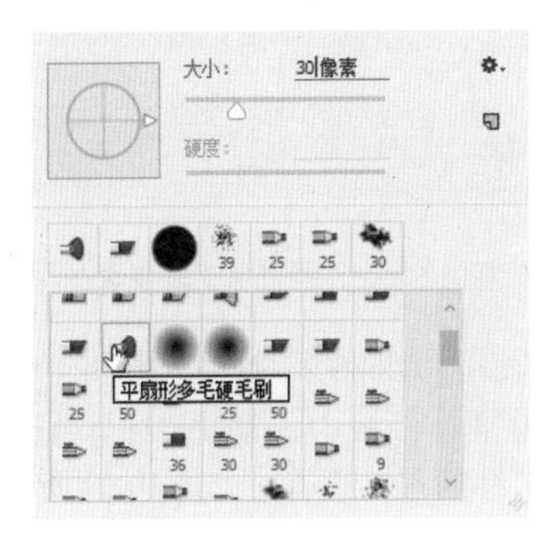

图10-48 选择画笔工具

Step 03 新建图层，设置前景色为白色。使用画笔工具随意绘制图像，如图10-49所示。

图10-49 随意绘制图像

Step 04 执行“滤镜→风格化→风”命令，设置“方法”为风、“方向”为从左，单击“确定”按钮，如图10-50所示。

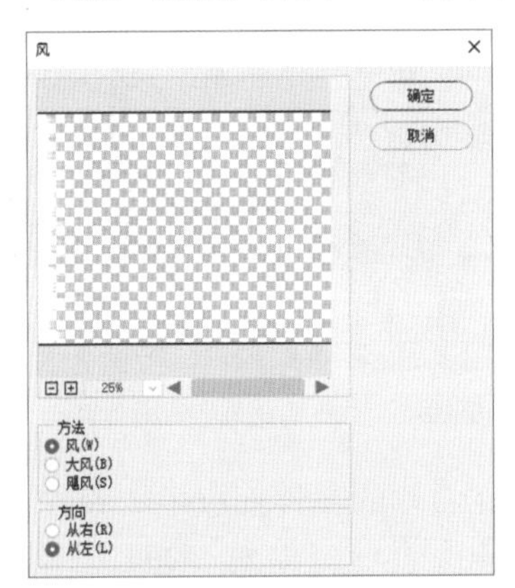

图10-50 设置属性

Step 05 通过前面的操作，得到风吹效果，如图10-51所示。

图10-51 风吹效果

Step 06 按“Ctrl+F”组合键3次，加强风吹效果，如图10-52所示。

图10-52 加强风吹效果

Step 07 执行“滤镜→模糊→高斯模糊”命令，设置“半径”为1.5像素，单击“确定”按钮，如图10-53所示。

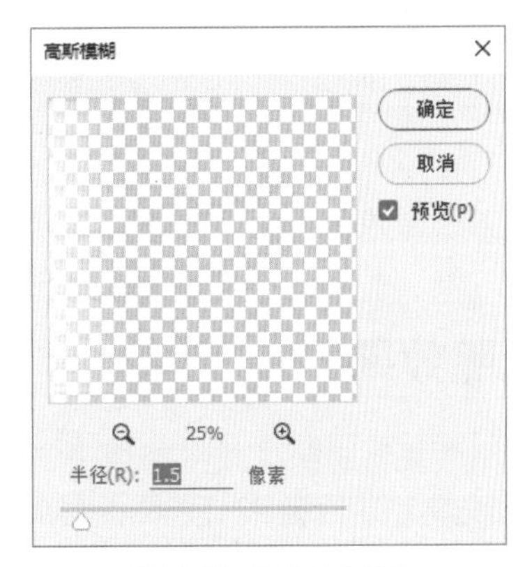

图10-53 设置“半径”

Step 08 执行“编辑→变换→旋转90度（逆时针）”命令，旋转并调整图像的位置，如图10-54所示。

Step 09 按“Ctrl+T”快捷键，执行自由变换操作，调整图像大小，如图10-55所示。

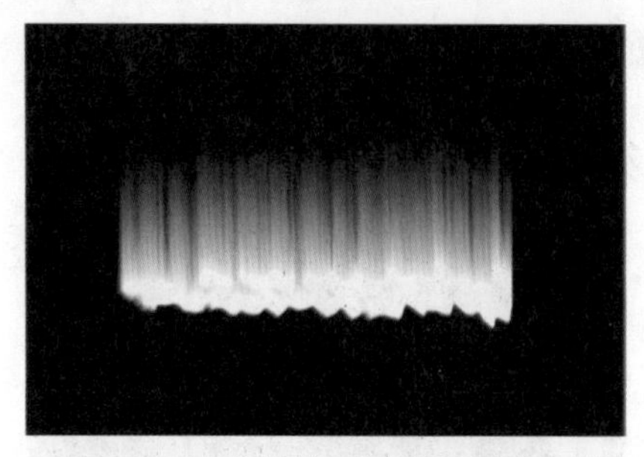

图10-54 旋转并调整图像的位置

图10-55 执行自由变换操作，调整图像大小

Step 10 按“Ctrl+E”快捷键，向下合并图层，如图10-56所示。

图10-56 向下合并图层

02 光照效果

“光照效果”滤镜可以在图像上产生不同的光源和光类型，以及不同光特性形成的光照效果。

执行“滤镜→渲染→光照效果”命令，进入“光照效果”操作界面。“光照效果”滤镜一共有了三种光源：聚光灯、点光和无限光。在右侧的光源面板中，可以添加和删除光源，在属性面板中，可以进行详细的参数设置，如图10-57所示。

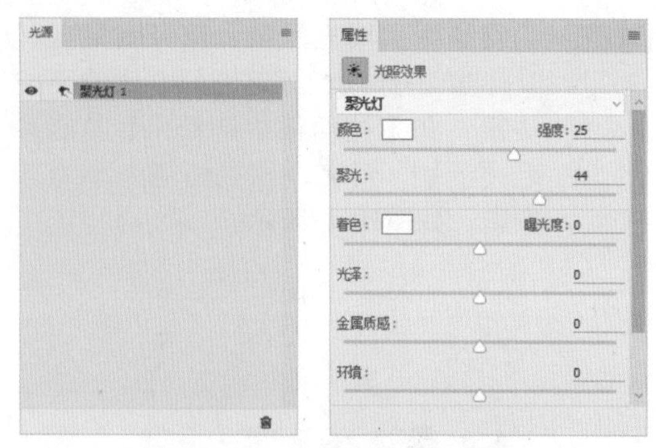

图10-57 “光照效果”滤镜属性

下面使用“光照效果”滤镜为图像添加光照。

Step 01 在通道面板中，复制“红”通道，生成“红拷贝”通道，如图10-58所示。

Step 02 在图层面板中，新建“图层1”，填充洋红色“#E4007F”，如图10-59所示。

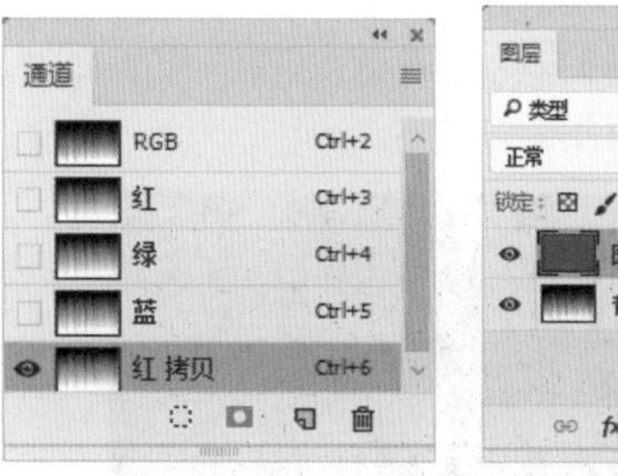

图10-58 “红拷贝”通道

图10-59 新建“图层1”

Step 03 执行“滤镜→渲染→光照效果”命令，进入“光照效果”操作界面，如图10-60所示。

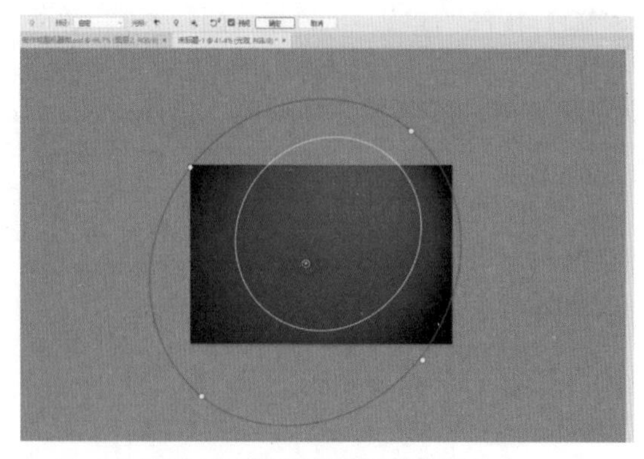

图10-60 “光照效果”的操作界面

Step 04 在右侧的属性面板中，设置“颜色”强度为34、“聚光”为44、“着色”曝光度为23、“光泽”为-65、“金属质感”为

-55、“环境”为-42、“纹理”为“红拷贝”、“高度”为-2，如图10-61所示。

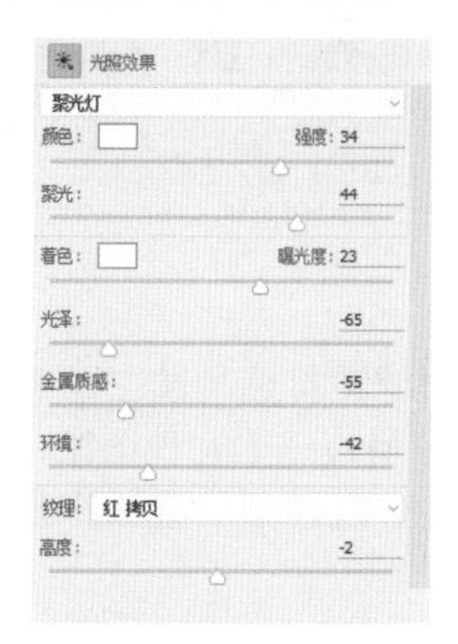

图10-61 属性面板

Step 05 通过前面的操作，得到图像效果，如图10-62所示。

图10-62 得到图像效果

Step 06 打开“素材文件\模块10\灯束.jpg”文件，如图10-63所示。

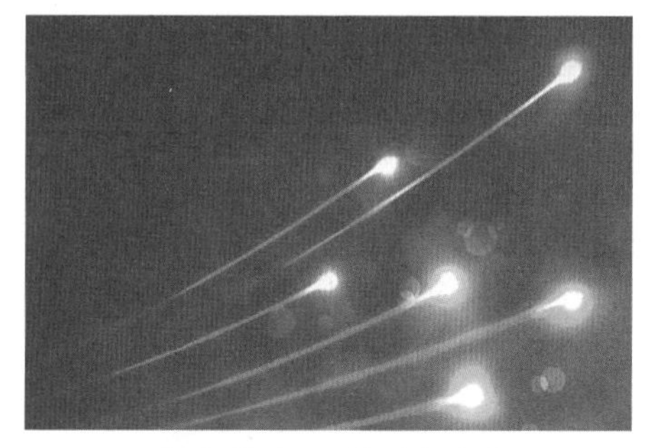

图10-63 打开“灯束”文件

Step 07 将灯束图像复制、粘贴到帷幕图像中，更改图层混合模式为“变亮”，如图10-64所示。

Step 08 在图层面板中混合图层后，得到图像效果，如图10-65所示。

图10-64 更改图层混合模式

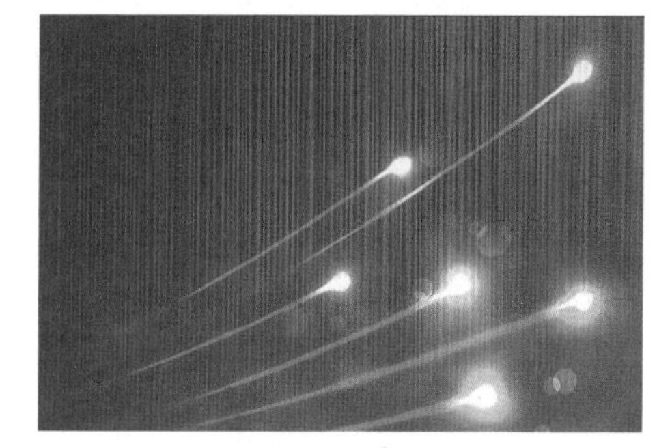

图10-65 图像效果

Step 09 打开“素材文件\模块10\剪影.jpg”文件，如图10-66所示。

图10-66 打开“剪影”文件

Step 10 选中黑色剪影并复制、粘贴到当前文件中，调整大小和位置，如图10-67所示。

图10-67 复制、粘贴剪影到文件中

综合实战 打造科技之眼

任务内容

使用滤镜可以制作很多有特殊效果的图像。本任务就利用滤镜打造科技之眼图像效果，主要操作包括：①使用“滤镜”命令并配合图层混合模式打造具有科技感的背景图像；②添加眼睛图片素材，使用图层混合模式使眼睛图像融合至背景图像中；③通过图层蒙版修改图像显示，打造自然的效果。

任务要求

综合运用各种滤镜效果及图层混合模式制作科技之眼效果。

参考效果图

图10-68 任务参考效果图

Step 01 打开“素材文件\模块10\落叶.jpg”文件，如图10-69所示。

图10-69 打开“落叶”文件

Step 02 选择画笔工具，在选项栏中，设置“大小”为150像素、“硬度”为100%，如图10-70所示。

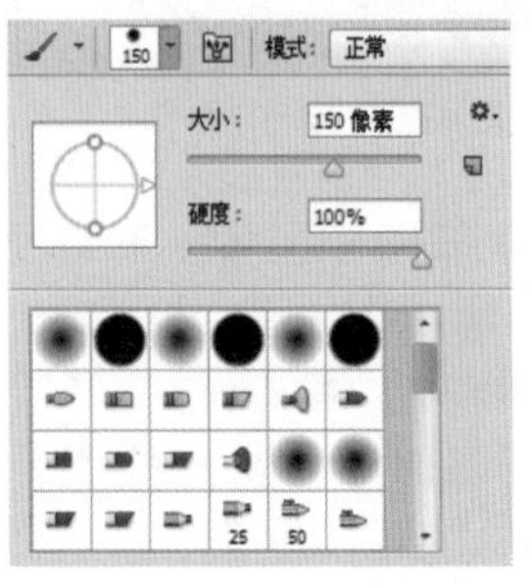

图10-70 画笔工具的选项

Step 03 设置前景色为白色，在四周涂抹，效果如图10-71所示。

图10-71 在四周涂抹白色

Step 04 设置前景色为黑色，在中间涂抹黑色，如图10-72所示。

图10-72 在中间涂抹黑色

Step 05 执行“滤镜→风格化→凸出”命令，设置“类型”为块、“大小”为35像素、“深度”为35，选中“立方体正面”和“蒙版不完整块”复选项，单击“确定”按钮，如图10-73所示。

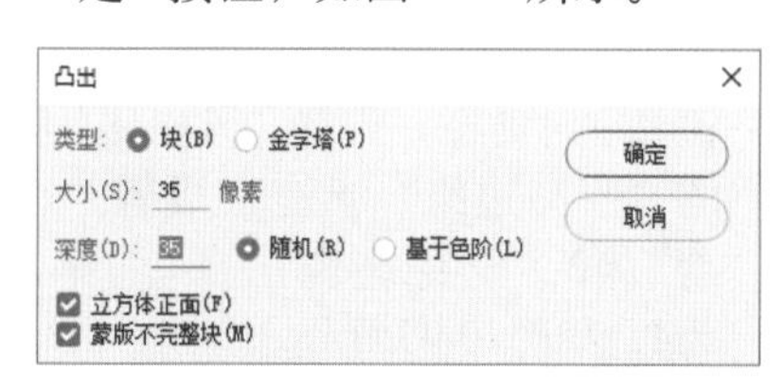

图10-73 设置“凸出”滤镜

Step 06 通过前面的操作，得到立方体效果，如图10-74所示。

Step 07 按“Ctrl+J”快捷键，复制生成“图层1”，如图10-75所示。

Step 08 执行“滤镜→风格化→查找边缘”命令，得到图像边缘效果，如图10-76所示。

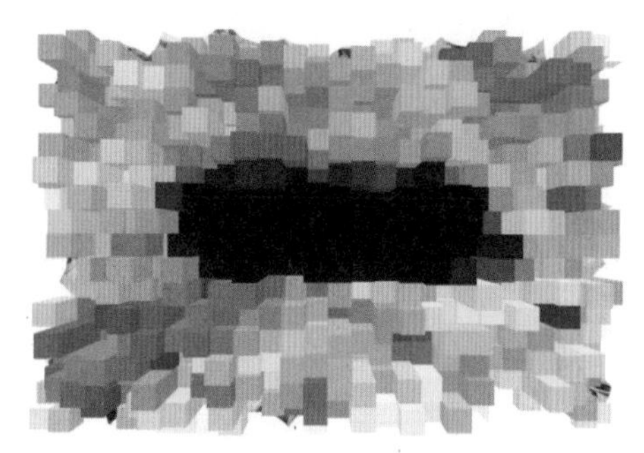

图10-74 立方体效果

图10-75 复制生成“图层1”

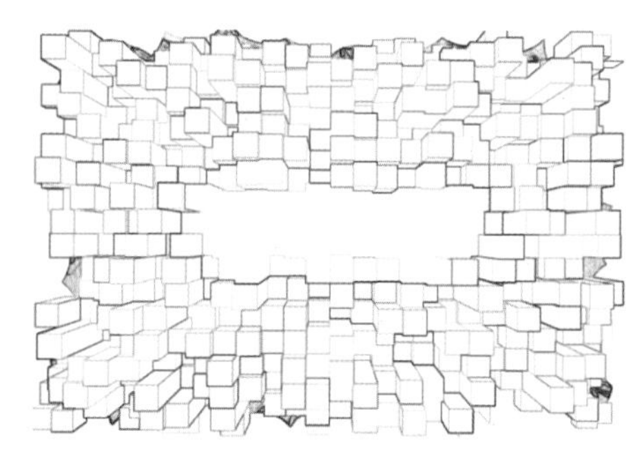

图10-76 图像边缘效果

Step 09 按“Ctrl+I”快捷键，执行反相命令，得到反相效果，如图10-77所示。

图10-77 反相效果

Step 10 更改“图层1”图层混合模式为“颜色减淡”，如图10-78所示。

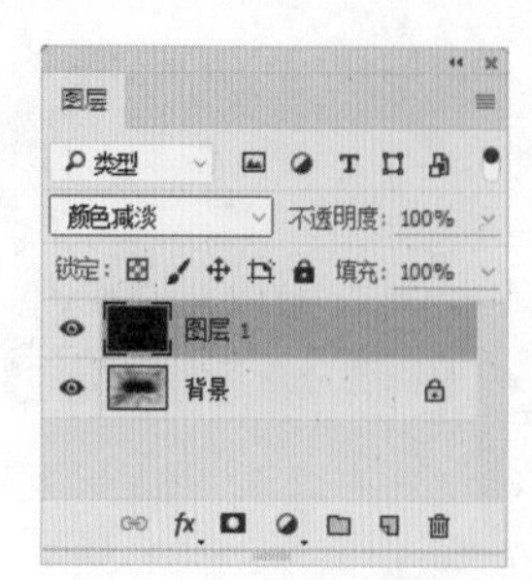

图10-78 更改“图层1”图层混合模式为“颜色减淡”

Step 11 通过前面的操作，得到图像混合效果，如图10-79所示。

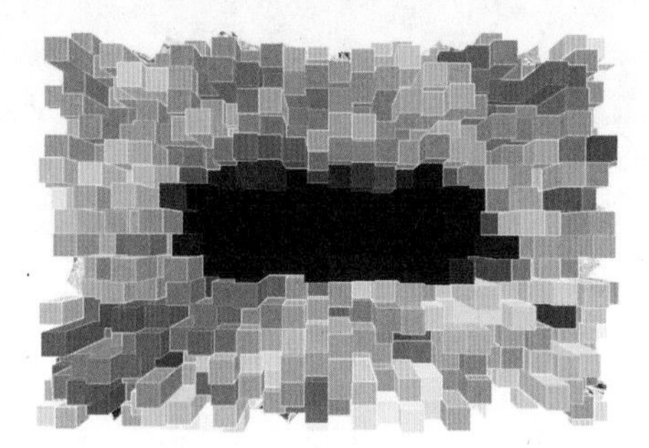

图10-89 图像混合效果

Step 12 按“Ctrl+E”快捷键，向下合并图层，如图10-90所示。

图10-90 向下合并图层

Step 13 使用加深工具在右下方涂抹，加深图像，效果如图10-91所示。

图10-91 加深图像

Step 14 执行“滤镜→模糊→径向模糊”命令，设置“数量”为100、“模糊方法”为缩放、“品质”为好，单击“确定”按钮，如图10-92所示。

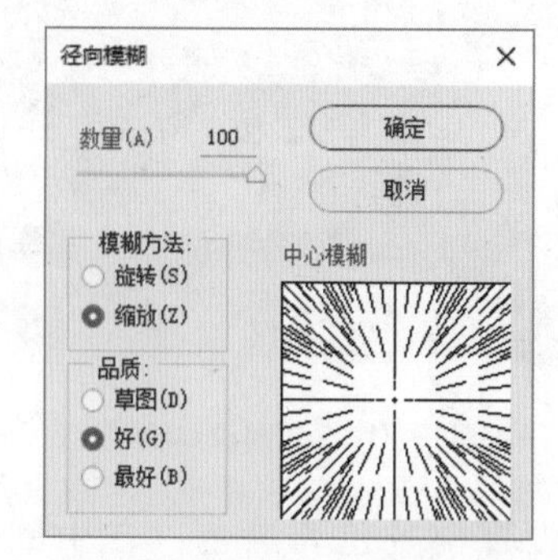

图10-92 设置“径向模糊”滤镜

Step 15 通过前面的操作，得到径向模糊效果，如图10-93所示。

图10-93 得到径向模糊效果

Step 16 按“Ctrl+J”快捷键，复制生成“图层1”，如图10-94所示。

Step 17 执行“滤镜→滤镜库”命令，打开“滤镜库”对话框，选择“风格化”滤镜组的“照亮边缘”滤镜，设置“边缘宽度”为2、“边缘亮度”为14、“平滑度”为4，如图10-95所示。

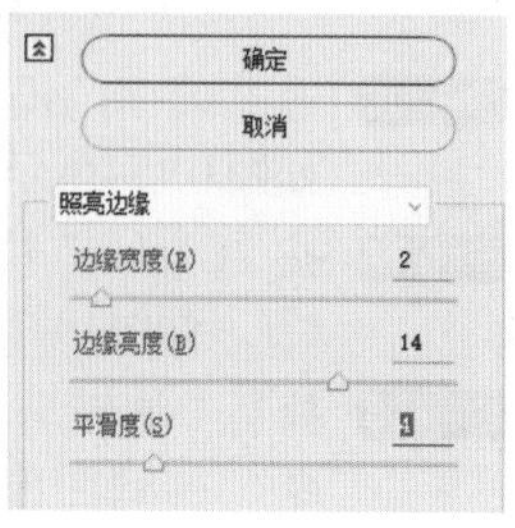

图10-94 生成“图层1” 图10-95 “滤镜库”对话框

Step 18 通过前面的操作，得到照亮边缘效果，如图10-96所示。

图10-96 照亮边缘效果

Step 19 更改“图层1”图层混合模式为“变亮”，如图10-97所示。

图10-97 更改“图层1”图层混合模式为“变亮”

Step 20 通过前面的操作，得到图像效果，如图10-98所示。

图10-98 图像效果

Step 21 执行“滤镜→滤镜库”命令，打开“滤镜库”对话框，选择“风格化”滤镜组的“照亮边缘”滤镜，设置“边缘宽度”为2、“边缘亮度”为14、“平滑度”为4，如图10-99所示。

Step 22 通过前面的操作，得到图像效果，如图10-100所示。

图10-99 “滤镜库”对话框

图10-100 图像效果

Step 23 按“Ctrl+J”快捷键，复制生成“图层1拷贝”，如图10-101所示。

图10-101 生成“图层1 拷贝”

Step 24 执行“滤镜→扭曲→极坐标”命令，选中“极坐标到平面坐标”单选项，单击“确定”按钮，如图10-102所示。

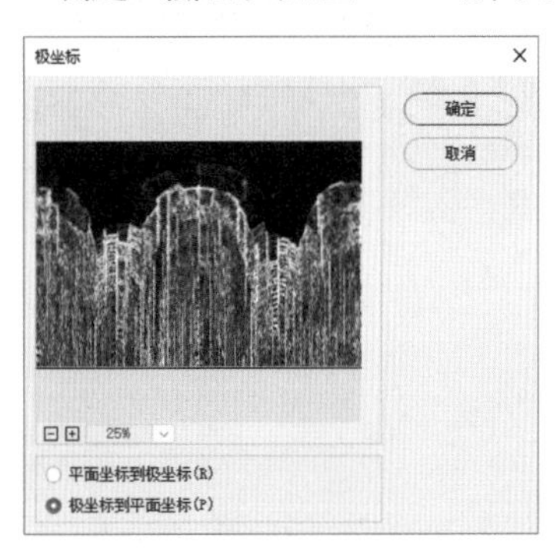

图10-102 选中“极坐标到平面坐标”单选项

Step 25 通过前面的操作，得到极坐标效果，如图10-103所示。

图10-103 极坐标效果

Step 26 更改“图层1 拷贝”图层混合模式为“叠加”，如图10-104所示。

图10-104 更改“图层1 拷贝”图层混合模式

Step 27 通过前面的操作，得到图像效果，如图10-105所示。

图10-105 图像效果

Step 28 打开“素材文件\模块10\眼睛.jpg”文件，如图10-106所示。

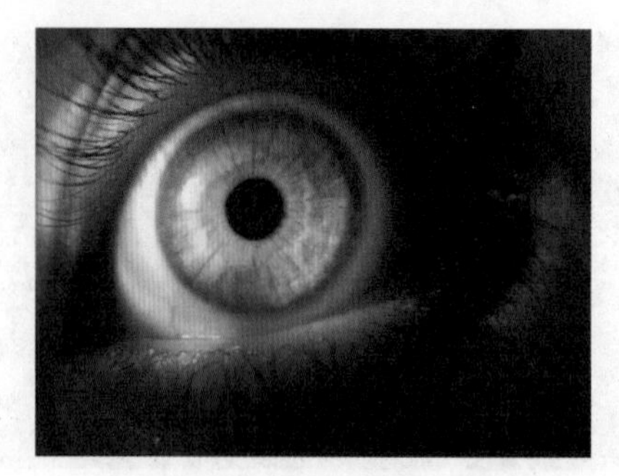

图10-106 打开“眼睛”文件

Step 29 将眼睛图像拖动到当前文件中，调整大小和位置，如图10-107所示。

图10-107 调整大小和位置

Step 30 更改图层混合模式为“线性减淡（添加）”，如图10-108所示。

图10-108 更改图层混合模式

Step 31 在图层面板中，混合图层后，得到图像效果如图10-109所示。

图10-109 混合图层后的图像效果

Step 32 为图层添加图层蒙版，使用黑色画笔工具修改蒙版，使眼睛图像融入背景中，效果如图10-110所示。

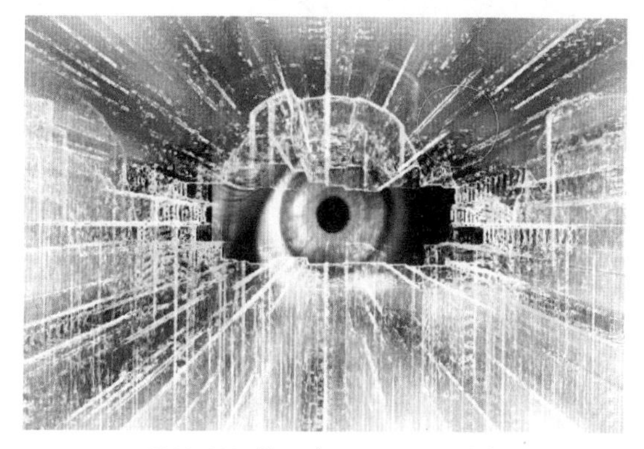

图10-110 使眼睛图像融入背景中

小 结

本模块由4个任务和1个综合任务组成。主要介绍了常用滤镜命令的功能与应用，包括高斯模糊、镜头光晕、风、云彩、极坐标、染色玻璃、波浪等滤镜。每种滤镜拥有不同的功能，在实际应用中要巧妙利用这些滤镜，创造出想要的艺术效果。

模块中穿插了10个操作实例，旨在引导读者运用各种滤镜及图层混合模式完成“制作透明冰花图案”“制作格子艺术背景效果”“制作炫酷机器狗”“制作帷幕”“打造科技之眼”等任务。

模块 11 文件自动化

动作和批处理可以自动处理图像，从而节省时间，提高工作效率。在本模块中，将详细讲解文件自动化的相关操作。

本模块将详细讲解文件自动化的相关操作。

能力目标

- 录制并播放动作
- 制作色彩汇聚效果
- 同时处理多个图像文件
- 制作幻彩图像效果

技能要求

- 创建动作、快捷批处理和动作组
- 录制动作、存储动作
- 使用预设动作为图像制作色彩汇聚效果
- 使用“批处理”“快捷批处理”命令同时处理多个图像文件
- 使用预设动作命令和蒙版修改动作效果，制作幻彩图像效果

Photoshop CC

任务一 录制并播放动作

任务内容

在Photoshop CC中，可以将图像处理的过程通过动作面板记录下来，以后对其他图像进行相同处理时，执行该动作就可以自动完成操作任务。下面就通过案例学习动作的基本操作，包括创建动作、录制动作等。

任务要求

掌握创建动作组、创建动作和录制动作的方法。

参考效果图

图11-1 任务参考效果图

01 创建动作组

在创建新动作之间，需要创建一个新的组来放置新建的动作，方便动作的管理。下面动手新建动作组，放置新动作。

Step 01 执行“窗口→动作”命令，打开动作面板。在动作面板中单击“创建新组”按钮，如图11-2所示。

图11-2 动作面板

Step 02 弹出“新建组”对话框，在“名称”文本框中输入图像处理，单击“确定”按钮，如图11-3所示。

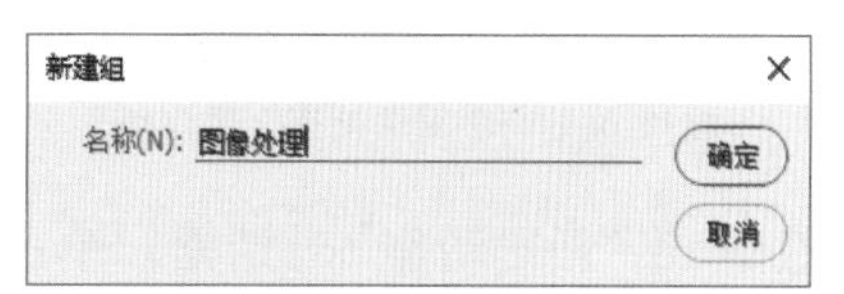

图11-3 “新建组”对话框

Step 03 通过前面的操作，在动作面板中新建一个动作组“图像处理”，如图11-4所示。

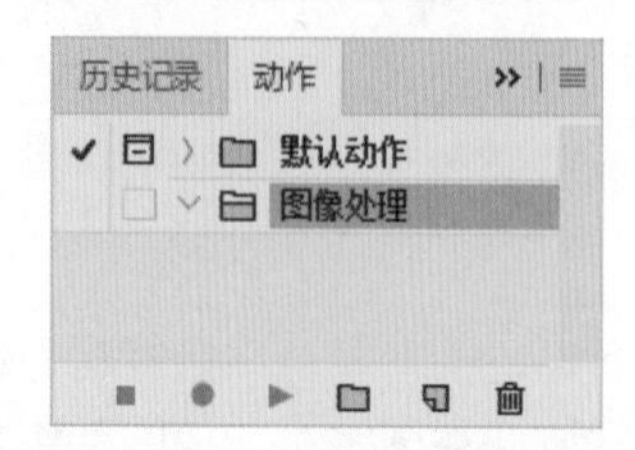

图11-4 新建动作组“图像处理”

02 创建并录制动作

在Photoshop CC中可以根据需要创建新的动作。下面在前面创建的“图像处理”动作组中新建动作。

Step 01 打开“素材文件\模块11\彩妆.jpg”文件，如图11-5所示。

图11-5 打开“彩妆”文件

Step 02 在动作面板中，选择“图像处理”动作组，单击“创建新动作”按钮，如图11-6所示。

图11-6 选择“图像处理”动作组

Step 03 弹出“新建动作”对话框，单击“记录”按钮，如图11-7所示。

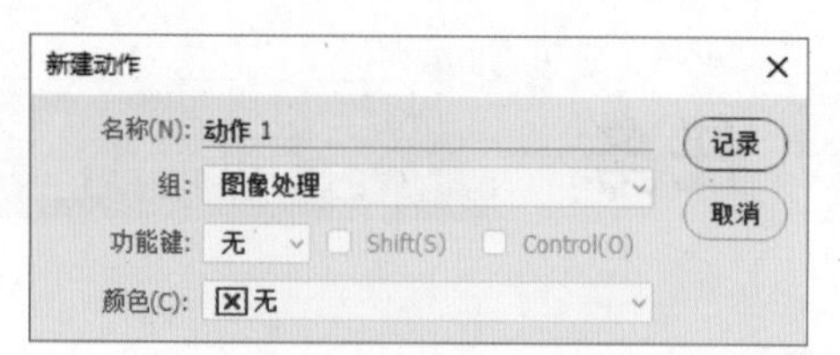

图11-7 “新建动作”对话框

Step 04 在“图像处理”动作组中新建“动作1”，“开始记录”按钮变为红色，表示正在录制动作，如图11-8所示。

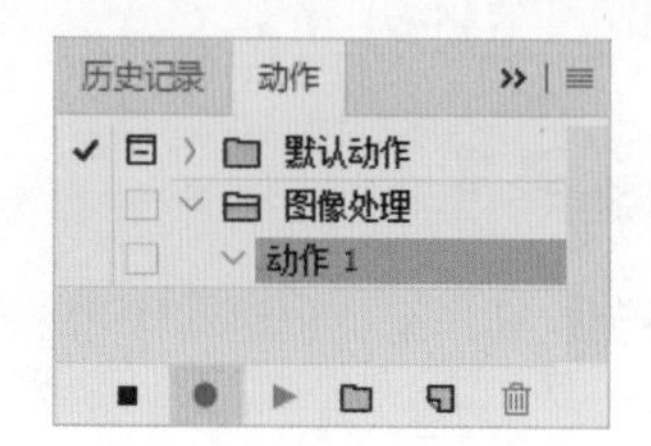

图11-8 新建“动作1”

Step 05 使用矩形选框工具拖动选中整体图像，如图11-9所示。

图11-9 选中整体图像

Step 06 执行“选择→修改→边界”命令，设置“边界”为100像素，单击“确定”按钮，如图11-10所示。

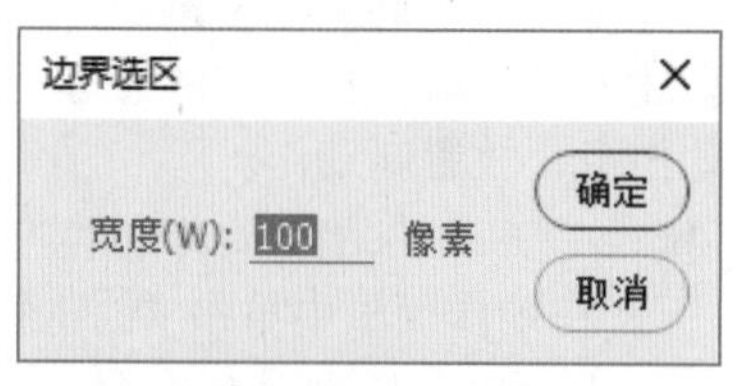

图11-10 设置“边界”

Step 07 通过前面的操作，得到图像边界，如图11-11所示。

图11-11 得到图像边界

Step 08 执行“滤镜→像素化→彩色半调”命令，设置“最大半径”为10像素，单击“确定”按钮，如图11-12所示。

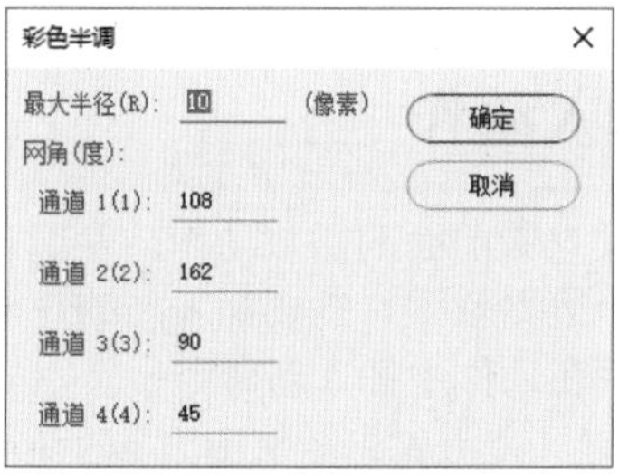

图11-12 设置“最大半径”

Step 09 通过前面的操作，得到边界彩色半调效果，如图11-13所示。

图11-13 边界彩色半调效果

Step 10 执行“选择→取消选择”命令，取消图像选区，如图11-14所示。

Step 11 在动作面板中，单击“停止播放/记录”按钮■，完成动作录制操作，如图11-15所示。

图11-14 取消图像选区

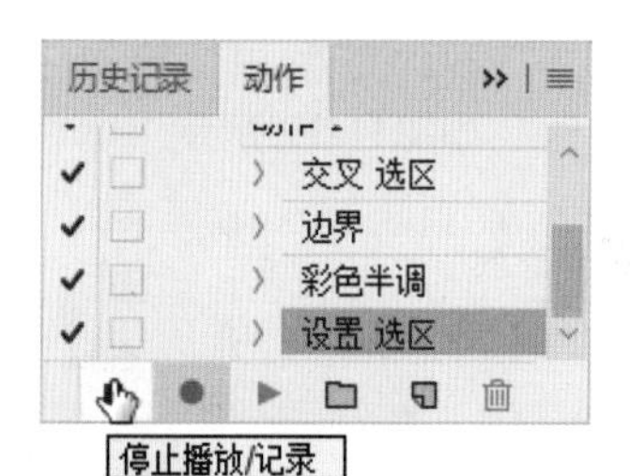

图11-15 单击“停止播放/记录”按钮

提示

有些键盘操作无法录制。在录制动作的过程中，尽量使用菜单命令和鼠标进行操作。

03 修改动作名称

录制动作后，还可以修改动作名称，下面动手修改“动作1”为“边界彩色半调”。

Step 01 在“动作1”标签上双击，进入文字编辑状态，如图11-16所示。

Step 02 在文本框中，输入新名称“边界彩色半调”，如图11-17所示。

图11-16 进入文字编辑状态

图11-17 输入新名称

Step 03 按“Enter”键，确认动作重命名操作，如图11-18所示。

图11-18 确认动作重命名操作

04 播放动作

录制动作后，就可以将动作应用到其他图像中。下面播放录制的动作。

Step 01 打开“素材文件\模块11\三朵花.jpg”文件，如图11-19所示。

图11-19 打开“三朵花”文件

Step 02 在动作面板中，选中“边界彩色半调”动作，单击“播放选定的动作”按钮▶，如图11-20所示。

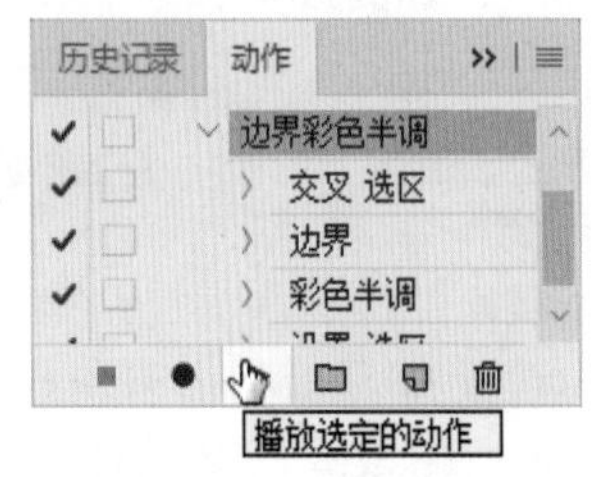

图11-20 选中“边界彩色半调”动作

Step 03 在动作面板中播放动作后，得到图像效果，如图11-21所示。

图11-21 图像效果

05 插入动作

通过查看前面的播放动作，发现彩色半调并不位于边界位置，需要插入新的正确命令。下面动手在动作中插入新命令。

Step 01 单击“边界彩色半调”动作前面的按钮〉，如图11-22所示。

Step 02 通过前面的操作，展开“边界彩色半调”动作，如图11-23所示。

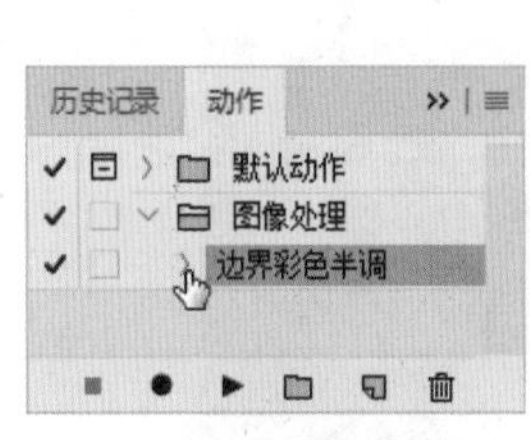

图11-22 单击按钮

图11-23 展开动作

Step 03 单击选择“交叉选区”操作步骤，如图11-24所示。

Step 04 在动作面板中，单击“开始记录”按钮●，如图11-25所示。

Step 05 执行“选择→全部”命令，在动作中插入新命令，如图11-26所示。

Step 06 在动作面板中，单击“停止播放/记录”按钮■，完成插入动作操作，如图11-27所示。

图11-24 选择“交叉选区” 图11-25 单击“开始记录”

图11-26 插入新命令　　图11-27完成插入动作操作

06 删除动作

插入正确命令后，需要将错误的操作步骤删除。下面动手删除上方的错误步骤。

Step 01 单击操作步骤，拖动到右下角的“删除”按钮，如图11-28所示。

Step 02 通过前面的操作，删除上方的错误步骤，如图11-29所示。

图11-28 选择“设置选区”　　图11-29 删除错误步骤

Step 03 在历史记录面板中，单击“打开”步骤，返回到图像打开的始初状态，如图11-30所示。

Step 04 在动作面板中，选择“边界彩色半调”动作，单击“播放选定的动作”按钮，播放修改后的动作，得到图像效果，如图11-31所示。

图11-30 历史记录面板

图11-31 图像效果

07 存储动作

创建动作后，可以存储自定义的动作，以方便将该动作运用到其他图像文件中。下面动手将需要存储的动作组进行保存。

Step 01 在动作面板中选择需要存储的动作组，在面板扩展菜单中选择“存储动作”命令，如图11-32所示。

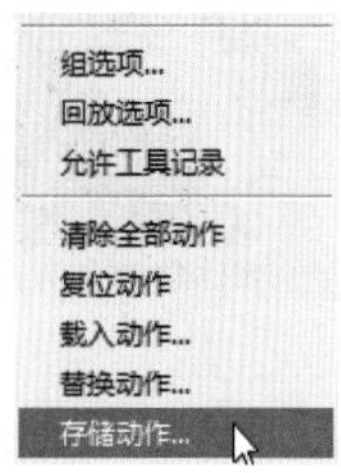

图11-32 选择“存储动作”命令

Step 02 弹出“另存为”对话框，选择保存路径，单击“保存”按钮，即可将需要存储的动作组进行保存，如图11-33所示。

图11-33 “另存为”对话框

任务二 制作色彩汇聚效果

任务内容

Photoshop CC中提供了很多预设的动作效果。下面就使用预设动作为图像制作色彩汇聚效果。

任务要求

学会载入预设动作、切换项目开/关的操作。

参考效果图

图11-34 任务参考效果图

01 载入预设动作

动作面板中提供了多种预设动作，使用这些动作可以快速地制作文字效果、边框效果、纹理效果和图像效果等。

默认情况下，预设动作不会被载入到动作面板中。下面动手载入预设动作“色彩汇聚（色彩）”。

Step 01 打开“素材文件\模块11\两姐妹.jpg”文件，如图11-35所示。

图11-35 打开“两姐妹”文件

Step 02 在动作面板中，单击扩展按钮，如图11-36所示。

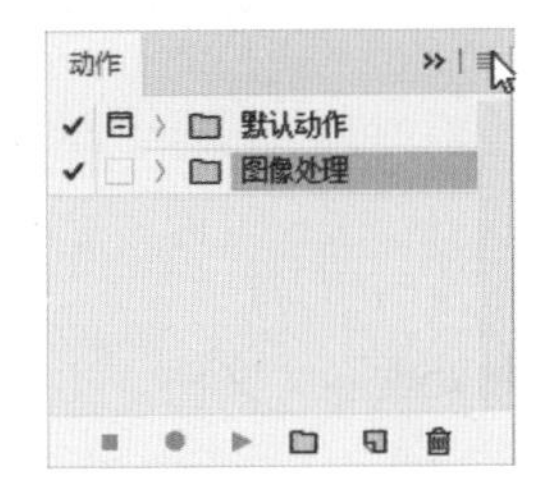

图11-36 单击扩展按钮

Step 03 在弹出的扩展菜单中，选择“图像效果”选项，如图11-37所示。

Step 04 通过前面的操作，载入“图像效果”动作组。单击并展开“色彩汇聚（色彩）”动作，如图11-38所示。

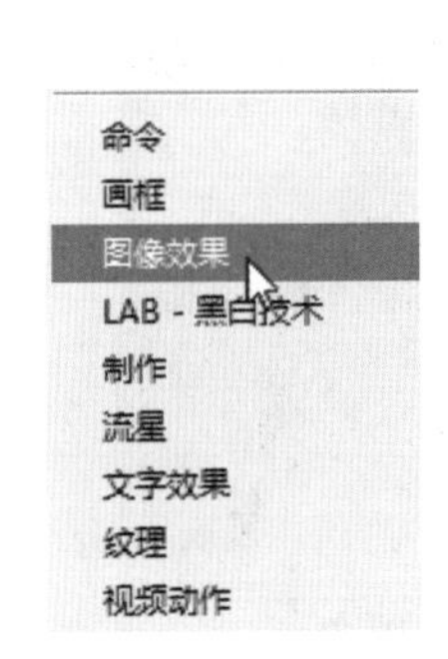

图11-37 “图像效果”选项　图11-38 动作面板

02 切换项目开/关

设置控制动作或动作中的命令是否被跳过。若某一个命令的左侧显示图标，则表示此命令允许正常。若显示图标，则表示此命令被跳过，不会被执行。接下来取消预设动作“色彩汇聚（色彩）”中的部分步骤。下面取消预设动作“色彩汇聚（色彩）”的部分步骤。

Step 01 在动作面板中，单击展开“转换模式”操作，如图11-39所示。

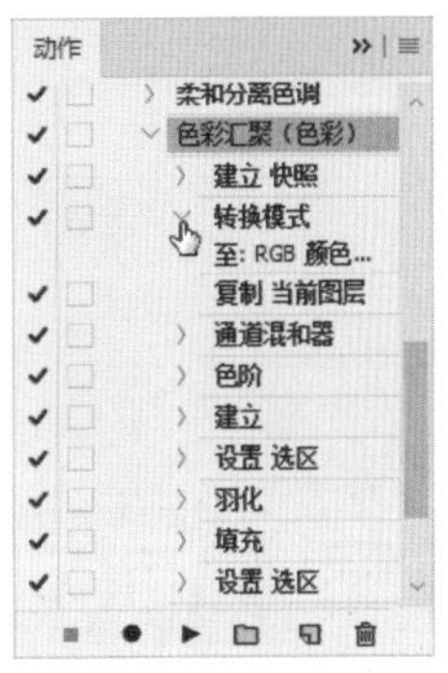

图11-39 展开“转换模式”操作

Step 02 “转换模式”操作的具体内容是转换至RGB颜色。在“图像”菜单的“模式”子菜单中，可以看到该图像本来就是RGB颜色，如图11-40所示。

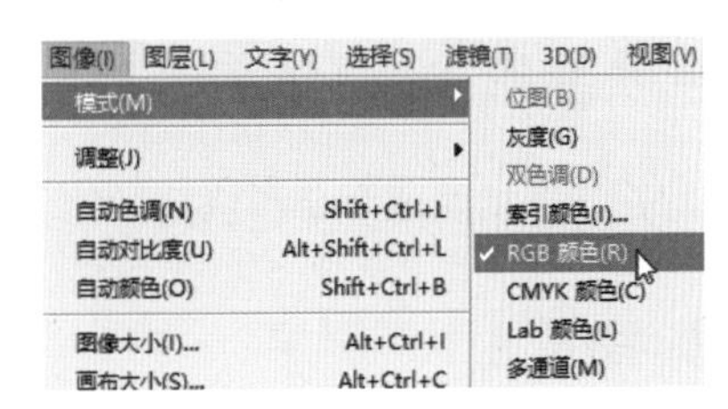

图11-40 “图像”菜单的“模式”子菜单

Step 03 单击“转换模式”步骤前方的“切换项目开/关”图标，如图11-41所示。

Step 04 通过前面的操作，转换模式步骤被跳过，不会被执行，如图11-42所示。

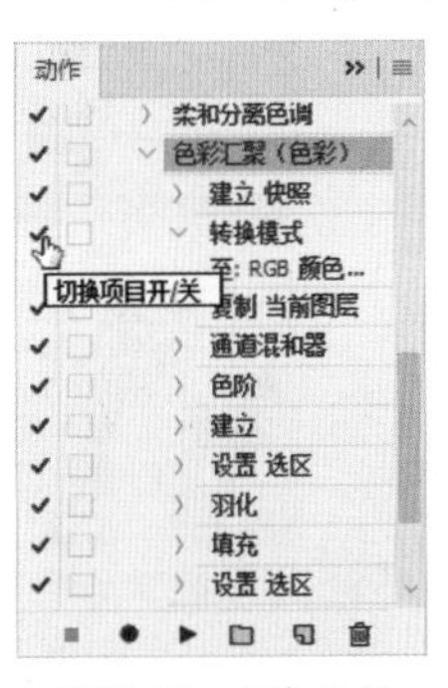

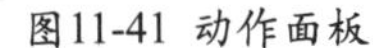

图11-41 动作面板　图11-42 动作面板

Step 05 应用动作后，得到色彩汇聚图像效果，如图11-43所示。

图11-43 最终图像效果

任务三 同时处理多个图像文件

任务内容

如果要完成大量重复的操作，就可以通过批处理命令来同时处理多个文件。

任务要求

了解并掌握批处理命令和快捷批处理命令的用法。

参考效果图

图11-44 任务参考效果图

01 批处理

“批处理”可以将动作应用于多张图片，同时完成大量相同的、重复性的操作。执行“文件→自动→批处理”命令，打开“批处理”对话框，如图11-45所示。

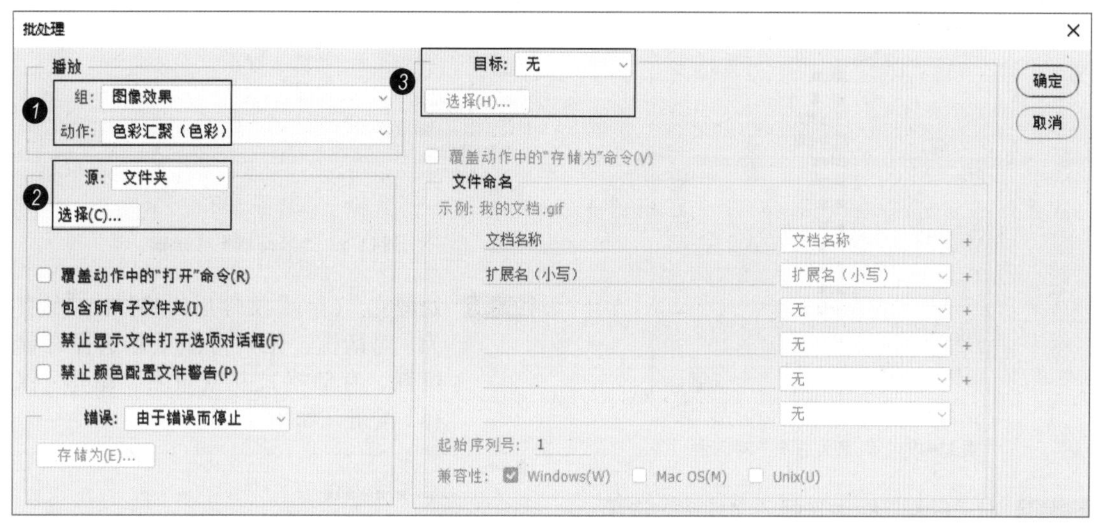

图11-45 “批处理”对话框

❶ 播放的动作：在进行批处理前，首先要选择应用的“动作”，可在“组”和“动作”两个选项的下拉列表中进行选择。

❷ 批处理源文件：在“源”选项组中可以设置文件的来源为“文件夹”“导入”“打开的文件”或是从Bridge中浏览的图像文件。如果设置源图像的位置为文件夹，则可以选择批处理的文件所在文件夹位置。

❸ 批处理目标文件：在“目标”选项的下拉列表中包含“无”“存储并关闭”和“文件夹”3个选项。选择“无”选项，则对处理后的图像文件不做任何操作；选择“存储并关闭”选项，将文件存储在它们当前位置，并覆盖原来的文件；选择“文件夹”选项，将处理过的文件存储到另一位置。

下面动手用“批处理”命令处理多个图像。

Step 01 执行“窗口→动作”命令，打开动作面板，单击动作面板右上角的“扩展”按钮，单击“画框”选项，载入画框效果动作组，如图11-46所示。

Step 02 执行“文件→自动→批处理”命令，打开“批处理”对话框，单击“组”列表框，选择“画框”动作组。在“播放”栏中，单击“动作”列表框，选择“浪花形画框”动作选项，如图11-47所示。

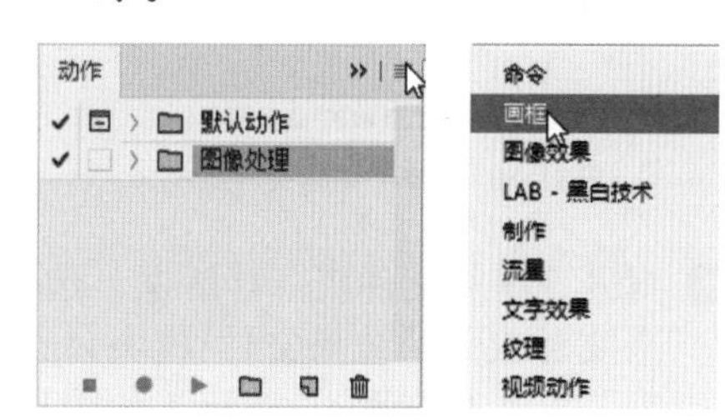

图11-46 动作面板

图11-47 “批处理”对话框

Step 03 在“源”栏中选择“文件夹”选项，单击“选择”按钮，如图11-48所示。

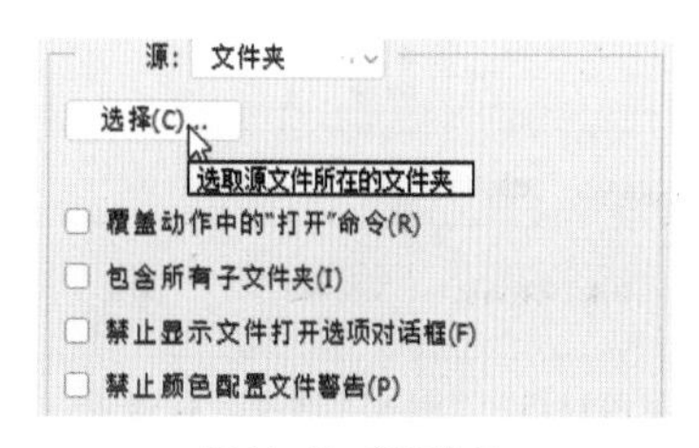

图11-48 “源”栏

Step 04 打开“浏览文件夹”对话框。选择源文件夹为“素材文件\模块11\批处理”，单击“确定”按钮，如图11-49所示。

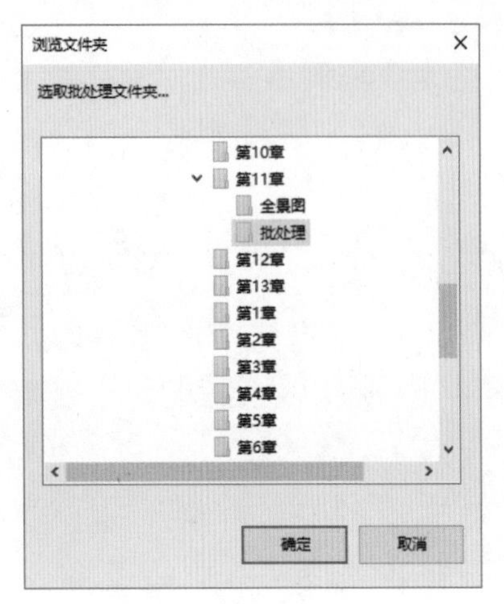

图11-49 “浏览文件夹”对话框

Step 05 在“目标”栏中选择“文件夹”选项，单击“选择”按钮，如图11-50所示。

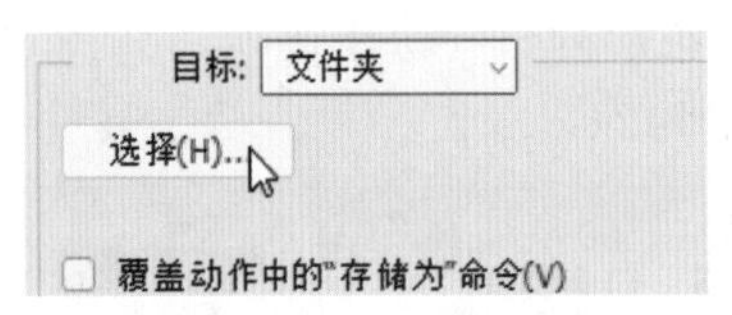

图11-50 选择“文件夹”选项

Step 06 打开“浏览文件夹”对话框，选择结果文件夹为“结果文件\模块11\批处理”，单击“确定”按钮，如图11-51所示。

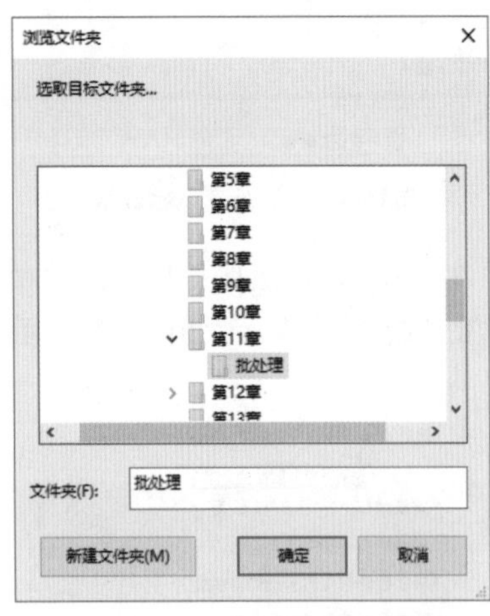

图11-51 “浏览文件夹”对话框

Step 07 在“批处理”对话框中，设置好参数后，单击“确定”按钮，如图11-52所示。

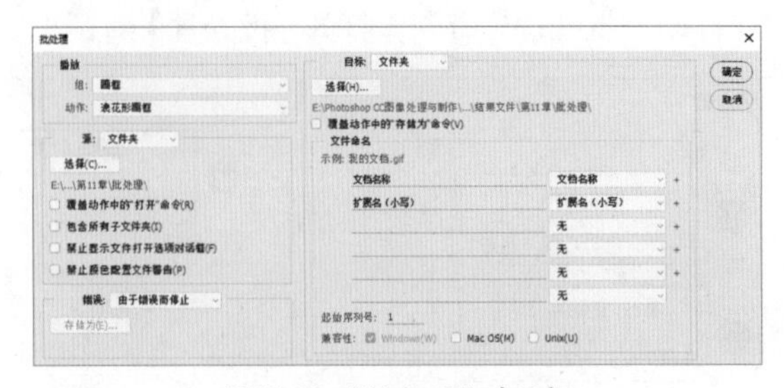

图11-52 “批处理”对话框

Step 08 处理完“1.jpg”文件后，将弹出“另存为”对话框，用户可以重新选择存储位置，存储格式并重命名，单击“保存”按钮，如图11-53所示。

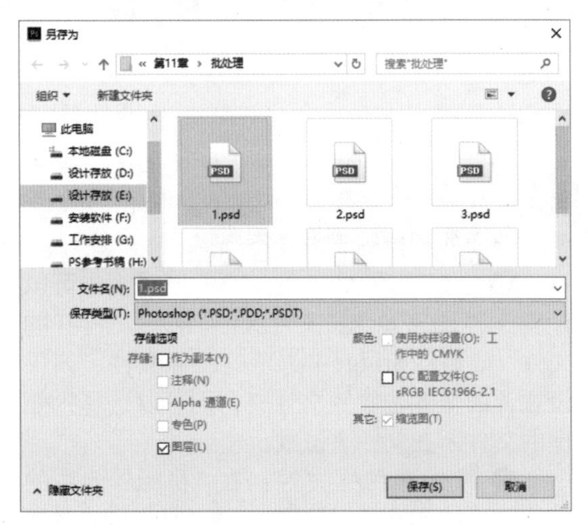

图11-53 “另存为”对话框

Step 09 弹出提示对话框，单击“确定”按钮，如图11-54所示。

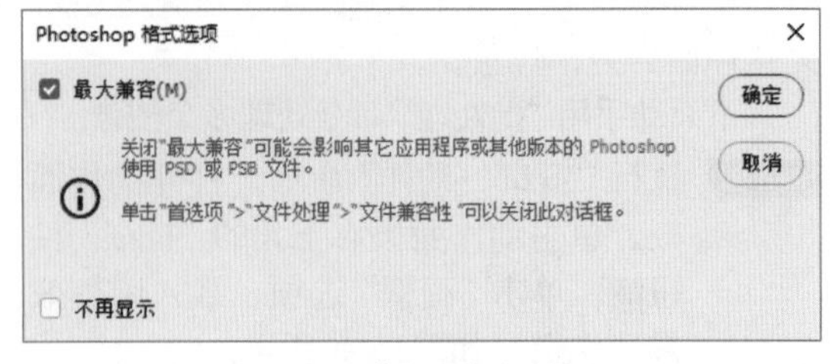

图11-54 单击“确定”按钮

Step 10 Photoshop CC将继续自动处理图像，每完成一幅图像处理后，会弹出“另存为”对话框，依次处理完文件夹里的所有图像，并另存到结果文件夹中，如图11-55所示。

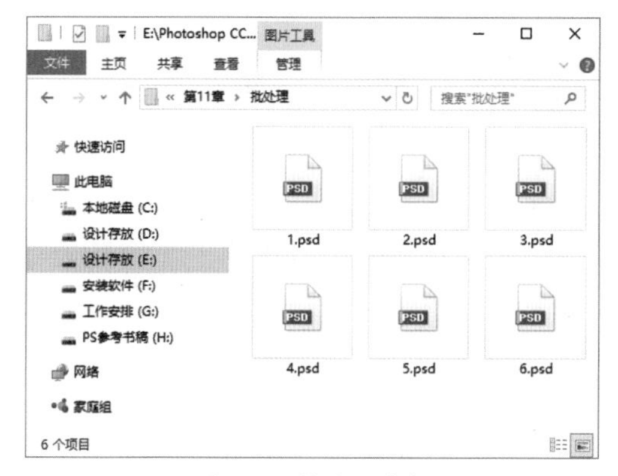

图11-55 结果文件夹

02 快捷批处理

快捷键处理是一个小程序，它可以简化批处理操作的过程。下面动手将“浪花形画框”动作创建为快捷批处理。

Step 01 执行“文件→自动→快捷批处理”命令，弹出“创建快捷批处理”对话框，在“将快捷批处理存储为”栏中，单击“选择”按钮，如图11-56所示。

图11-56 “创建快捷批处理”对话框

Step 02 打开“另存为”对话框，选择快捷批处理存储的位置为“素材文件\模块11”，设置“文件名”为“浪花形画框快捷批处理.exe”，单击“保存”按钮，如图11-57所示。

图11-57 “另存为”对话框

Step 03 返回“创建快捷批处理”对话框，在“播放”栏中，使用前面设置的默认参数，如图11-58所示。

图11-58 “创建快捷批处理”对话框

Step 04 在“目标”栏中选择“文件夹”选项，单击“选择”按钮，打开“浏览文件夹”对话框，如图11-59所示。

图11-59 单击“选择”按钮

Step 05 打开“浏览文件夹”对话框，选择结果文件夹为“结果文件\模块11\批处理”，单击“确定”按钮，如图11-60所示。

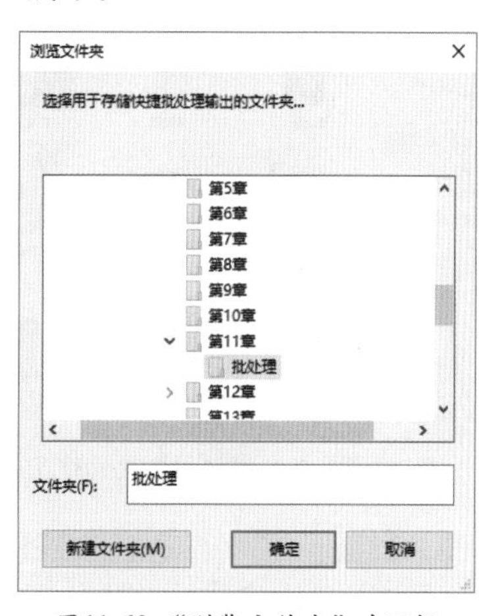

图11-60 “浏览文件夹”对话框

Step 06 在“创建快捷批处理”对话框中，设置好参数后，单击“确定”按钮，如图11-61所示。

图11-61 “创建快捷批处理”对话框

Step 07 打开快捷批处理存储的位置，可以查看到创建批处理文件图标，如图11-62所示。

图11-62 创建批处理文件图标

Step 08 将“白莲”图像拖动到快捷批处理图标上，如图11-63所示。

图11-63 将“白莲”图像拖动到快捷批处理图标上

Step 09 Photoshop CC会自动运行快捷批处理小程序。处理完成后，弹出“另存为”对话框，设置“文件名”为5，单击“保存”按钮，如图11-64所示。

Step 10 将“侧面”图像也拖动到快捷批处理图标上，如图11-65所示。

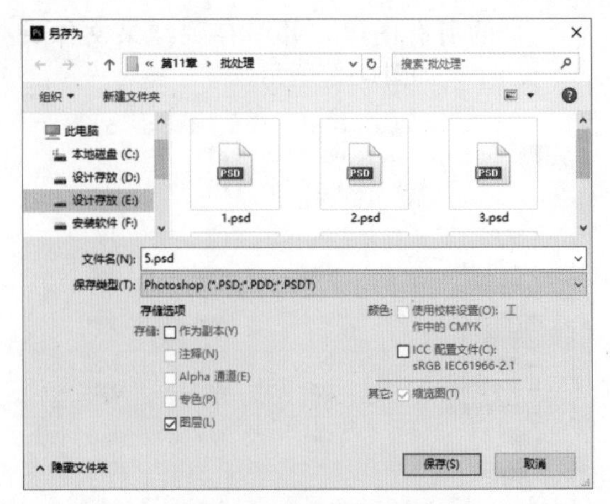

图11-64 “另存为”对话框

图11-65 将“侧面”图像拖动到快捷批处理图标上

Step 11 Photoshop CC会自动运行快捷批处理小程序。处理完成后，弹出“另存为”对话框，设置“文件名”为6，单击“保存”按钮，如图11-66所示。

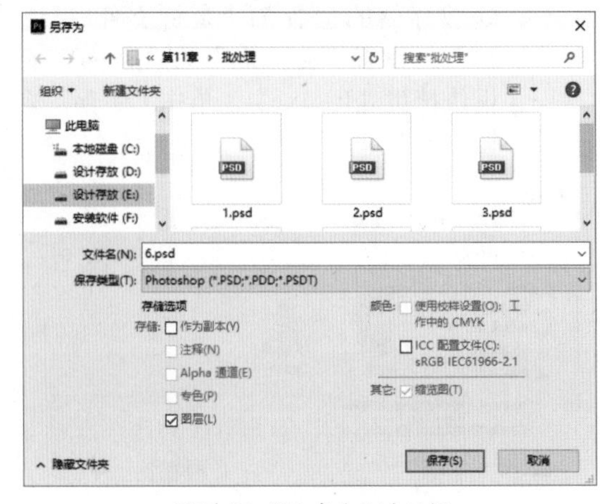

图11-66 “另存为”对话框

综合实战 制作幻彩图像效果

任务内容

使用动作命令可以快速制作图像的特殊效果，下面就在Photoshop CC中利用动作命令制作幻彩图像效果，主要操作包括：①使用预设动作制作出蜡笔玻璃拼贴效果；②设置图层混合模式融合图像；③使用预设动作命令制作迷幻线条效果；④使用图层蒙版修改动作效果；⑤输入文字并利用动作制作文字特效；⑥通过色相/饱和度命令更改文字颜色，完成图像效果制作。

任务要求

掌握预设动作命令的用法并学会使用蒙版修改动作效果。

参考效果图

图11-67 任务参考效果图

Step 01 打开“素材文件\模块11\满天星.jpg”文件，如图11-68所示。

图11-68 打开“满天星”文件

Step 02 在动作面板中，单击右上角的按钮，选择“纹理”动作组，如图11-69所示。

图11-69 选择“纹理”动作组

Step 03 载入“纹理”动作组后，选择“蜡笔玻璃拼贴”动作，单击“播放选定的动作”按钮▶，如图11-70所示。

图11-70 选择“蜡笔玻璃拼贴”动作

Step 04 通过前面的操作，播放动作，得到蜡笔玻璃拼贴效果，如图11-71所示。

图11-71 蜡笔玻璃拼贴效果

Step 05 在图层面板中，更改“图层1”混合模式为“亮光”，如图11-72所示。

图11-72 更改“图层1”混合模式为“亮光”

Step 06 通过前面的操作，得到图层混合效果，如图11-73所示。

Step 07 选择“迷幻线条”动作，单击“播放选定的动作”按钮▶，如图11-74所示。

Step 08 通过前面的操作，播放动作，得到迷幻线条效果，如图11-75所示。

图11-73 图层混合效果

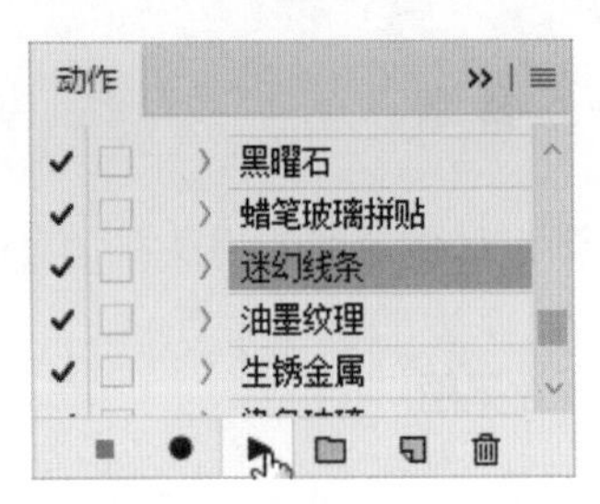

图11-74 选择“迷幻线条”动作

图11-75 迷幻线条效果

Step 09 在图层面板中，为“图层2”添加图层蒙版，如图11-76所示。

图11-76 为“图层2”添加图层蒙版

Step 10 使用黑色画笔工具在人物位置涂抹，显示出人物图像，如图11-77所示。

图11-77 使用黑色画笔工具在人物位置涂抹

Step 11 使用横排文字工具输入文字“幻彩”，如图11-78所示。

图11-78 输入文字

Step 12 在动作面板中，单击右上角的按钮，选择“文字效果”动作组，如图11-79所示。

图11-79 选择“文字效果”动作组

Step 13 选择“喷色蜡纸（文字）”动作，单击“播放选定的动作”按钮，如图11-80所示。

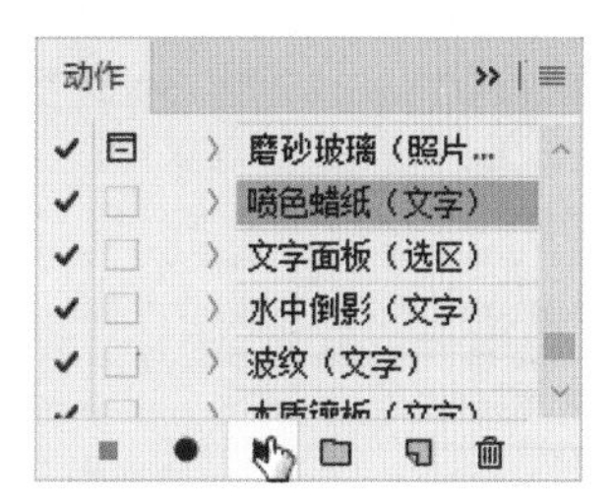

图11-80 选择“喷色蜡纸（文字）”动作

Step 14 通过前面的操作，播放动作，得到喷色蜡纸文字效果，如图11-81所示。

图11-81 喷色蜡纸文字效果

Step 15 在图层面板中，单击选择“幻彩”图层，如图11-82所示。

图11-82 选择“幻彩”图层

Step 16 按“Ctrl+U”快捷键，执行“色相/饱和度”命令，选中“着色”复选项，设置“色相”为333、“饱和度”为100、“明度”为60，单击“确定”按钮，如图11-83所示。

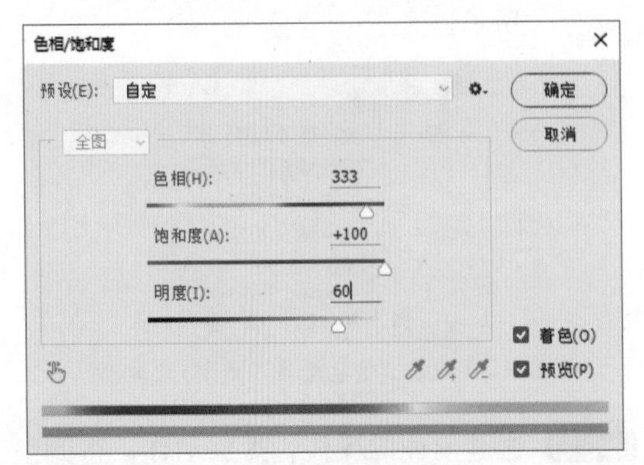

图11-83 执行“色相/饱和度”命令

Step 17 通过前面的操作，更改文字颜色，效果如图11-84所示。

图11-84 最终图像效果

小 结

本模块由3个任务和1个综合任务组成，主要介绍了文件自动化的相关操作，包括创建动作、录制动作、播放动作、载入预设动作、批处理、快捷批处理等内容。其中创建动作、播放动作和批处理是重点学习内容。自动化操作可以节省时间，将重复劳动交给计算机去完成，从而使设计人员将更多的精力花在设计创意上。

模块中穿插了12个操作实例，旨在引导读者利用Photoshop CC文件自动化功能完成“录制并播放动作”“制作色彩汇聚效果”“同时处理多个图像文件”“制作幻彩图像效果”等任务。

模块 12 Web图像和动画

切片可以对网页进行分割，进行Web图像的优化操作，从而可以优化图像，使得图像的大小更适合在互联网中传输。此外，使用Photoshop CC提供的时间轴功能，还可以制作生动有趣的小动画。

本模块将详细讲解Web图像和动画制作方法和技巧。

能力目标

- 将网页详情页切片
- 优化Web图像
- 制作旋转的太阳小动画
- 制作跑马灯小动画

技能要求

- 将网页详情页切片的创建、选择、合并
- 对切片后的图像进行优化、存储优化结果
- 利用时间轴面板制作旋转的太阳小动画
- 利用时间轴并配合滤镜命令、图层混合模式制作跑马灯小动画

Photoshop CC

任务一 将网页详情页切片

任务内容

在制作网页时，通常要对网页进行分割，即制作切片。通过优化切片可以对分割的图像进行不同程度的压缩，以便减少图像的下载时间。下面就通过案例了解切片的创建、选择、合并等操作。

任务要求

掌握创建切片、选择切片、合并切片的操作。

01 绘制切片

切片工具的功能主要为在图像中分割、裁切要链接的部分或者样式不同的部分，选择工具箱中的切片工具，选项栏如图12-1所示。

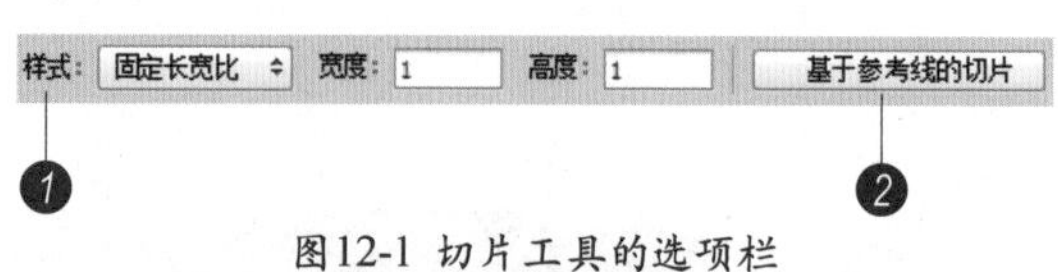

图12-1 切片工具的选项栏

❶ 样式：在此选择切片的类型。选择“正常”选项，通过拖动鼠标确定切片的大小；选择“固定长宽比”选项，输入切片的高宽比，可创建具有图钉长宽比的切片；选择“固定大小”选项，输入切片的高度和宽度，在画面单击，即可创建指定大小的切片。

❷ 基于参考线的切片：可以先设置好参考线，然后单击该按钮，让软件自动按参考线分切图像。

下面使用切片工具创建切片。

Step 01 打开“素材文件\模块12\木桶.jpg”文件，如图12-2所示。

图12-2 打开“木桶”文件

Step 02 选择切片工具，在创建切片的区域上单击并拖出一个矩形框，如图12-3所示。

图12-3 拖出一个矩形框

Step 03 释放鼠标即可创建一个用户切片，如图12-4所示。

图12-4 创建一个用户切片

Step 04 使用相同的方法，创建其他切片，如图12-5所示。

图12-5 创建其他切片

02 选择和调整切片

使用切片选择工具可以选择、移动和调整切片大小，选择工具箱中的切片选择工具，选项栏如图12-6所示。

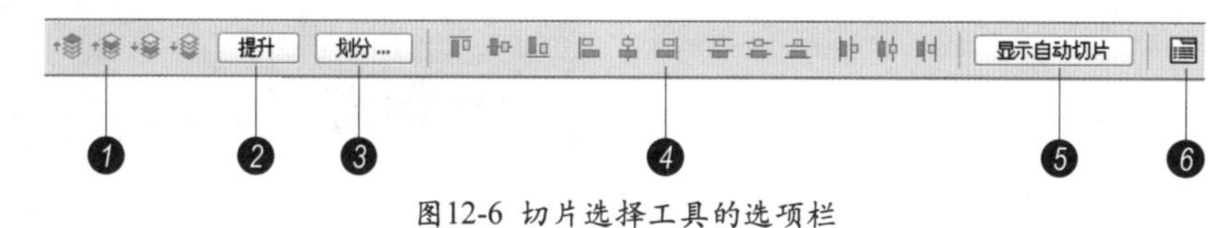

图12-6 切片选择工具的选项栏

❶ 调整切片堆叠顺序：在创建切片时，最后创建的切片是堆叠顺序中的顶层切片。当切片重叠时，可单击该选项中的按钮，改变切片的堆叠顺序，以便能够选择到底层的切片。

❷ 提升：将所选的自动切片或图层切片转换为用户切片。

❸ 划分：打开“划分切片”对话框对所选切片进行划分。

❹ 对齐与分布切片：选择多个切片后，单击该选项中的按钮可以对齐或分布切片，这些按钮的使用方法与对齐和分布图层的按钮相同。

❺ 隐藏自动切片：隐藏自动切片。

❻ 设置切片选项：在打开的“切片选项”对话框中设置切片名称、类型并指定URL地址等。

下面使用切片选择工具选择和调整切片。

Step 01 使用切片选择工具单击一个切片可将它选中，如图12-7所示。

Step 02 选择切片后，拖动切片定界框上的控制点可以调整切片大小，如图12-8所示。

图12-7 选中一个切片

图12-8 调整切片大小

Step 03 继续拖动切片定界框上的控制点调整切片大小，如图12-9所示。

图12-9 调整切片大小

技巧

选择切片后，按住“Shift”键拖动，则可将移动限制在垂直、水平或45°对角线的方向上；按住“Alt”键拖动，可以复制切片。

03 基于图层创建切片

基于图层创建切片，必须要非背景图层才能创建。下面基于图层创建切片。

Step 01 拖动矩形选框工具在下方创建选区，如图12-10所示。

图12-10 创建选区

Step 02 按“Ctrl+J”快捷键，将图像复制到新图层中，如图12-11所示。

图12-11 将图像复制到新图层中

Step 03 执行“图层→新建基于图层的切片”命令，基于图层创建切片，切片会包含该图层中所有的像素，如图12-12所示。

图12-12 执行“图层→新建基于图层的切片”命令

提示

当创建基于图层切片以后，移动和编辑图层内容时，切片区域也会随之自动调整。

04 提升切片

基于图层的切片与图层的像素内容相关联。当我们对切片进行移动、组合、划分、调整大小和对齐等操作时，唯一方法就是编辑相应的图层。只有将其转换为用户切片，才能使用切片工具对其进行编辑。

此外，在图像中，所有自动切片都链接在一起并共享相同的优化设置，如果要为自动切片设置不同的优化设置，也必须将其提升为用户切片。

使用切片选择工具选择要转换的切片，在其选项栏中单击“提升”按钮，如图12-13所示。

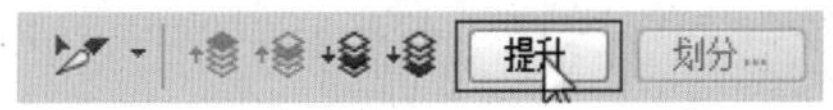

图12-13 单击“提升”按钮

通过前面的操作，即可将其转换为用户切片，如图12-14所示。

图12-14 转换为用户切片

05 划分切片

使用切片选择工具选择切片，单击其选项栏中的“划分”按钮，打开“划分切片”对话框，如图12-15所示；在对话框中可沿水平、垂直方向或同时沿这两个方向重新划分切片。

图12-15 “划分切片”对话框

❶ 水平划分为：选中该选项后，可在长度方向上划分切片。一共有两种划分方式，选择“个纵向切片，均匀分隔”选项，可输入切片的划分数目；选择“像素/切片”选项，可输入一个数值，基于指定数目的像素创建切片，如果按该像素数目无法平均地划分切片，则会将剩余部分划分为另一个切片。

❷ 垂直划分为：选中该项后，可在宽度方向上划分切片。

下面使用“划分切片”命令重新划分切片。

Step 01 选择切片选择工具，在“选项”栏中，单击“划分”按钮，弹出“划分切片”对话框，选中“水平划分为”复选项，设置3个纵向切片，均匀分隔，选中“垂直划分为”复选项，设置2个横向切片，均匀分隔，完成设置后，单击“确定”按钮，如图12-16所示。

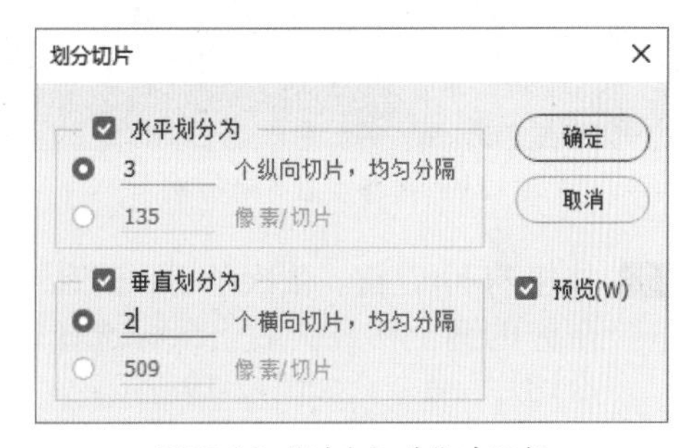

图12-16 “划分切片”对话框

Step 02 通过前面的操作，重新划分切片，效果如图12-17所示。

图12-17 重新划分切片

06 组合切片

创建切片后，还可以根据需要组合切片。下面动手组合切片。

Step 01 使用切片选择工具单击选择左上角的切片，如图12-18所示。

图12-18 选择左上角的切片

Step 02 按住“Shift”键，依次单击，同时选中下方的两个切片。右击鼠标选择“组合切片”命令，如图12-19所示。

Step 03 通过前面的操作，将选中的三个切片组合为一个切片，如图12-20所示。

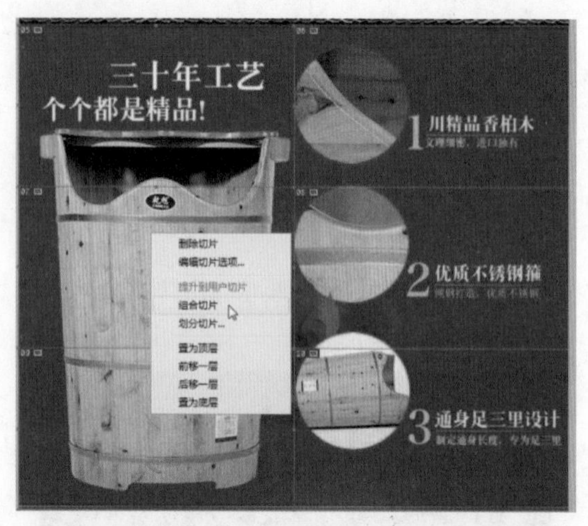

图12-19 选中下方的两个切片

图12-20 将选中的三个切片组合为一个切片

任务二 优化Web图像

任务内容

创建切片后还需对图像进行优化，以优化文件的大小。在Web上发布图像时，较小的文件可以使Web服务器更高效地存储和传输图像。

任务要求

掌握优化Web图像的方法并存储优化结果。

01 存储为Web所用格式

执行“文件→导出→存储为Web所用格式”命令，打开“存储为Web所用格式”对话框，如图12-21所示。使用对话框中的优化功能可以对图像进行优化和输出。

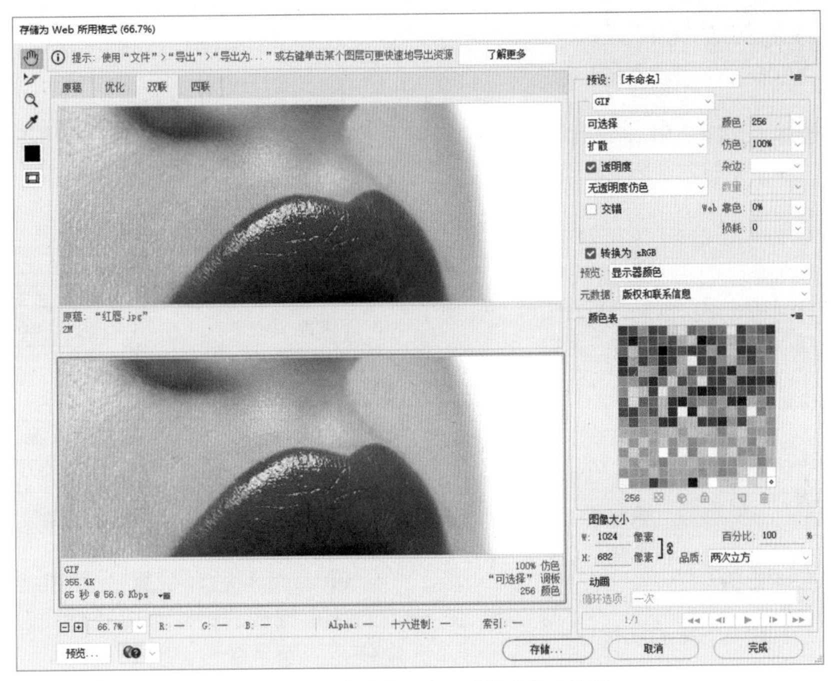

图12-21 “存储为Web所用格式”对话框

02 优化为JPEG格式

JPEG是用于压缩连续色调图像的标准格式。将图像优化为JPEG格式时采用的是有损压缩，它会有选择性地扔掉数据以减小文件的大小。

在“存储为Web和设备所用格式”对话框中的文件格式下拉列表中选择“JPEG”格式，可显示对应的优化选项，如图12-22所示。

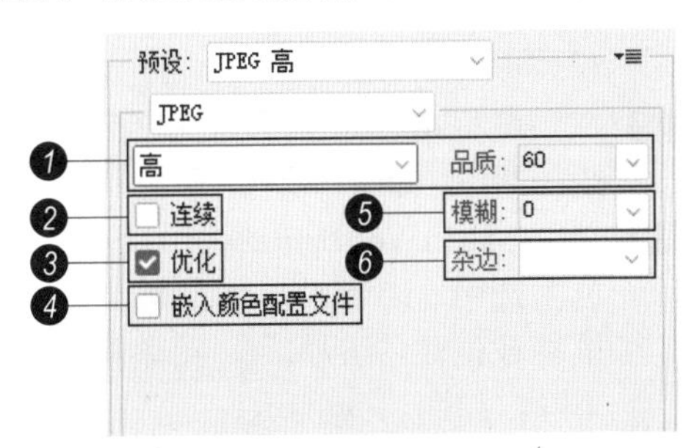

图12-22 优化选项

❶ 压缩品质/品质：用于设置压缩程度。“品质”值设置越高，图像的细节越多，生成的文件也越大。

❷ 连续：在Web浏览器中以渐进方式显示图像。

❸ 优化：如果要最大限度地压缩文件，建议使用优化的JPEG格式。

❹ 嵌入颜色配置文件：在优化文件中保存颜色配置文件。某些浏览器会使用颜色配置文件进行颜色的校正。

❺ 模糊：指定应用于图像的模糊量。可创建与“高斯模糊”滤镜相同的效果，并允许进一步压缩文件以获得更小的文件。

❻ 杂边：为原始图像中透明的像素指定一个填充颜色。

下面动手将切片优化为JPEG格式。

Step 01 打开“素材文件\模块12\红唇.jpg”文件。使用切片工具创建切片，如图12-23所示。

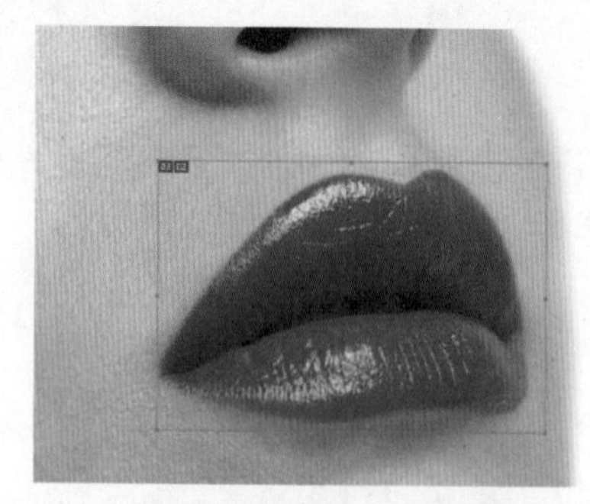

图12-23 使用切片工具创建切片

Step 02 执行“文件→导出→存储为Web所用格式”命令，打开“存储为Web所用格式”对话框，设置格式为JPEG，效果为最佳，如图12-24所示。

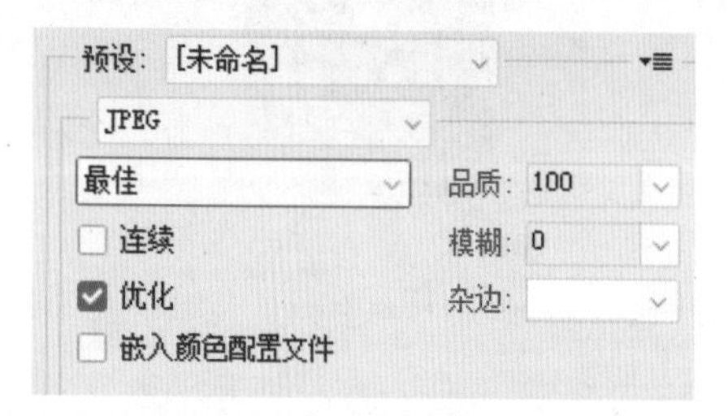

图12-24 设置格式为JPEG

Step 03 在预览框中，可以看到原图和优化图像的对比效果，视觉差别不大。优化后“切片1”文件大小为192K，适合网络传输，如图12-25所示。

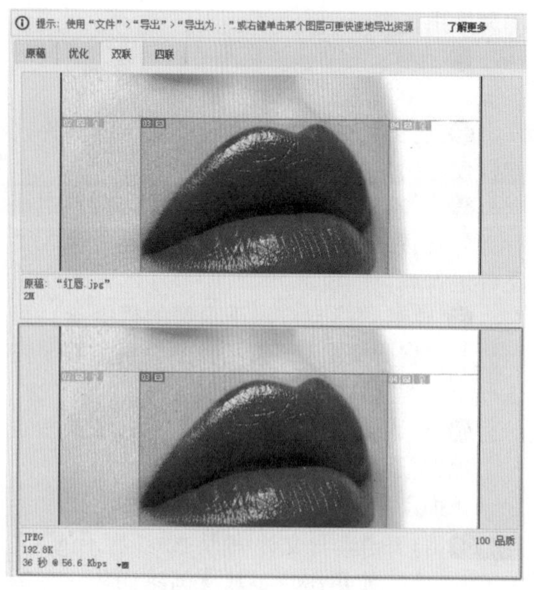

图12-25 原图和优化图像的对比效果

03 优化为GIF格式

GIF是用于压缩具有单调颜色和清晰细节的图像的标准格式，是一种无损压缩格式。这种格式支持8位颜色，因此可以显示多达256种颜色。

在“存储为Web设备所用格式”对话框的文件格式下拉列表中，选择GIF格式，可显示对应的优化选项，如图12-26所示。

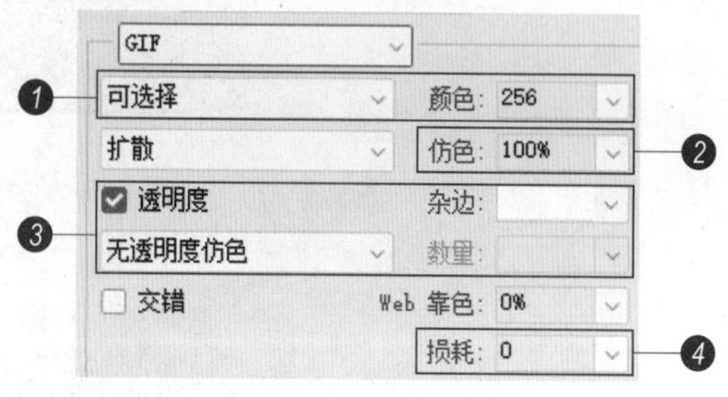

图12-26 选择GIF格式

❶ 减低颜色深度算法/颜色：指定用于生成颜色查找表的方法，以及想要在颜色查找表中使用的颜色数量。

❷ 仿色算法/仿色：“仿色”是值通过模拟计算机的颜色来显示系统中未提供的颜色的方法。

❸ 透明度/杂边：确定如何优化图像中的透明像素。

❹ 损耗：通过有选择地扔掉数据来减小文件大小，可以将文件减小5%到40%。

下面动手将剩下的图像优化为GIF格式。

Step 01 在“存储为Web所用格式”对话框中，单击选中“切片2”，如图12-27所示。

Step 02 在“存储为Web所用格式”对话框中，设置格式为GIF、颜色为10，如图12-28所示。

Step 03 在预览框中，可以看到优化后文件大小为20K，如图12-29所示。

Step 04 在“存储为Web所用格式”对话框中，单击选中“切片1”。可以看到，使用该参数优化“切片1”，图像质量有所下降，如图12-30所示。

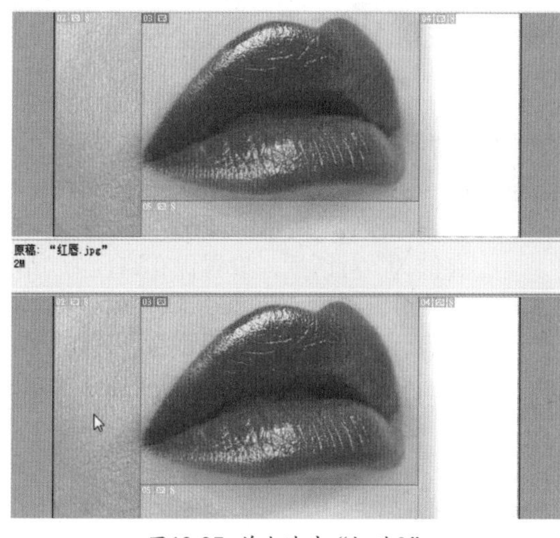

图12-27 单击选中“切片2”

图12-28 设置格式和颜色

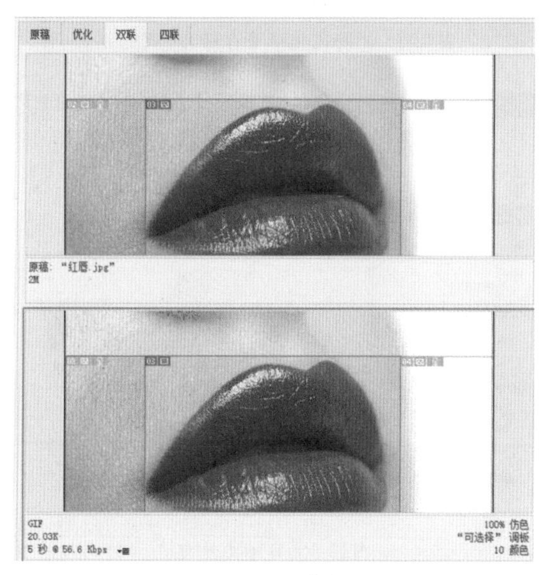

图12-29 预览框

Step 05 在“存储为Web所用格式”对话框中，设置“预设”为“GIF 64无仿色”，如图12-31所示。

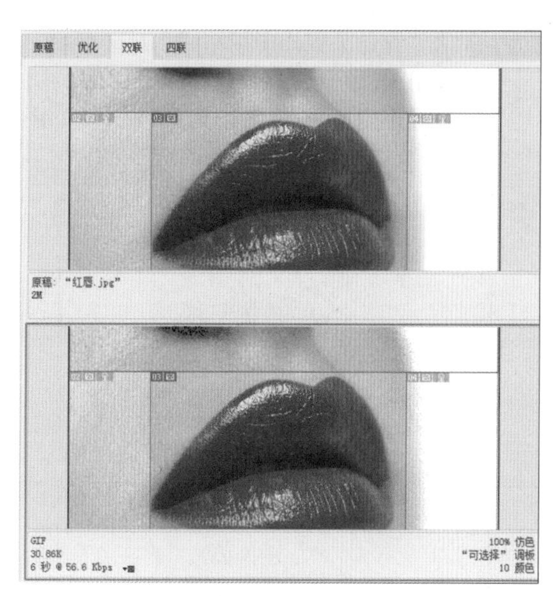

图12-30 GIF 64无仿色

图12-31 设置“预设”为“GIF 64无仿色”

Step 06 在预览框中，可以看到优化后文件大小为53.16K，如图12-32所示。

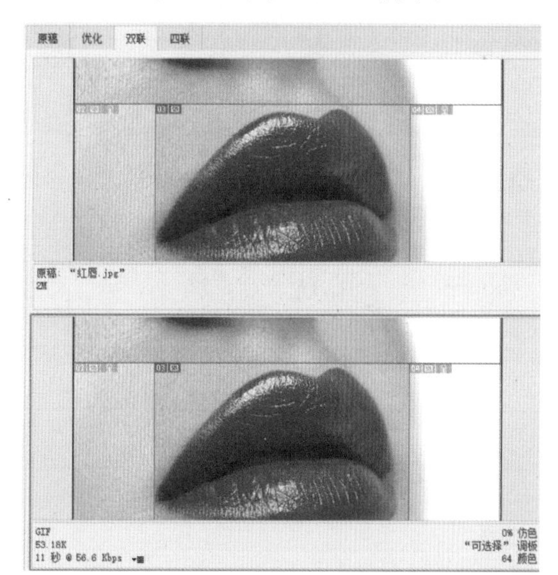

图12-32 预览框

Step 07 在“存储为Web所用格式”对话框中，单击选中“切片4”。使用相同的方法优化后，图像大小为5.244K，如图12-33所示。

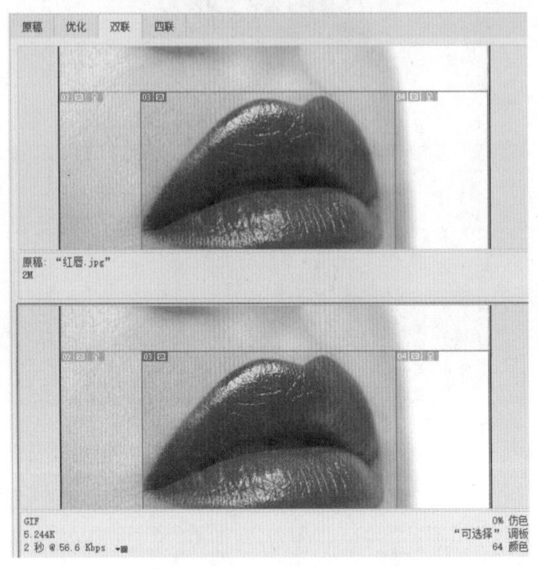

图12-33 预览框

Step 08 在“存储为Web所用格式”对话框中，单击选中“切片5”。使用相同的方法优化后，图像大小为17.04K，如图12-34所示。

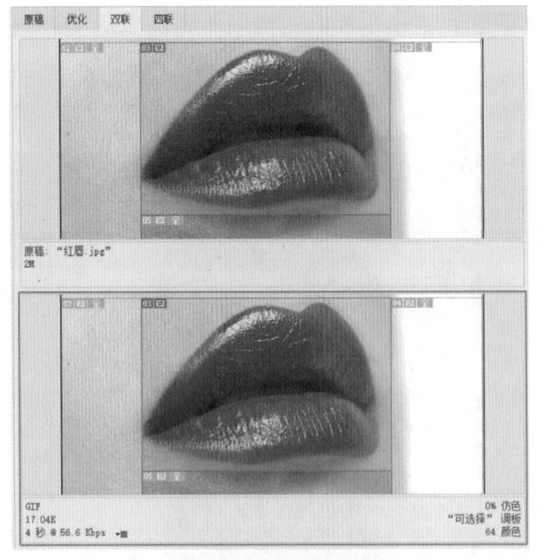

图12-34 预览框

04 存储优化结果

完成切片优化后，可以存储优化结果。下面动手存储切片优化后的结果。

Step 01 在“存储为Web所用格式”对话框中，单击“存储”按钮，弹出“将优化结果存储为”对话框。设置保存路径为“结果文件\模块12\”，设置“文件名”为红唇、“格式”为仅限图像、“切片”为所有切片，单击“保存”按钮，如图12-35所示。

图12-35 “将优化结果存储为”对话框

Step 02 打开目标文件夹，可以看到保存的优化图像，如图12-36所示。

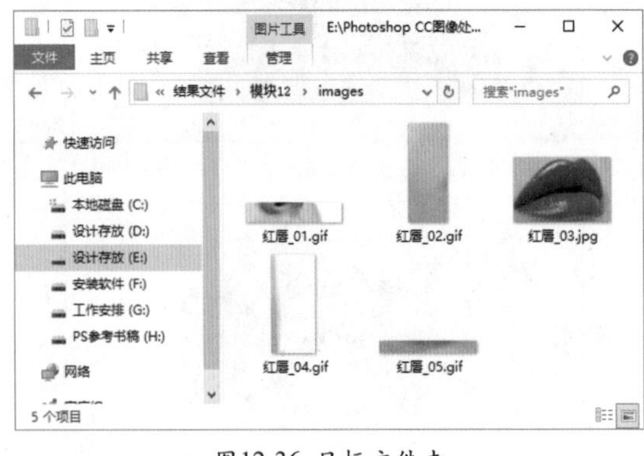

图12-36 目标文件夹

Step 03 选中优化的图像，可以看到，总大小为318KB，而优化前的原图像为2M，如图12-37所示。

> **提示**
>
> 优化图像时，对图像质量要求较高，色彩较丰富的通常优化为JPEG格式；色彩单一、质量要求稍低的，通常优化为GIF格式。

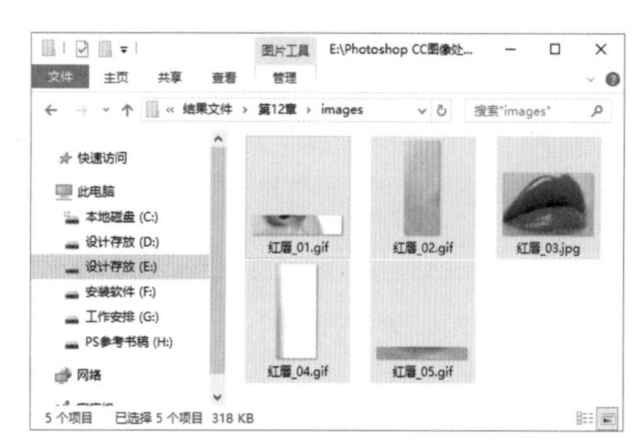

图12-37 选中优化的图像

任务三 制作旋转的太阳小动画

任务内容

动画是在一段时间内显示的一系列图像或帧，当每一帧较前一帧都有轻微的变化时，连续、快速地显示这些帧时就会产生运动或其他变化的视觉效果。在Photoshop CC中利用时间轴面板就可以制作动画效果。下面就通过制作旋转的太阳小动画来了解时间轴面板的用法。

任务要求

了解帧动画面板和视频时间轴的作用及用法。

参考效果图

图12-38 任务参考效果

01 帧动画

执行“窗口→时间轴”命令，打开时间轴面板。单击选择时间轴类别下拉按钮，在下拉菜单中选择“创建帧动画”命令，再单击“创建帧动画”按钮，切换到帧动画的时间轴面板。面板中会显示动画中的每个帧的缩览图，如图12-39所示。

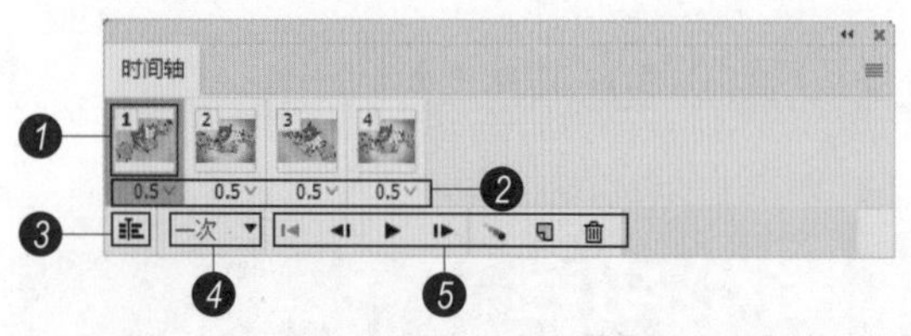

图12-39 帧动画的时间轴面板

❶ 当前帧：显示了当前选择的帧。

❷ 帧延迟时间：设置帧在回放过程中的持续时间。

❸ 转换为视频时间轴：单击该按钮，面板中会显示视频编辑选项。

❹ 循环选项：设置动画在作为动画GIF文件导出时的播放次数。

❺ 面板底部工具：单击按钮，可自动选择序列中的第一个帧作为当前帧；单击按钮，可选择当前帧的前一帧；单击按钮播放动画，再次单击停止播放；单击按钮可选择当前帧的下一帧；单击按钮打开“过渡”对话框，可以在两个现有帧之间添加一系列帧，并让新帧之间的图层属性均匀变化；单击按钮可向面板中添加帧；单击按钮可删除选择的帧。

下面动手用时间轴面板制作旋转的太阳小动画。

Step 01 打开“素材文件\模块12\植物.jpg”文件，如图12-40所示。

Step 02 打开“素材文件\模块12\太阳.jpg”文件，选中主体图，如图12-41所示。

Step 03 将太阳图像复制到植物图像中，调整大小和位置，如图12-42所示。

Step 04 在时间轴面板中，单击“创建帧动画”按钮，如图12-43所示。

Step 05 通过前面的操作，切换到帧动画的时间轴面板，如图12-44所示。

图12-40 打开“植物”文件

图12-41 打开“太阳”文件

图12-42 将太阳图像复制到植物图像中

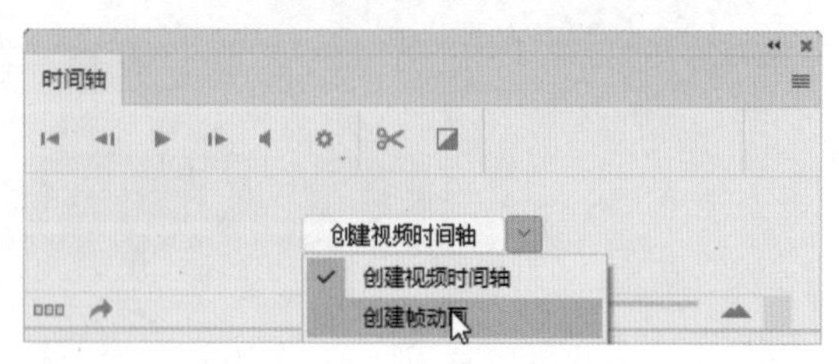

图12-43 单击“创建帧动画”按钮

图12-44 切换到帧动画面板

Step 06 在时间轴面板，单击“复制所选帧”按钮。复制生成帧2，如图12-45所示。

图12-45 单击“复制所选帧”按钮

Step 07 在图层面板中，更改“图层1”的“不透明度”为50%，如图12-46所示。

图12-46 更改“图层1”的“不透明度”

02 视频时间轴

视频时间轴面板显示了文档图层的帧持续时间和动画属性，可以为动态图像添加效果。单击时间轴面板左下方切换到视频时间轴图标，切换到视频时间轴面板。下面动手制作动画的变换过渡效果。

Step 01 更改帧1和帧2延迟为0.2秒，如图12-47所示。

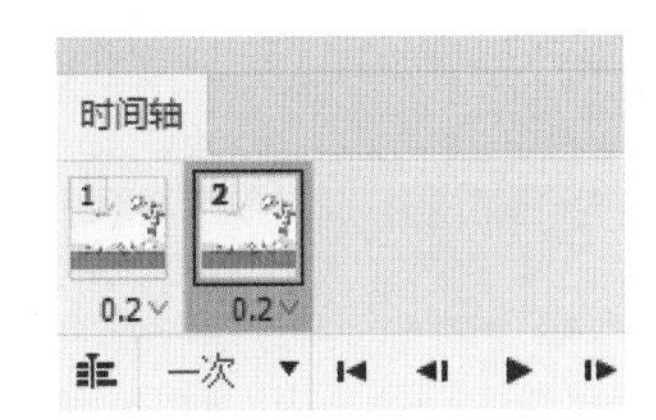

图12-47 更改帧1和帧2延迟为0.2秒

Step 02 单击时间轴面板右上角的扩展按钮。在打开的快捷菜单中，选择“转换为视频时间轴”命令，如图12-48所示。

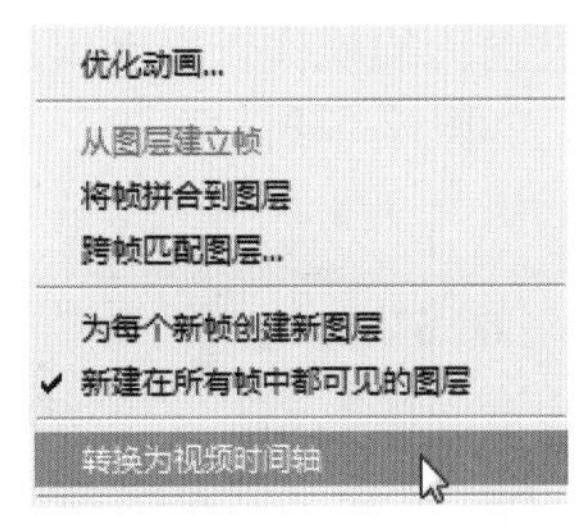

图12-48 选择“转换为视频时间轴”命令

Step 03 通过前面的操作，转换到视频时间轴面板，如图12-49所示。

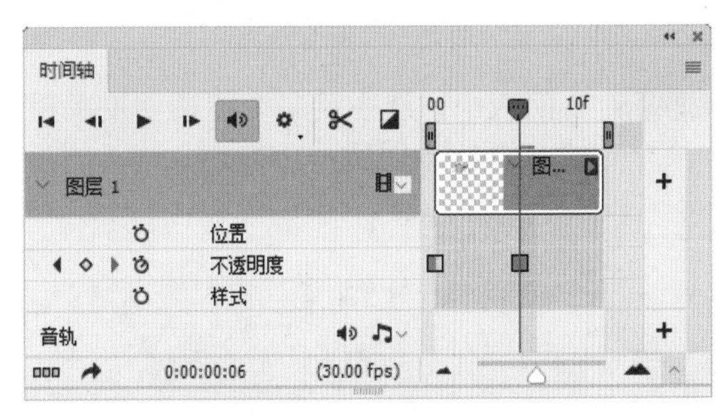

图12-49 转换到视频时间轴面板

Step 04 在时间轴面板中，单击右侧的按钮，如图12-50所示。

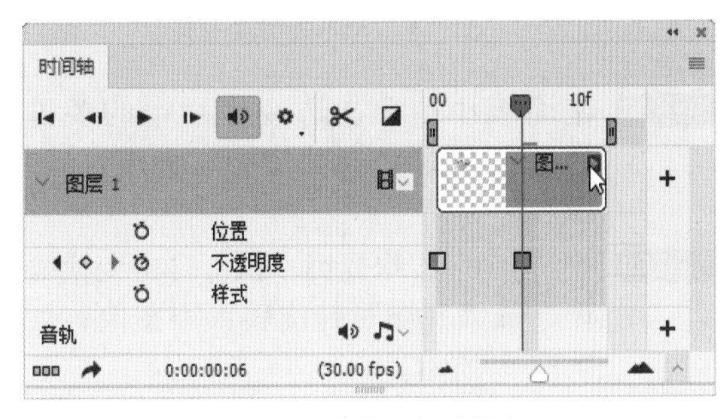

图12-50 单击右侧的按钮

Step 05 在弹出的“动感”对话框中，选择“旋转和缩放”选项，设置“旋转”为顺时针、“缩放”为放大，取消选中“调整大小以填充画布”复选项，如图12-51所示。

图12-51 “动感”对话框

Step 06 通过前面的操作，自动生成变换关键帧，如图12-52所示。

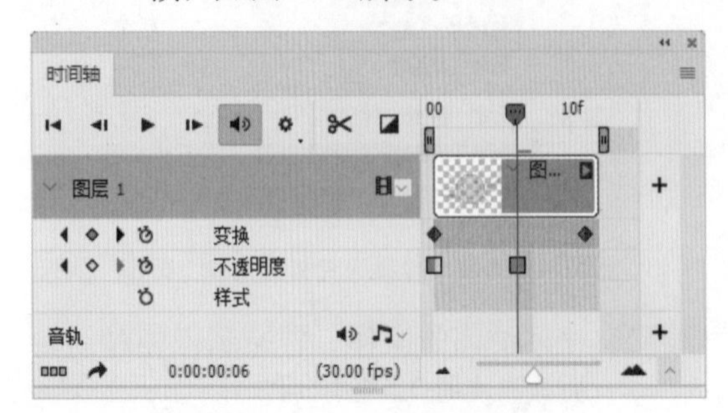

图12-52 自动生成变换关键帧

Step 07 在面板中，选中第二个不透明度关键帧，如图12-53所示。

图12-53 选中第二个不透明度关键帧

Step 08 在面板中，单击选变换栏中的关键帧按钮◆，添加关键帧，如图12-54所示。

Step 09 按“Ctrl+T”快捷键，执行自由变换操作，放大并顺时针旋转太阳图像，如图12-55所示。

Step 10 通过前面的操作完成动画效果的制作，单击面板中“播放”按钮►，如图12-56所示，即可预览动画效果。

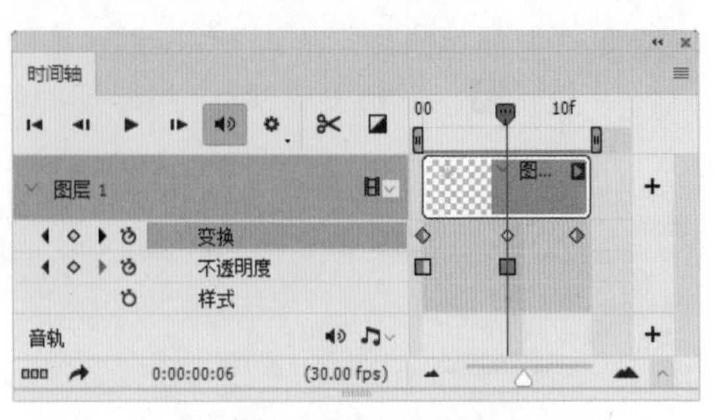

图12-54 添加关键帧

图12-55 放大并顺时针旋转太阳图像

图12-56 单击面板中“播放”按钮预览动画效果

综合实战 制作跑马灯小动画

任务内容

跑马灯是跳动的五彩灯光。在Photoshop CC中利用时间轴面板就可以制作灯光闪烁的效果，主要操作包括：①使用滤镜命令制作霓虹灯光的效果；②使用选框工具制作跑马灯效果；③使用时间轴面板制作灯光闪烁的效果。

任务要求

利用时间轴并配合滤镜命令、图层混合模式等为图像制作动态特效。

参考效果图

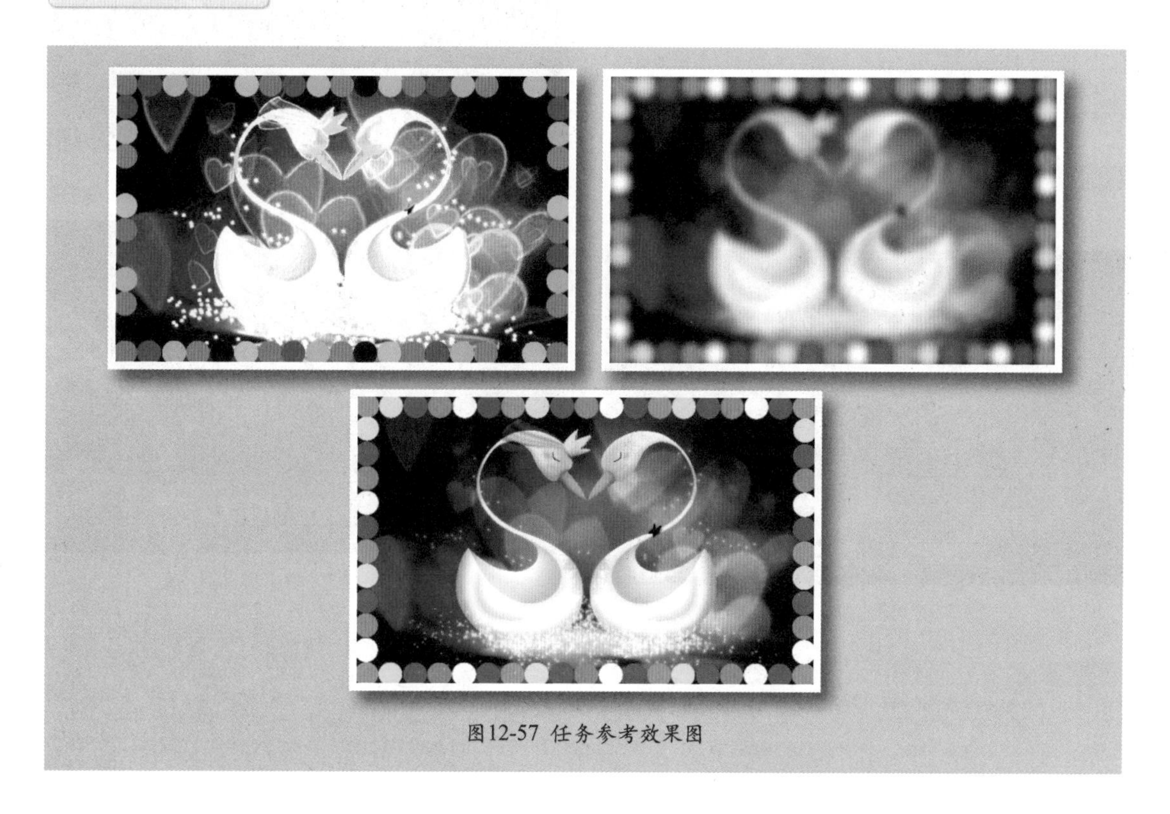

图12-57 任务参考效果图

Step 01 打开“素材文件\模块12\天鹅.jpg”文件，如图12-58所示。

图12-58 打开“天”文件

Step 02 按“Ctrl+J”快捷键，复制生成“图层”，如图12-59所示。

图12-59 复制生成“图层”

Step 03 执行“滤镜→滤镜库”命令，打开“滤镜库”对话框，选择“风格化”滤镜组中的“照亮边缘”滤镜，设置“边缘宽度”为6、“边缘亮度”为14、“平滑度”为4，如图12-60所示。

图12-60 设置“照亮边缘”滤镜属性

Step 04 通过前面的操作，得到照亮边缘图像效果，如图12-61所示。

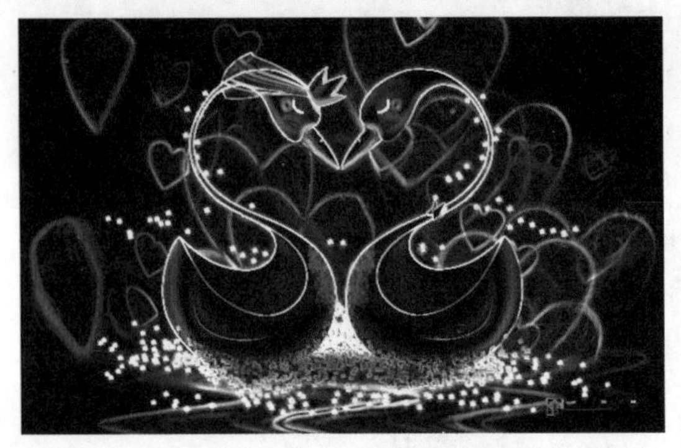

图12-61 照亮边缘图像效果

Step 05 在图层面板中，新建“图层2”，如图12-62所示。

图12-62 新建“图层2”

Step 06 使用椭圆选框工具创建选区，填充蓝色“#00A1E9”，如图12-63所示。

Step 07 按住“Ctrl+Alt”键复制移动椭圆，并填充黄色“#FFF100”，洋红“#E4007F”，绿色“#009944”，白色“#FFFFFF”，红色“#E60012”，如图12-64所示。

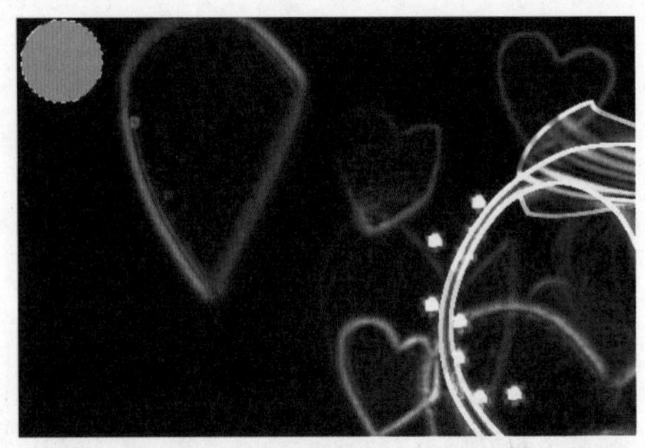

图12-63 创建圆形选区并填充蓝色

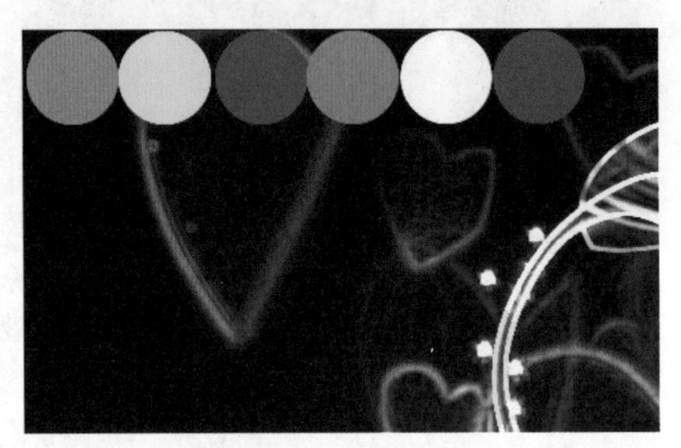

图12-64 继续绘制圆形

Step 08 在图层面板中，暂时隐藏“图层1”，如图12-65所示。

图12-65 隐藏“图层1”

Step 09 按住“Ctrl”键，单击“图层2”缩览图，载入选区。按住“Ctrl+Alt”键复制移动椭圆图像，直到铺满整个上边缘，如图12-66所示。

Step 10 重命名“图层2”为上边，复制图层并更名为下边，如图12-67所示。

Step 11 继续复制图层，更改图层名称为左边和右边，如图12-68所示。

图12-66 复制移动椭圆图像，直到铺满整个上边缘

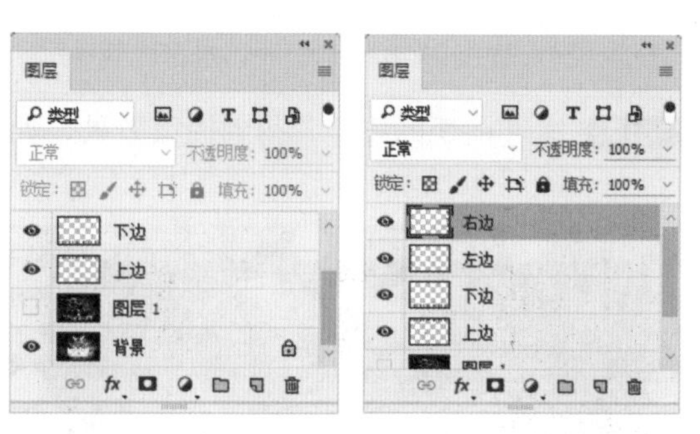

图12-67 下边图层　　图12-68 左边和右边图层

Step 12 使用移动工具将图像移动到适当位置，并调整方向，效果如图12-69所示。

图12-69 将图像移动到适当位置

Step 13 在图层面板中，同时选择4个边框图层，如图12-70所示。

Step 14 按“Ctrl+E”快捷键，合并选择的图层，更名为跑马灯，如图12-71所示。

Step 15 按“Ctrl+J”快捷键，复制生成“跑马灯拷贝”图层，如图12-72所示。

Step 16 按“Ctrl+I”快捷键，反相图层，如图12-73所示。

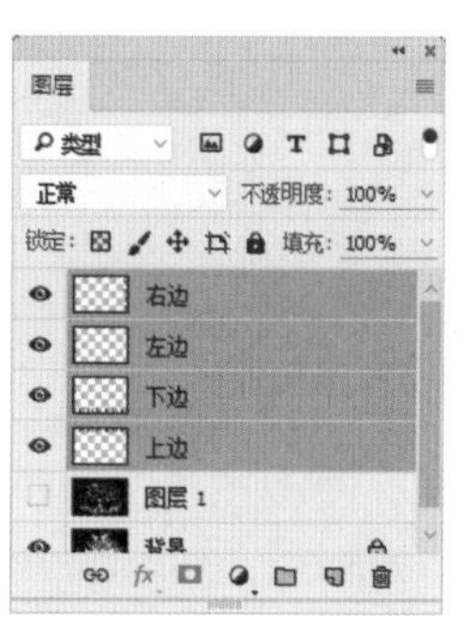

图12-70 选中4个边框图层　　图12-71 跑马灯图层

图12-72 跑马灯拷贝图层

图12-73 反相图层

Step 17 执行“窗口→时间轴”命令，打开时间轴面板。在时间轴面板中，单击“创建帧动画”按钮，如图12-74所示。

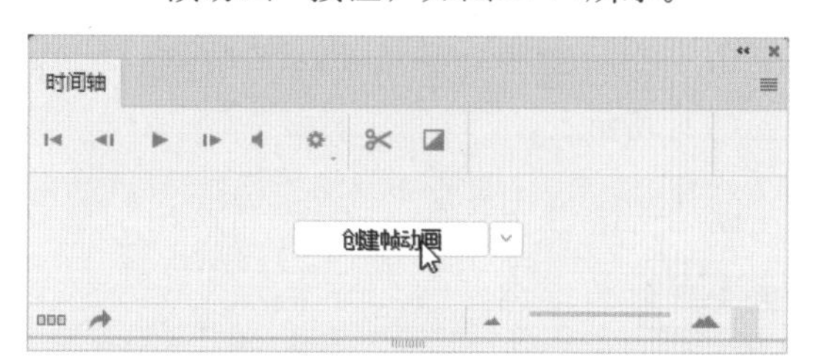

图12-74 单击“创建帧动画”按钮

Step 18 通过前面的操作，切换到帧动画时间轴面板，如图12-75所示。

图12-75 切换到帧动画时间轴面板

Step 19 显示“图层1”图层，更改图层混合模式为“线性减淡（添加）”，如图12-76所示。

图12-76 更改图层混合模式为“线性减淡（添加）”

Step 20 通过前面的操作，得到图像效果，如图12-77所示。

图12-77 图像效果

Step 21 在时间轴面板，单击“复制所选帧”按钮，复制生成帧2，如图12-78所示。

图12-78 复制生成帧2

Step 22 在图层面板中，隐藏“跑马灯拷贝”和“图层1”图层，如图12-79所示。

图12-79 隐藏“跑马灯拷贝”和“图层1”图层

Step 23 通过前面的操作，得到图像效果，如图12-80所示。

图12-80 图像效果

Step 24 在时间轴面板，单击“复制所选帧”按钮，复制生成帧3，如图12-81所示。

图12-81 复制生成帧3

Step 25 在图层面板中，复制“背景”和“跑马灯”图层，生成“背景拷贝”和“跑马灯拷贝2”图层，如图12-82所示。

Step 26 单击选中的“跑马灯拷贝2”图层，如图12-83所示。

Step 27 执行“滤镜→模糊→高斯模糊”命令，设置“半径”为20像素，单击“确定”按钮，如图12-84所示。

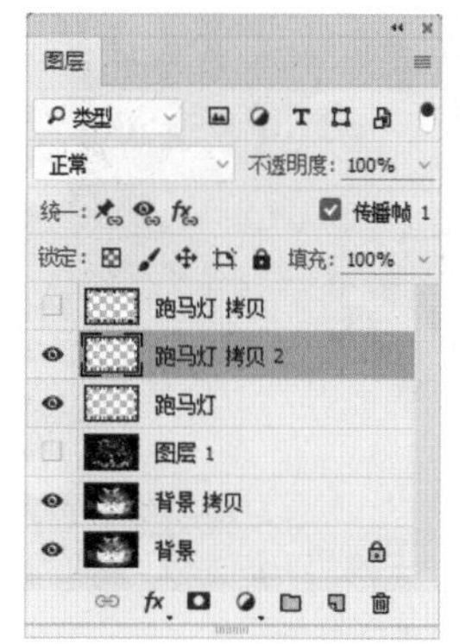

图12-82 生成图层

图12-83 选中图层

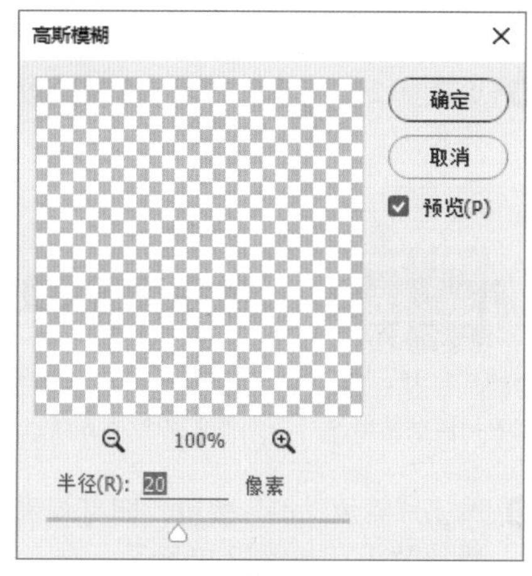

图12-84 设置“高斯模糊”滤镜属性

Step 28 通过前面的操作，得到图像模糊效果，如图12-85所示。

图12-85 图像模糊效果

Step 29 在图层面板中，单击选中“背景拷贝”图层，如图12-86所示。

Step 30 按“Ctrl+F”快捷键，重复执行“高斯模糊”滤镜命令，得到天鹅的模糊效果，如图12-87所示。

图12-86 选中“背景拷贝”图层

图12-87 天鹅的模糊效果

Step 31 在时间轴面板中，单击选中帧1，如图12-88所示。

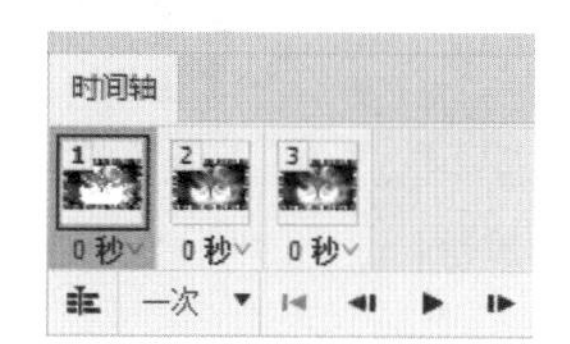

图12-88 选中帧1

Step 32 在图层面板中，调整图层显示和隐藏方式，如图12-89所示。

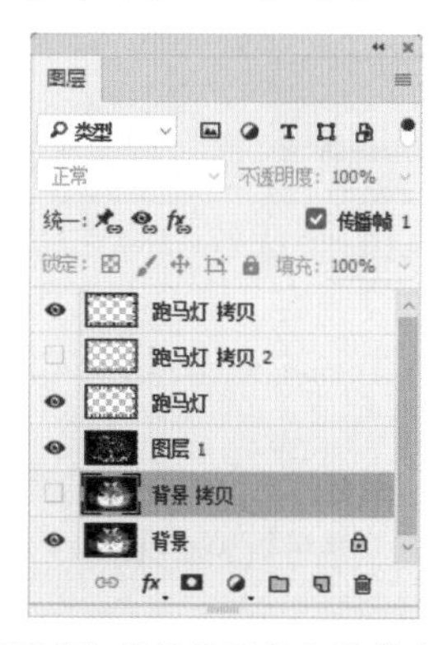

图12-89 整图层显示和隐藏方式

Step 33 第一帧的图像效果如图12-90所示。

图12-90 第一帧的图像效果

Step 34 在时间轴面板中，单击选中帧2，如图12-91所示。

Step 35 在图层面板中，调整图层显示和隐藏方式，如图12-92所示。

图12-91 选中帧2　　图12-92显示和隐藏图层

Step 36 第2帧图像效果如图12-93所示。

图12-93 第2帧图像效果

Step 37 将帧3拖动到帧2位置，调整帧顺序，如图12-94所示。

Step 38 更改帧2延迟为0.2秒。动画播放方式为永远，如图12-95所示。

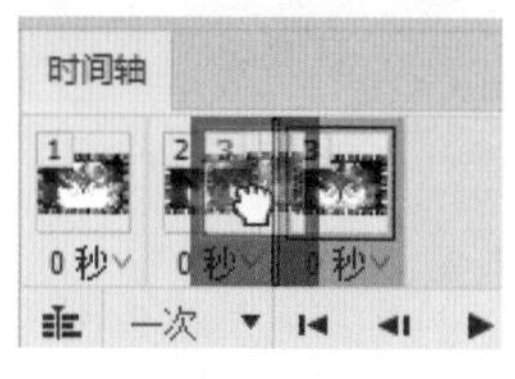

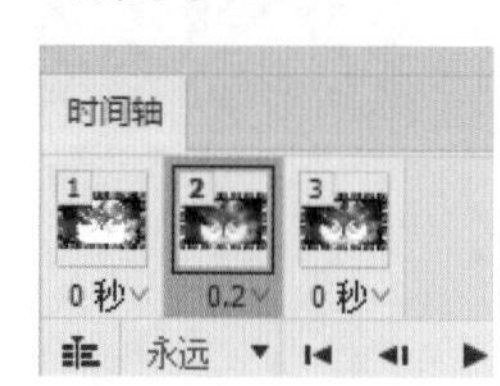

图12-94 调整帧顺序　　图12-95 动画播放方式

Step 39 单击“播放动画”按钮，即可观看动画播放效果，如图12-96所示。

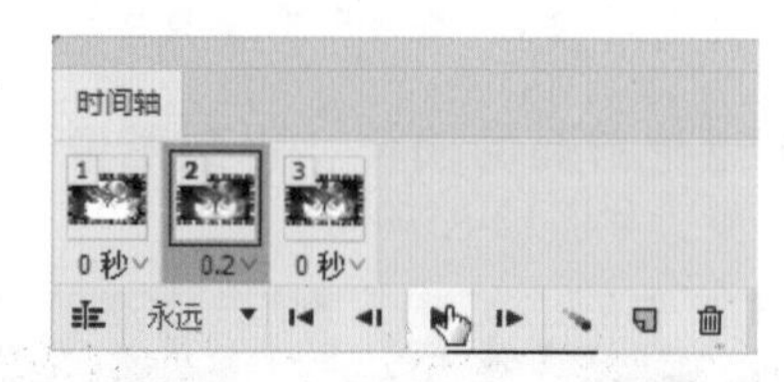

图12-96 单击“播放动画”按钮

小 结

本模块由3个任务和1个综合任务组成，主要讲述了切片的创建和编辑、Web图像优化和动画制作等内容。其中，切片和Web图像优化是制作网络图像十分重要的技术。学好这部分内容对今后的工作会有一定的帮助。熟练掌握动画制作功能则可以制作出一些有趣的动态图像。

模块中穿插了11个操作实例，旨在引导读者运用Photoshop CC提供的切片和Web图像优化功能完成“将网页详情页切片”“优化Web图像”“制作旋转的太阳小动画”“制作跑马灯小动画”等任务。

模块13 综合案例

Photoshop CC广泛应用在字体设计、创意合成设计、包装设计、Logo设计等领域。通过综合案例的学习，可以提高软件的实际操作能力。在本模块中，将从4个方面介绍Photoshop CC综合案例的制作方法。

本模块将从4个方面介绍Photoshop CC综合案例的制作方法。

能力目标

- 制作精美艺术字
- 制作合成特效
- 制作艺术画效果图像
- 设计商业广告

技能要求

- 综合运用Photoshop CC各项技能，主要包括：图层样式、图层蒙版、路径的创建和编辑、滤镜命令等操作，通过综合案例的训练，融会贯通各项技能。

Photoshop CC

任务一 精美艺术字案例

艺术字可以增加文字的艺术性，接下来制作艺术字，包括透明塑料字和立体字。

01 透明塑料字

本案例主要制作透明塑料字，通过降低“图层样式”中的“填充不透明度”可以制作透明文字效果，再通过“斜面与浮雕”“内阴影”“渐变叠加”等图层样式设置文字颜色以及添加塑料感，最终图像效果如图13-1所示。

图13-1 最终图像效果

Step 01 按“Ctrl+N”键执行“新建”命令，设置画布“宽度”为8厘米、“高度”4.5厘米、“分辨率”300像素，单击“确定”按钮，如图13-2所示。

新建
名称(N): 未标题-1
文档类型: 自定
大小:
宽度(W): 8 厘米
高度(H): 4.5 厘米
分辨率(R): 300 像素/英寸
颜色模式: RGB 颜色 8 位
背景内容: 白色
高级
颜色配置文件: 工作中的 RGB: sRGB IEC619...
像素长宽比: 方形像素
确定
取消
存储预设(S)...
删除预设(D)...
图像大小:
1.44M

图13-2 “新建”对话框

Step 02 设置前景色为白色，背景色为紫色“#8723AF”。选择渐变工具，在选项栏中设置渐变颜色为“从前景色到背景色渐变”，渐变方式为“径向渐变”，单击图像的中心位置向左下角拖动鼠标为“背景”图层填充渐变色，如图13-3所示。

图13-3 为“背景”图层填充渐变色

Step 03 执行“滤镜→杂色→添加杂色”命令，在“添加杂色”对话框中设置“数量”为3、“分布”为高斯分布，勾选“单色”复选框，如图13-4所示。

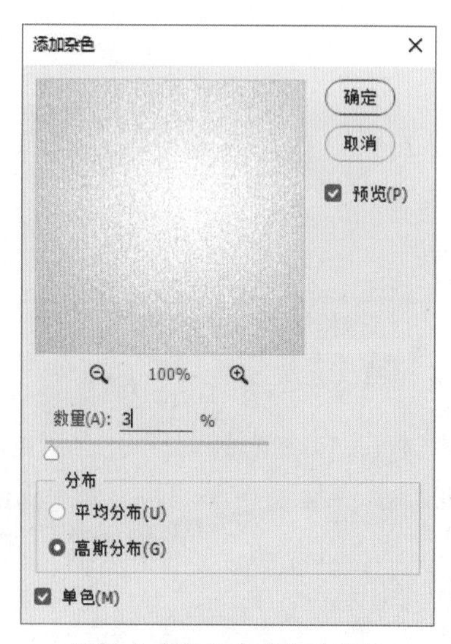

图13-4 “添加杂色”对话框

Step 04 输入文字，在选项栏设置“字体”为“Bauhaus 93”、“大小”为83、“颜色”为白色，如图13-5所示。

图13-5 输入文字

Step 05 双击文字图层，在“图层样式”对话框中，选择“混合选项”，设置“填充不透明度”为0，如图13-6所示。

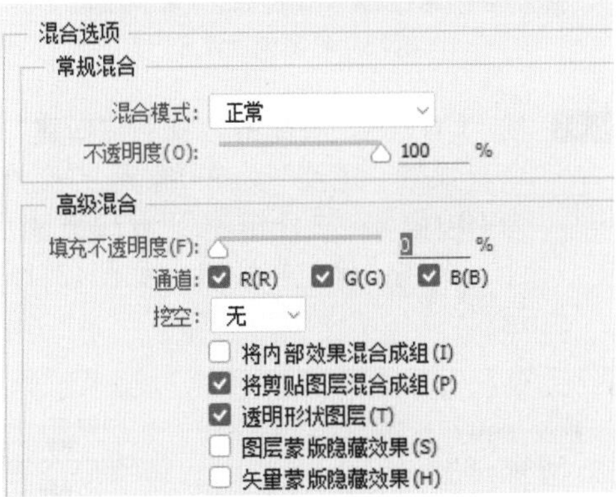

图13-6 设置“填充不透明度”为0

Step 06 选择“斜面与浮雕”选项，设置“样式”为内斜面、“方法”为平滑、“深度”为113、“方向”为上、“大小”为29像素、“软化”为2像素、“角度”为120度、“高度”为70度、“光泽等高线”为环形、“高光模式”为滤色、“高光颜色”为白色、“不透明度”为100、“阴影模式”为颜色加深、“阴影颜色”为黑色、“不透明度”为15，如图13-7所示。

Step 07 选择“等高线”选项，设置“内凹-深”等高线样式，如图13-8所示。

Step 08 选择“内阴影”选项，设置“混合模式”为正片叠底、“颜色”为紫色“#9966CC”、“不透明度”70、“角度”120度、“距离”16像素、“阻塞”5%、“大小”6像素、“等高线”为“线性”样式，如图13-9所示。

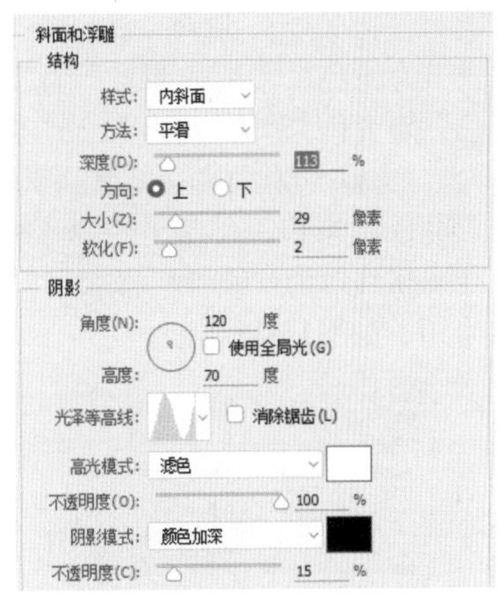

图13-7 “斜面与浮雕”选项

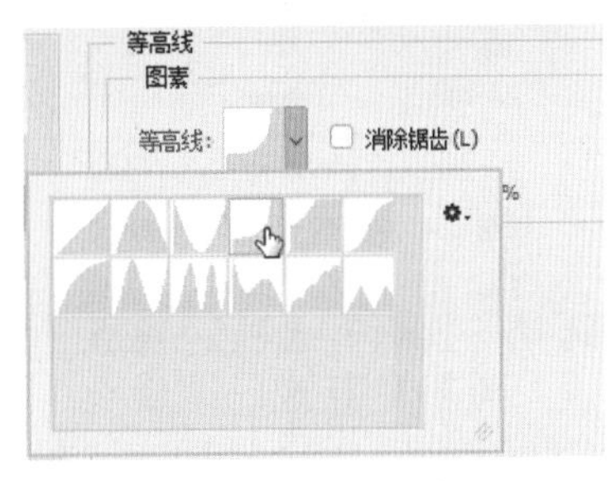

图13-8 “等高线”选项

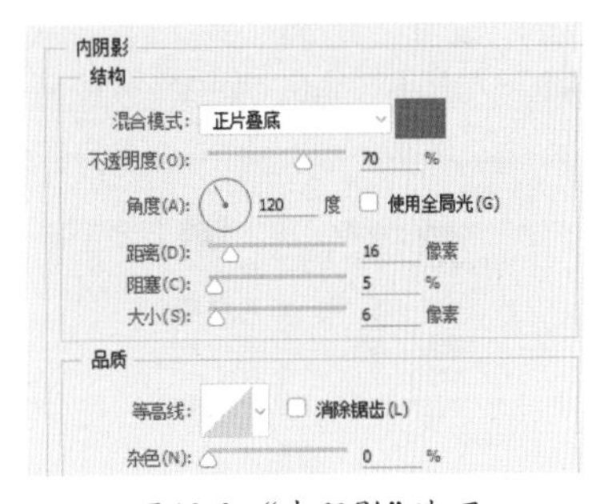

图13-9 “内阴影”选项

Step 09 选择“渐变叠加”选项，设置“混合模式”为正常、“不透明度”为25、“渐变颜色”为色谱、“样式”为线性、“角度”162度、“缩放”为150，如图13-10所示。

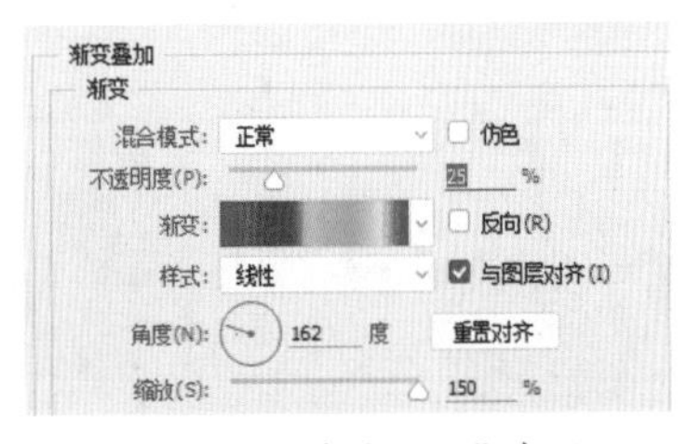

图13-10 “渐变叠加”选项

Step 10 选择“内发光”选项，设置“混合模式”为滤色、“不透明度”为75、“颜色”为黄色“#FFFFBE”、“杂色”为0、“方法”为柔和、“源”为边缘、“阻塞”为11、“大小”为18像素、“等高线”为“线性”样式、“范围”为50，如图13-11所示。

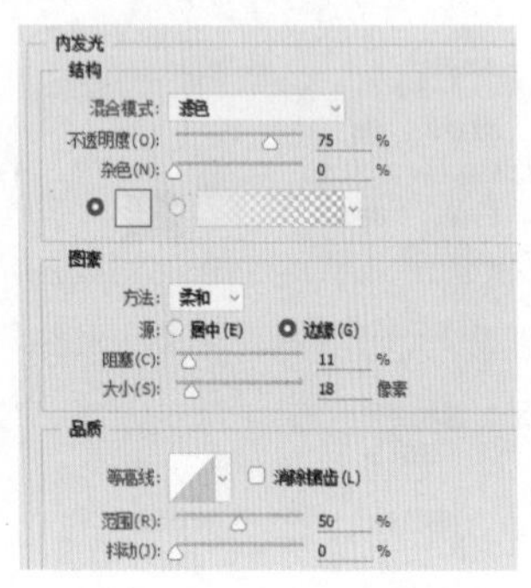

图13-11 “内发光”选项

Step 11 选择“投影”选项，设置“混合模式”为正片叠底、“颜色”为紫色“#663399”、“不透明度”为80、“角度”为120，勾选“使用全局光”复选项，设置“距离”为22、“扩展”为11、“大小”为6，如图13-12所示。

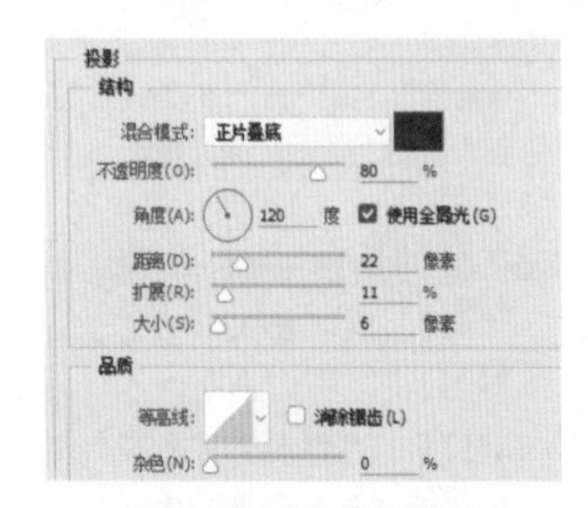

图13-12 “投影”选项

Step 12 通过前面的操作，完成透明塑料文字效果制作，如图13-13所示。

图13-13 透明塑料文字效果

02 立体字

本案例主要制作立体字，立体字要突出文字的透视效果。通过透视变换、复制图层、渐变工具和画笔工具，完成图像效果制作，如图13-14所示。

图13-14 图像效果

Step 01 按“Ctrl+N”快捷键，执行“新建”命令，设置“宽度”为600像素、“亮度”为400像素、“分辨率”为72像素/英寸，单击“确定”按钮，如图13-15所示。

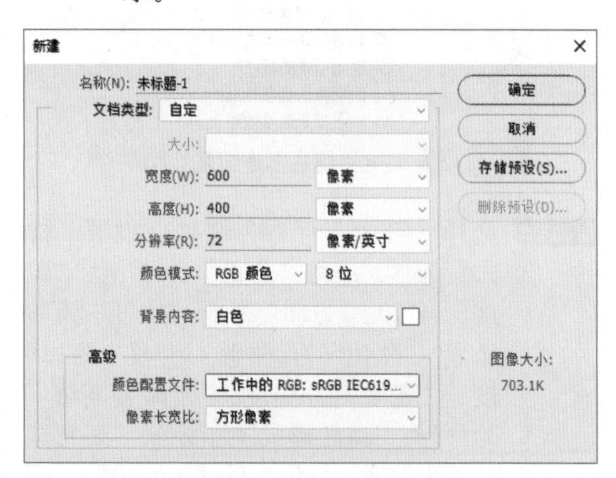

图13-15 “新建”对话框

Step 02 背景填充黑色，使用横排文字工具T输入白色文字“立体字”。在选项栏中，设置“字体”为方正超粗黑简体、“字体大小”为180点。按住“Ctrl”键，单击文字图层缩览图，载入文字选区，如图13-16所示。

Step 03 新建“图层1”，执行“编辑→描边”命令，设置“宽度”为2像素、“颜色”为青色“#0AF3E6”、“位置”为居外，单击“确定”按钮，如图13-17所示。

图13-16 载入文字选区

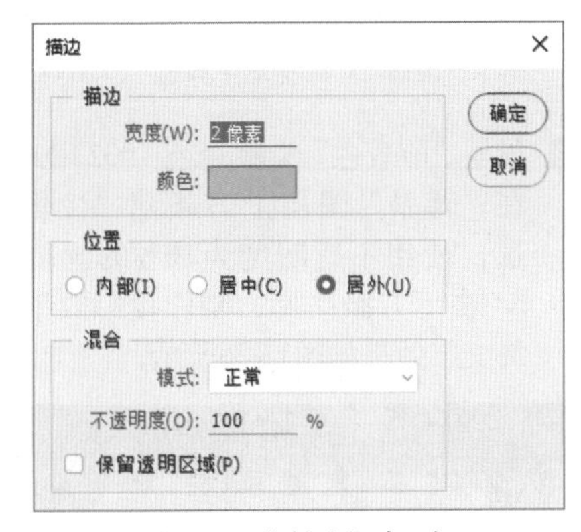

图13-17 “描边”对话框

Step 04 隐藏文字图层后，得到文字描边效果，如图13-18所示。

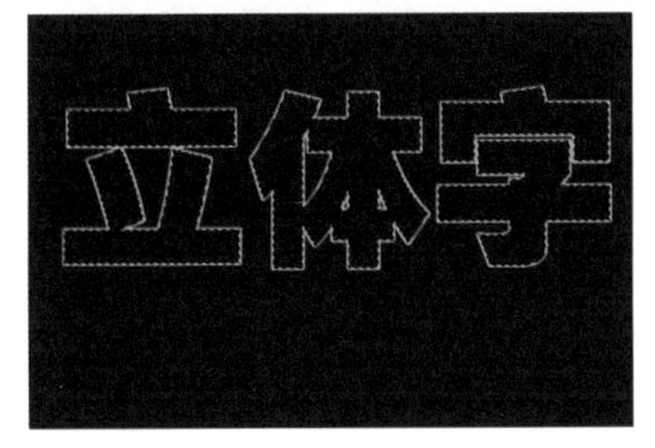

图13-18 文字描边效果

Step 05 执行“编辑→变换→透视”命令，得到透视效果，如图13-19所示。

图13-19 透视效果

Step 06 按“Ctrl+J”快捷键，复制“图层1”，更改图层“不透明度”为30%，按住“Ctrl”键，单击图层缩览图，载入图层选区，如图13-20所示。

图13-20 载入图层选区

Step 07 按住“Ctrl+Alt”快捷键，同时多次按“↓”方向键，形成立体效果，按“Ctrl+E”合并“图层1”及其拷贝图层，如图13-21所示。

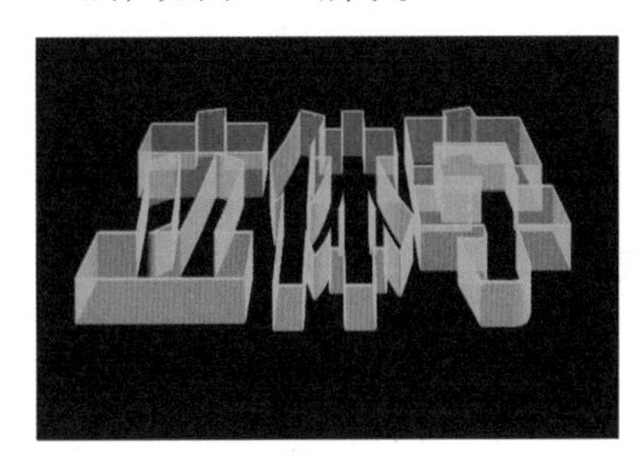

图13-21 立体效果

Step 08 栅格化文字图层，移动到最上方，进行相同的透视变形，如图13-22所示。

图13-22 透视变形

Step 09 使用渐变工具为背景填充青色渐变，如图13-23所示。

图13-23 为背景填充青色渐变

Step 10 选择“立体字”图层，单击“锁定透明度”按钮，锁定“立体字”图层透明度，如图13-24所示。

图13-24 锁定“立体字”图层透明度

Step 11 设置前景色为浅青色“#D5F8F6”，按“Alt+Delete”填充前景色，改变文字颜色，如图13-25所示。

图13-25 改变文字颜色

Step 12 设置“前景色”为深青色“#023D38”。在“背景”图层上方新建“投影”图层。使用不透明度为10%的画笔工具在下方涂抹吗，制作投影效果，最终文字效果如图13-26所示。

图13-26 最终文字效果

任务二 创意合成特效案例

创意合成首先要有好的创意，才能够创作出吸引力的作品。

01 水彩人物特效

水彩是流畅和透明的。它色彩丰富，能带给人多姿多彩的感觉，接下来的任务是打造水彩人物特效，如图13-27所示。

图13-27 水彩人物特效

Step 01 打开“素材文件\模块13\长发.jpg”文件，如图13-28所示。

图13-28 打开“长发”文件

Step 02 按“Ctrl+J”键复制背景图层，按“Ctrl+Shift+U”快捷键去除颜色，按“Ctrl+M”快捷键，执行“曲线”命令，调整曲线形状，如图13-29所示。

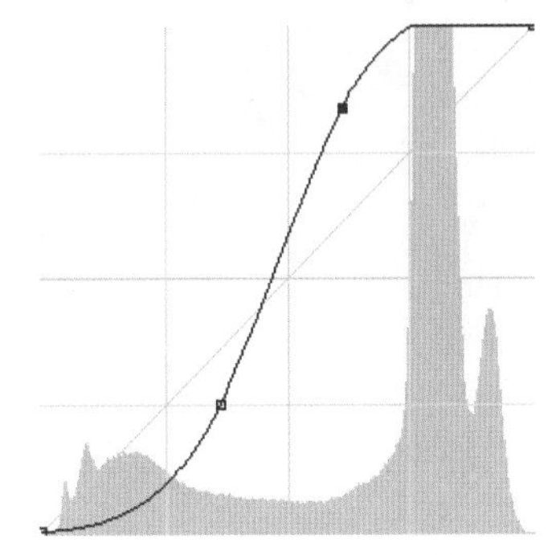

图13-29 调整曲线形状

Step 03 通过前面的操作，增大图像的对比度，如图13-30所示。

图13-30 增大图像的对比度

Step 04 执行“图像→调整→阈值”命令，设置“阈值色阶”为133，单击“确定”按钮，如图13-31所示。

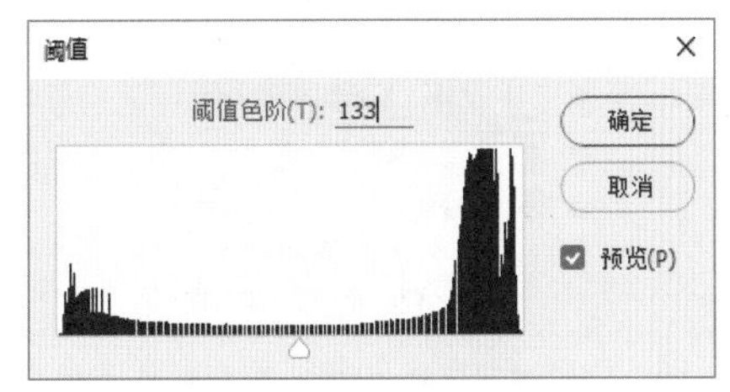

图13-31 设置“阈值色阶”

Step 05 通过前面的操作，得到黑白分明的图像效果，如图13-32所示。

图13-32 黑白分明的图像效果

Step 06 按“Ctrl+Alt+3”选中图像中的白色高光图像，如图13-33所示。

图13-33 选中图像中的白色高光图像

Step 07 打开“素材文件\模块13\水彩.jpg”文件。复制图像，切换到当前文件中，执行“编辑→选择性粘贴→贴入”命令，得到“图层1”并自带图层蒙版，如图13-34所示。

图13-34 得到“图层1”并自带图层蒙版

Step 08 按“Ctrl+T”执行自由变换操作，调整“图层1”的大小和位置，得到图像效果，如图13-35所示。

图13-35 图像效果

Step 09 单击“图层1”图层蒙版缩览图，按“Ctrl+I”快捷键，反相图像，如图13-36所示。

图13-36 反相图像

Step 10 反相图层蒙版后，得到图像效果，如图13-37所示。

Step 11 在“图层1”下方新建图层，设置前景色为浅黄色“#F9F4E5”，并按“Alt+Delete”填充前景色，得到最终效果，如图13-38所示。

图13-37 反相图层蒙版的图像效果

图13-38 设置前景色为浅黄色

02 合成火箭猫

猫是可爱的小动物，可是它们也充满攻击性。接下来在Photoshop CC中，合成火箭猫，最终图像效果如图13-39所示。

图13-39 火箭猫的最终图像效果

Step 01 按“Ctrl+N”快捷键，执行“新建”命令，设置“宽度”为800像素、“高度”为600像素、“分辨率”为72像素/英寸，单击“确定”按钮，如图13-40所示。

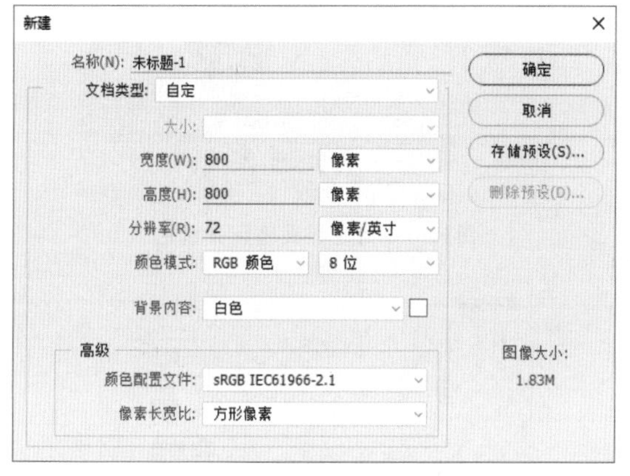

图13-40 “新建”对话框

Step 02 设置“前景色”为白色、“背景色”为灰色“#C9CACA”。选择渐变工具，在选项栏中，设置渐变颜色为从前景色到背景色渐变，单击“径向渐变”按钮，拖动鼠标，创建灰白渐变，如图13-41所示。

图13-41 创建灰白渐变

Step 03 打开“素材文件\模块13\猫.jpg”和“铅笔.jpg”文件，复制、粘贴到当前文件中，调整大小和位置，如图13-42所示。

Step 04 使用钢笔工具绘制路径，如图13-43所示。

Step 05 按“Ctrl+Enter”快捷键载入图层选区，按住“Alt”键的同时在图层面板中，单击“创建图层蒙版”按钮，如图13-44所示。

图13-42 复制、粘贴铅笔和小猫图像

图13-43 绘制路径

图13-44 单击“创建图层蒙版”按钮

Step 06 通过前面的操作，得到图层蒙版效果，如图13-45所示。

Step 07 为“图层1”添加图层蒙版，使用黑白画笔工具涂抹猫的身体后半部，隐藏图像，如图13-46所示。

图13-45 图层蒙版效果

图13-46 使用黑白画笔工具涂抹猫的身体后半部

Step 08 在“背景”图层上方，新建“图层3”，如图13-47所示。

图13-47 新建“图层3”

Step 09 使用椭圆选框工具创建椭圆选区，填充灰色“#A4A4A4”，如图13-48所示。

Step 10 按“Ctrl+D”快捷键取消选区。执行“滤镜→模糊→高斯模糊”命令，设置“半径”为20像素，单击“确定”按钮，如图13-49所示。

图13-48 创建椭圆选区并填色

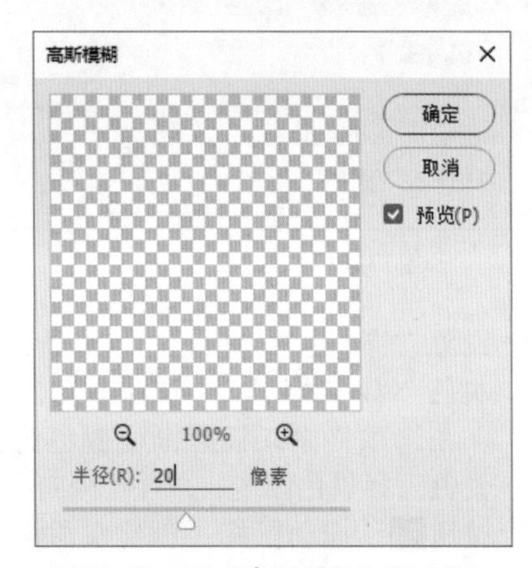

图13-49 设置“高斯模糊”滤镜属性

Step 11 同时选中三个图层，按“Ctrl+T”快捷键，执行自由变换操作，适当旋转图像，如图13-50所示。

图13-50 适当旋转图像

Step 12 复制“图层2”，执行“滤镜→模糊→动感模糊”命令。设置“角度”为-19度，“距离”为179像素，单击“确定”按钮，如图13-51所示。

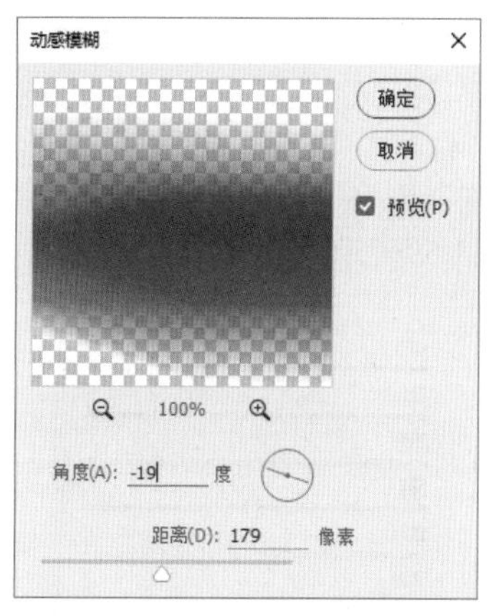

图13-51 设置“动感模糊”滤镜属性

Step 13 选择“图层3”，按“Ctrl+F”快捷键，重复滤镜命令，如图13-52所示。

图13-52 重复滤镜命令

Step 14 打开“素材文件\模块13\灯泡.jpg”文件，复制、粘贴到当前文件中，调整大小和位置。更改图层混合模式为“强光”，效果如图13-53所示。

图13-53 更改图层混合模式为“强光”后的效果

Step 15 为图层添加图层蒙版，使用50%不透明度的画笔工具在猫脸部涂抹，显示出脸部，最终效果如图13-54所示。

图13-54 最终图像效果

任务三 艺术画效果案例

平淡的数码照片，通过后期处理，可以焕发出别样的神采。

01 打造二次元动漫效果

动漫中打造的梦幻场景总是令人心醉。在Photoshop中通过滤镜的应用也可以将普通照片打造成二次元动漫效果，如图13-55所示。

图13-55 二次元动漫效果

Step 01 打开“素材文件\模块13\城市.jpg”文件，如图13-56所示。

图13-56 打开“城市”文件

Step 02 按“Ctrl+J”快捷键复制图层。执行“滤镜→滤镜库”命令，打开“滤镜库”对话框，选择“艺术效果”滤镜组中的“干笔画”滤镜，设置“画笔大小”为0、“画笔细节”为10、“纹理”为1，如图13-57所示。

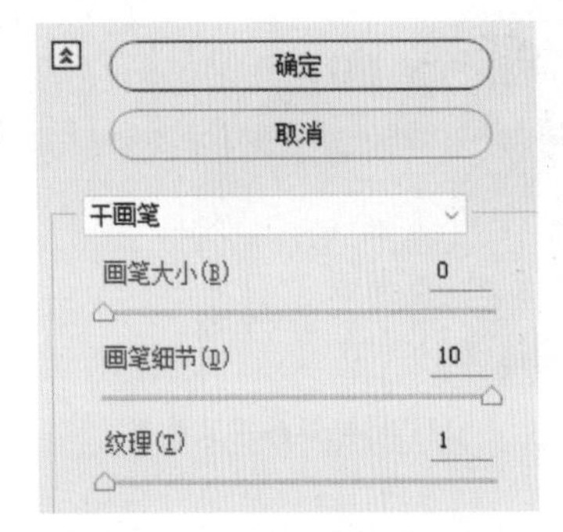

图13-57 “滤镜库”对话框

Step 03 通过前面的操作，图像效果如图13-58所示。

图13-58 图像效果

Step 04 “滤镜→Camera Raw滤镜”命令，设置“曝光度”为0.65、“对比度”为30、“白色”为30、“黑色”为70、“清晰度”为15、“自然饱和度”为15，如图13-59所示。

自动 默认值
曝光 +0.65
对比度 +30
高光 0
阴影 0
白色 +30
黑色 +70
清晰度 +15
去除薄雾 0
自然饱和度 15
饱和度 0

图13-59 设置“Camera Raw滤镜”属性

Step 05 单击HSL调整图标，先选择“色相”选项卡，然后设置“黄色”为19、“绿色”为-19、“浅绿色”为45、“蓝色”为-9，再选中“饱和度”选项卡，设置“红色”为20、“黄色”为9、“浅绿色”为-100、“蓝色”为20、“洋红”为25，如图13-60所示。

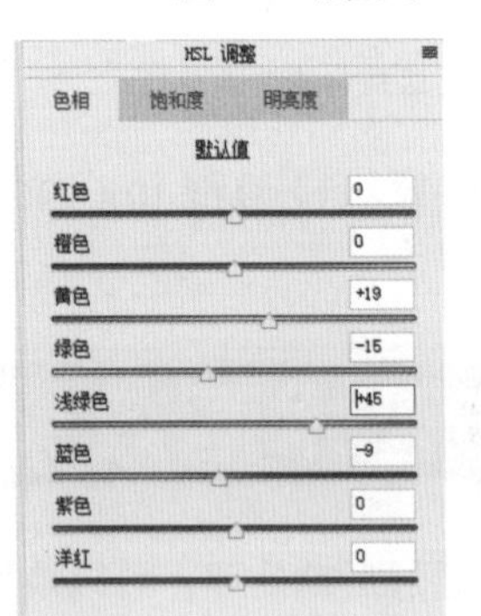

HSL 调整
色相 饱和度 明亮度
默认值
红色 +20
橙色 0
黄色 +9
绿色 0
浅绿色 -100
蓝色 +20
紫色 0
洋红 +25

图13-60 “色相”和“饱和度”选项卡

Step 06 通过前面的操作，图像效果如图13-61所示。

Step 07 执行“文件→置入嵌入的智能对象”命令，打开“置入嵌入对象”对话框，选择素材文件的保存路径，置入“天空.png”文件。添加图层蒙版，使用黑色画笔工具在蒙版上涂抹，融合图像，如图13-62所示。

图13-61 图像效果

图13-62 融合图像后的效果

Step 08 融合图像后天空色调不统一，新建“色相/饱和度”调整图层，选择“蓝色”，设置“色相”为-37、“饱和度”为12、“明度”为9，如图13-63所示。

图13-63 设置属性

Step 09 统一天空色调后图像效果如图13-64所示。

Step 10 按“Ctrl+Shift+Alt+E”盖印可见图层，并将其置于图层最上方。执行“滤镜→渲染→镜头光晕”命令，移动光晕中心点到右上角，设置“镜头类型”为50~300毫米变焦、“变亮”为120，如图13-65所示。

图13-64 统一天空色调后图像效果

图13-65 设置“镜头光晕”滤镜属性

Step 11 通过前面的操作，图像效果如图13-66所示。

图13-66 图像最终效果

02 打造彩铅手绘图像

彩铅画是很多人喜欢的绘画形式，它色

彩丰富，表现细腻，能够很好地表现所绘的对象。在Photoshop中也可以将一张普通照片打造成彩铅画的效果，如图13-67所示。

图13-67 彩铅画的效果

Step 01 打开“素材文件\模块13\火车.jpg”文件，如图13-68所示。

图13-68 打开“火车”文件

Step 02 按“Ctrl+J”复制背景图层，得到“图层1”。按“Ctrl+Shift+U”执行“去色”命令，将彩色图像转换为黑白图像，如图13-69所示。

图13-69 将彩色图像转换为黑白图像

Step 03 按“Ctrl+J”复制“图层1”，按“Ctrl+I”反相图像，效果如图13-70所示。

图13-70 反相图像

Step 04 设置“图层1拷贝”图层混合模式为“颜色减淡”，如图13-71所示。

图13-71 设置图层混合模式为“颜色减淡”

Step 05 执行“滤镜→其他→最小值”命令，设置“半径”为4像素，如图13-72所示。

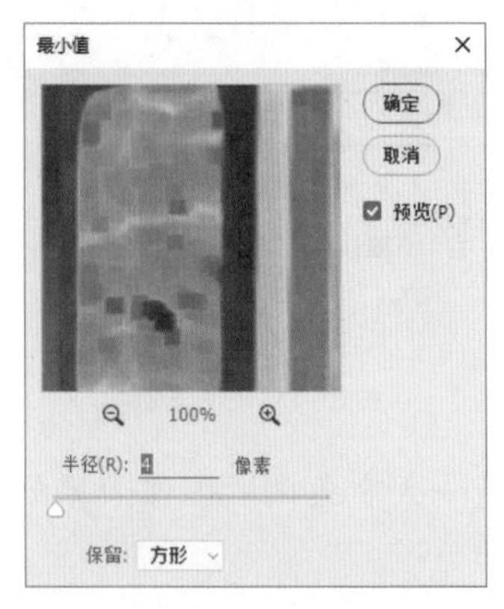

图13-72 设置“半径”

Step 06 图像效果如图13-73所示。

图13-73 图像效果

Step 07 单击图层面板底部“添加图层蒙版”按钮◘，为“图层1拷贝”图层添加蒙版，选中图层蒙版，执行“滤镜→杂色→添加杂色”命令，打开“添加杂色”对话框中，设置“数量”为150像素，如图13-74所示。

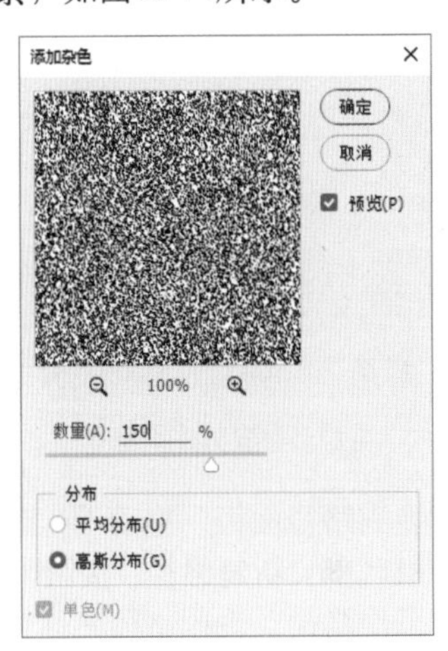

图13-74 “添加杂色”对话框

Step 08 图像效果如图13-75所示。

图13-75 图像效果

Step 09 选中图层蒙版，执行“滤镜→模糊→动感模糊”命令，打开“动感模糊”对话框，设置“角度”45度、“距离”30像素，如图13-76所示。

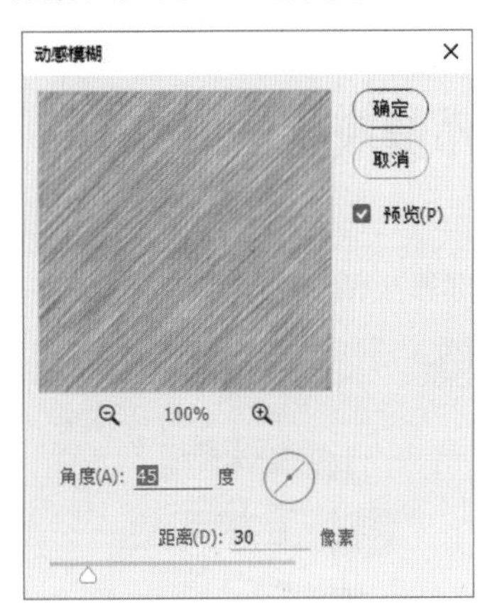

图13-76 设置“动感模糊”滤镜属性

Step 10 图像效果如图13-77所示。

图13-77 图像效果

Step 11 复制“背景”图层，将其放置图层最上方，设置图层混合模式为“颜色”，最终图像效果如图13-78所示。

图13-78 最终图像效果

任务四 商业广告设计案例

Photoshop CC广泛应用于商业设计中，主要包括LOGO、请柬、包装效果图设计等应用。

01 制作健康生活logo

Logo代表一种理念，具有高度凝聚性。接下来制作健康生活Logo，效果如图13-79所示。

图13-79 健康生活Logo

Step 01 执行“文件→新建”命令，设置“宽度”为11厘米、“高度”为7.2厘米、“分辨率”为300像素/英寸，单击“确定”按钮，如图13-80所示。

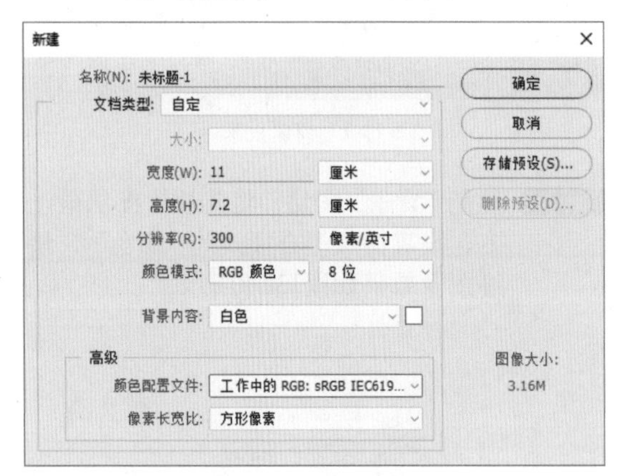

图13-80 “新建”对话框

Step 02 设置前景色为白色、背景色为橙色“#F09F35”。选择渐变工具，在选项栏设置渐变颜色为从前景色到背景色渐变、渐变方式为径向渐变，拖动鼠标填充渐变色，如图13-81所示。

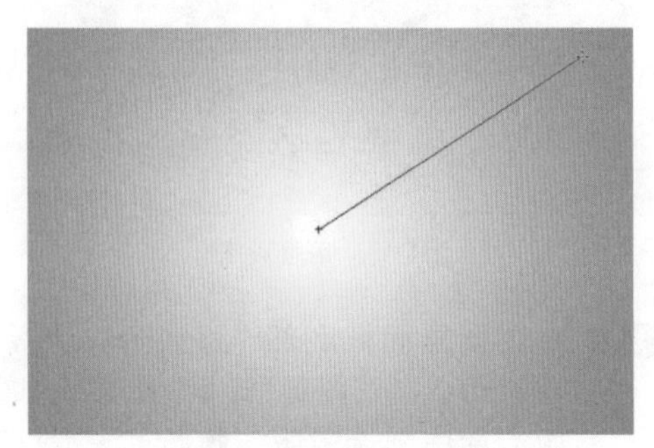

图13-81 填充渐变色

Step 03 使用钢笔工具绘制叶子路径，如图13-82所示。

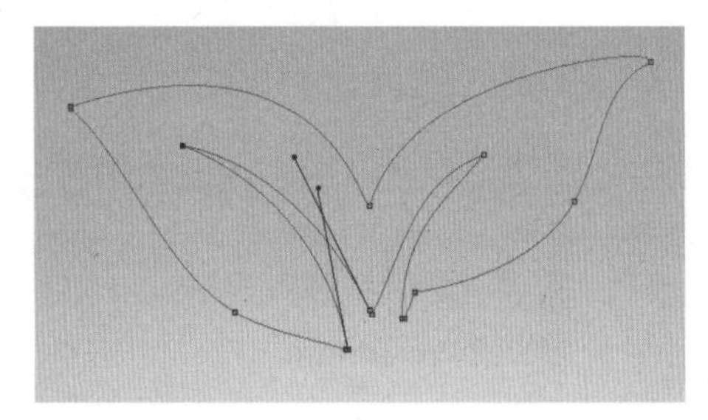

图13-82 绘制叶子路径

Step 04 切换到路径面板，拖动“工作路径”至面板底部“新建路径”按钮上，存储工作路径，更改路径名称为“叶”，如图13-83所示。

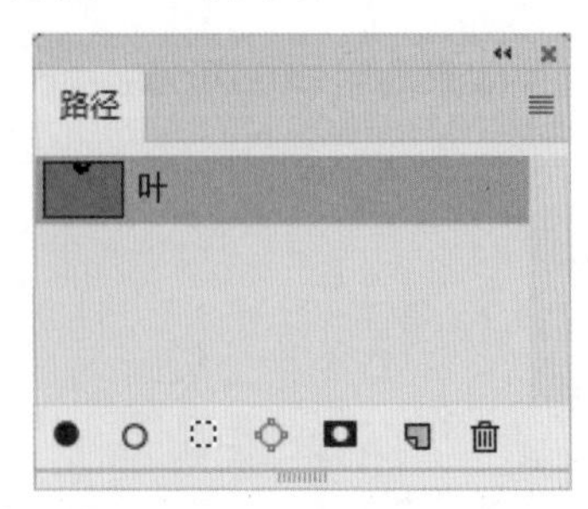

图13-83 更改路径名称为“叶”

Step 05 新建“叶子”图层。按“Ctrl+Enter”快捷键，载入路径选区，填充绿色“#90B929”，如图13-84所示。

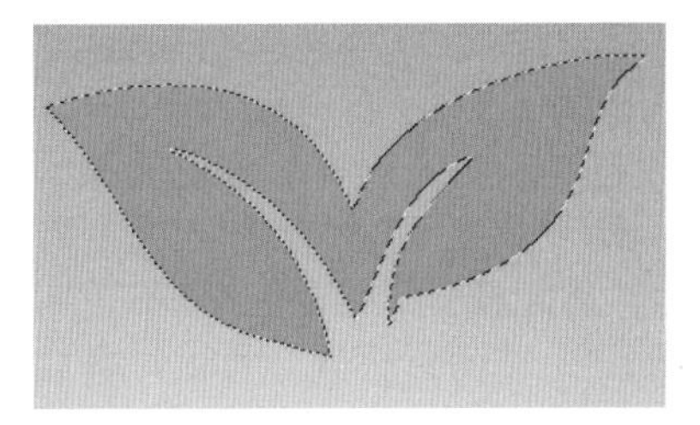

图13-84 填充绿色

Step 06 在路径面板中，新建“果”路径，如图13-85所示。

图13-85 新建“果”路径

Step 07 使用椭圆工具绘制椭圆路径，如图13-86所示。

图13-86 绘制椭圆路径

Step 08 新建“果”图层，载入选区后，使用渐变工具填充橙色“#EC691F”、黄色“#F0A725”渐变，如图13-87所示。

Step 09 在路径面板中，新建“条纹”路径，如图13-88所示。

Step 10 使用钢笔工具绘制条纹路径，如图13-89所示。

Step 11 在图层面板中，单击选中“果”图层，如图13-90所示。

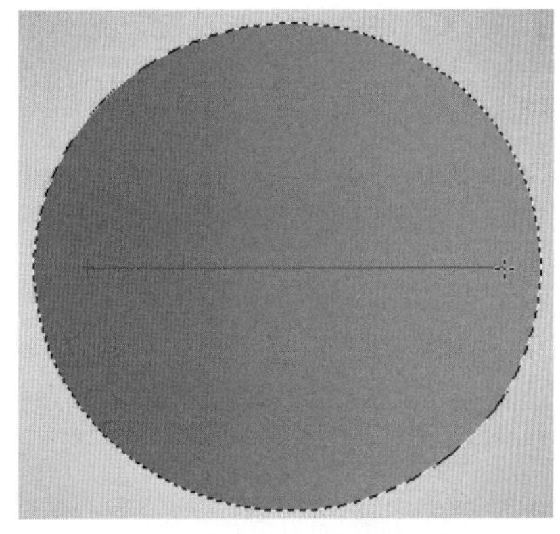

图13-87 使用渐变工具填充颜色

图13-88 新建“条纹”路径

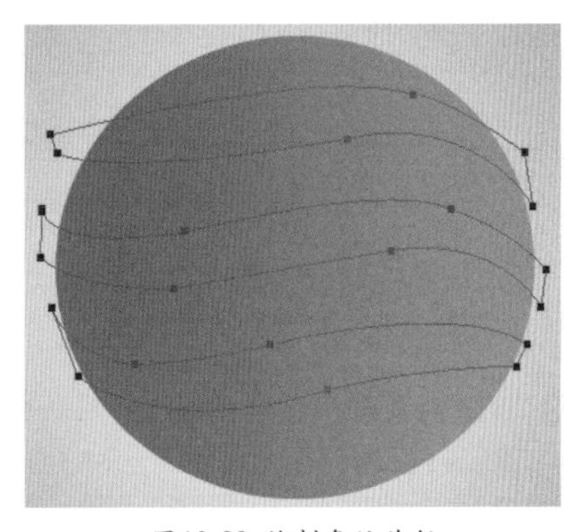

图13-89 绘制条纹路径

图13-90 选中“果”图层

Step 12 按“Ctrl+Enter”快捷键，载入路径选区，按“Delete”键删除部分图像，如图13-91所示。

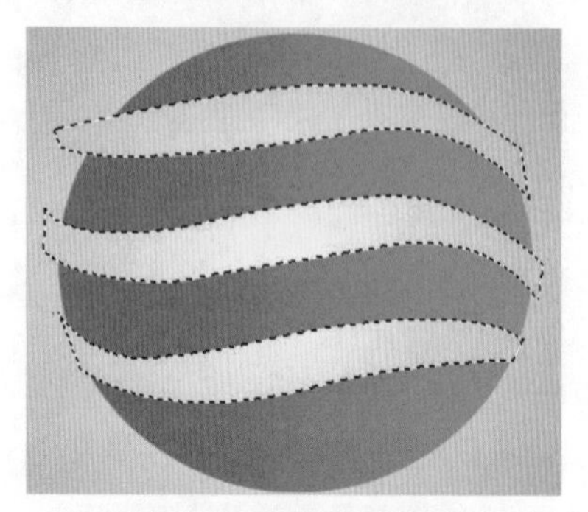

图13-91 删除部分图像

Step 13 双击图层，在“图层样式”对话框中，选中“描边”选项，设置“大小”为3像素、描边颜色为橙色“#EC691F”，如图13-92所示。

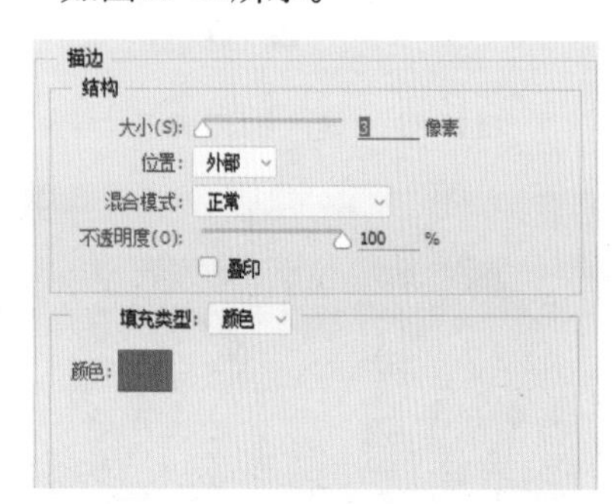

图13-92 “图层样式”对话框

Step 14 新建白条图层，使用钢笔工具绘制路径，并填充白色，如图13-93所示。

图13-93 绘制路径并填充白色

Step 15 双击“果”图层，在打开的“图层样式”对话框中，选中“斜面和浮雕”选项，设置“样式”为外斜面、“方法”为平滑、“深度”为115%、“方向”为上、“大小”为3像素、“软化”为1像素、“角度”为90度、“高度”为30度、“高光模式”为滤色、“不透明度”为50%、“阴影模式”为正片叠底、“不透明度”为50%，如图13-94所示。

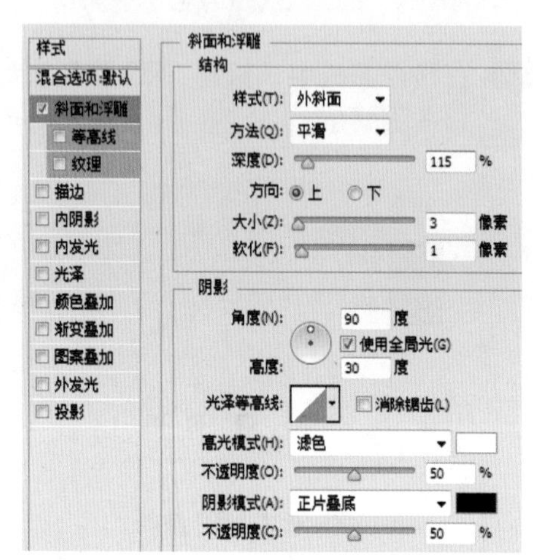

图13-94 “斜面和浮雕”选项

Step 16 通过前面的操作，得到浮雕图层效果，如图13-95所示。

图13-95 浮雕图层效果

Step 17 使用横排文字工具输入文字“健康生活”，更改文字颜色为橙色“#ED6C22”和黑色“#0B0401”。字体为黑体，文字大小为30点，如图13-96所示。

Step 18 选择背景图层，按“Ctrl+M”快捷键，执行曲线命令，向上方拖动曲线，如图13-97所示。

图13-96 输入文字

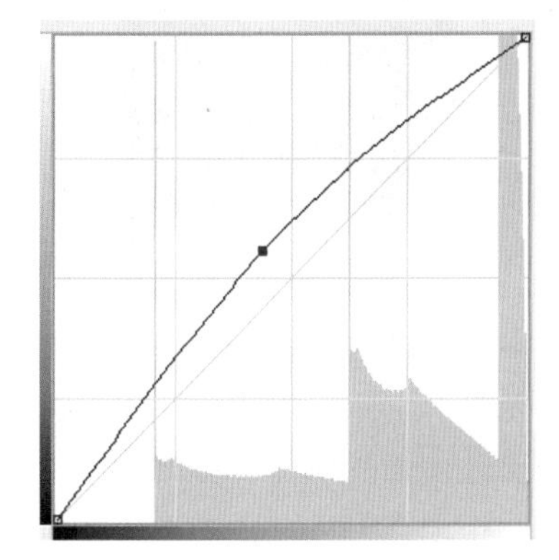

图13-97 向上方拖动曲线

Step 19 通过前面的操作，调亮背景图像，最终效果如图13-98所示。

图13-98 最终图像效果

02 制作请柬

请柬代表喜庆，本设计采用大红色作为主体色，点缀橙黄色，设计风格简洁大气，效果如图13-99所示。

Step 01 执行“文件→新建”命令，设置“宽度”为9厘米、“高度”为16厘米、“分辨率”为300像素/英寸，单击“确定”按钮，如图13-100所示。

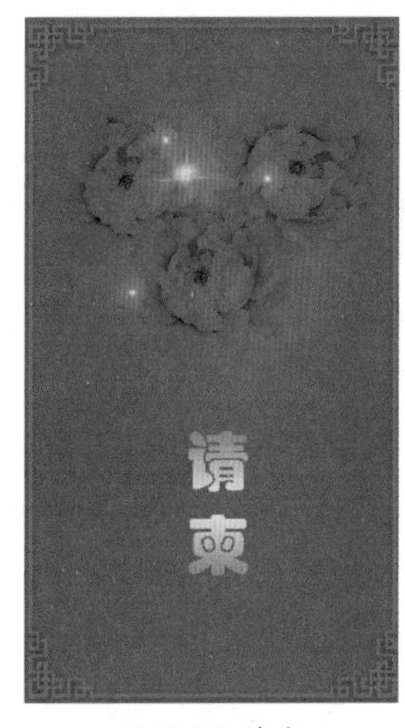

图13-99 请柬

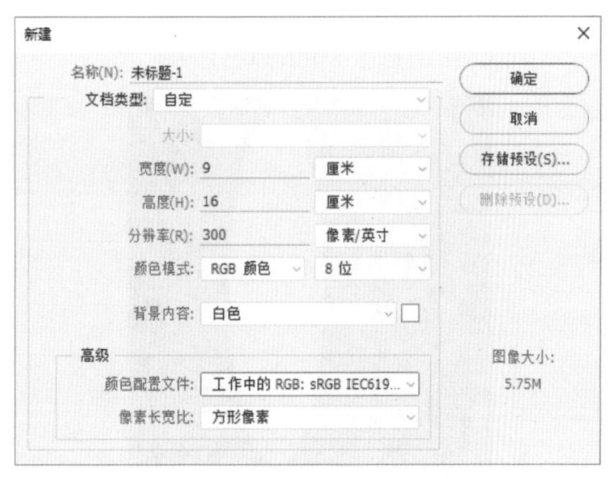

图13-100 “新建”对话框

Step 02 为背景填充深红色“#B10303”，如图13-101所示。

Step 03 打开“素材文件\模块13\螺纹.tif ”文件，如图13-102所示。

图13-101 填充背景

图13-102 打开文件

Step 04 更改图层混合模式为“颜色减淡”、“不透明度”为61%，如图13-103所示。

图13-103 更改图层混合模式和不透明度

Step 05 新建“高光”图层，使用椭圆选框工具创建选区，如图13-104所示。

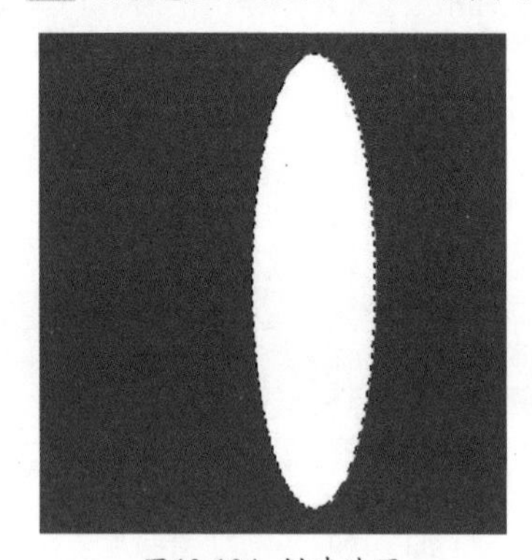

图13-104 创建选区

Step 06 执行“滤镜→模糊→动感模糊”，设置“角度”为90度，“距离”为680像素，单击“确定”按钮，如图13-105所示。

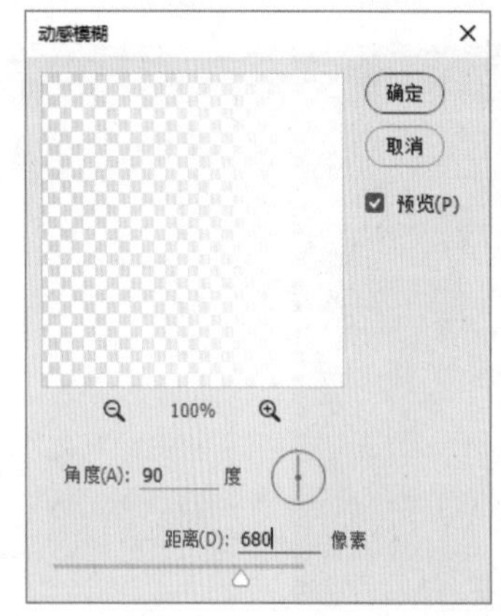

图13-105 设置“动感模糊”滤镜属性

Step 07 通过前面的操作，得到动感模糊效果，如图13-106所示。

图13-106 动感模糊效果

Step 08 更改“高光”图层混合模式为“柔光”，如图13-107所示。

Step 09 通过前面的操作，得到高光效果，如图13-108所示。

图13-107 更改图层混合模式

图13-108 高光效果

Step 10 使用椭圆选框工具创建椭圆选区，按“Shift+F6”快捷键，执行“羽化”命令，设置“羽化半径”为30像素，单击“确定”按钮，如图13-109所示。

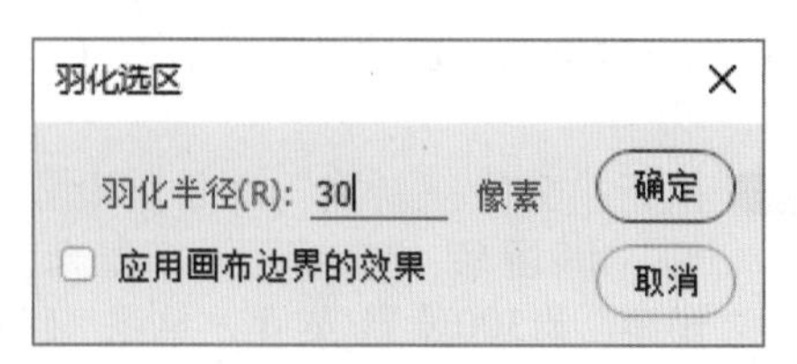

图13-109 设置“羽化半径”

Step 11 新建“红晕”图层，为选区填充红色“#E8390F”，如图13-110所示。

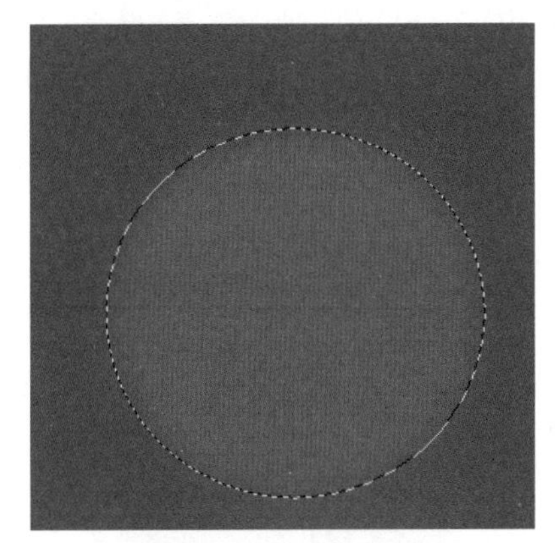

图13-110 为选区填充红色

Step 12 打开“素材文件\模块13\花朵.tif”，拖动到当前文件中，如图13-111所示。

图13-111 拖动花朵图像到文件中

Step 13 更改“花朵”图层混合模式为“正片叠底”，如图13-112所示。

图13-112 更改“花朵”图层混合模式

Step 14 通过前面的操作，得到图层混合效果，如图13-113所示。

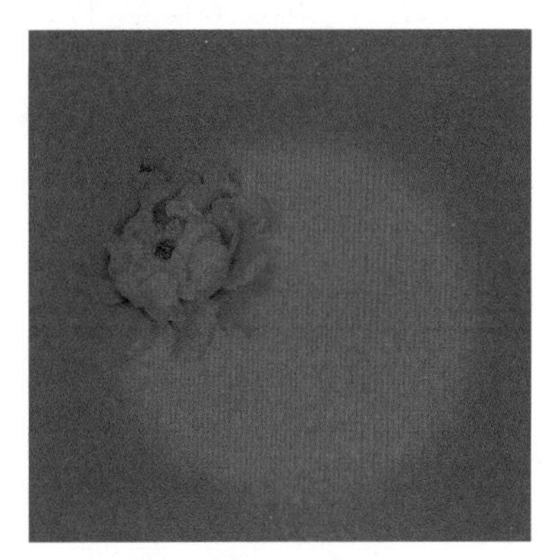

图13-113 图层混合效果

Step 15 复制“花朵”，调整位置和大小，如图13-114所示。

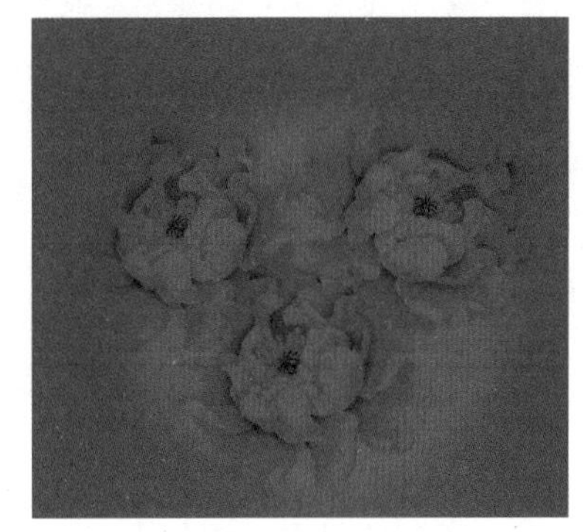

图13-114 复制“花朵”

Step 16 打开“素材文件\模块13\光.tif”，拖动到当前文件中，如图13-115所示。

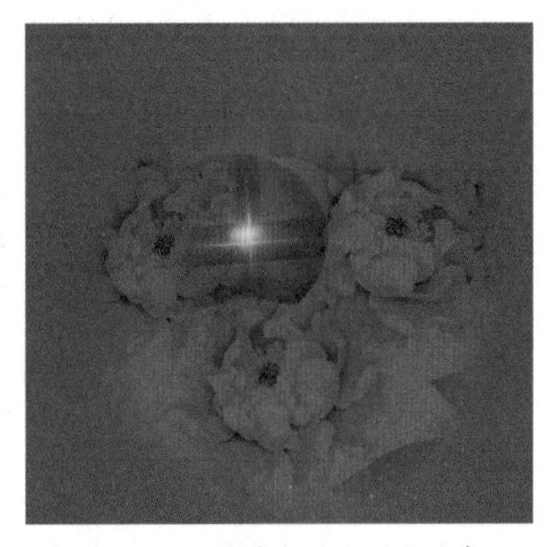

图13-115 拖动光图像到文件中

Step 17 更改“光”图层混合模式为“滤色”，如图13-116所示。

图13-116 更改图层混合模式

Step 18 通过前面的操作，得到光的效果，如图13-117所示。

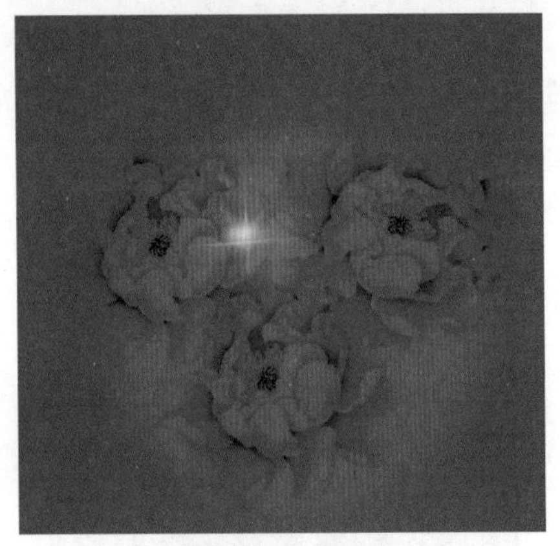

图13-117 光的效果

Step 19 复制多个光图像，调整大小和位置，如图13-118所示。

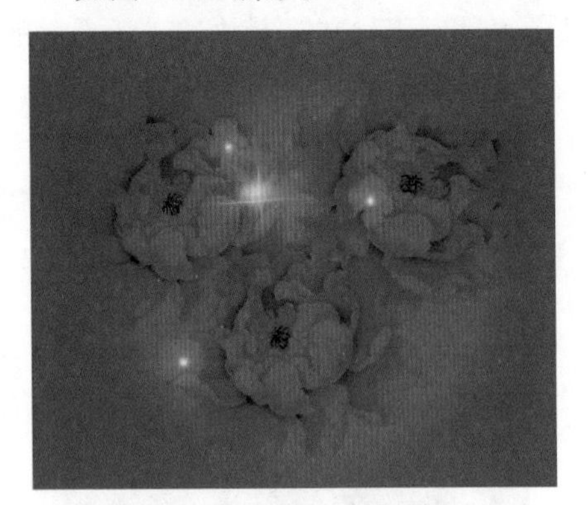

图13-118 复制多个光图像

Step 20 打开“素材文件\模块13\边框.tif”，拖动到当前文件中，如图13-119所示。

Step 21 双击“边框”图层，在打开的“图层样式”对话框中，选中“投影”选项，设置“混合模式”为正片叠底、“颜色”为#8B3B05、“不透明度”为75%、“角度”为90度、“距离”为6像素、“扩展”为9%、“大小”为25像素，如图13-120所示。

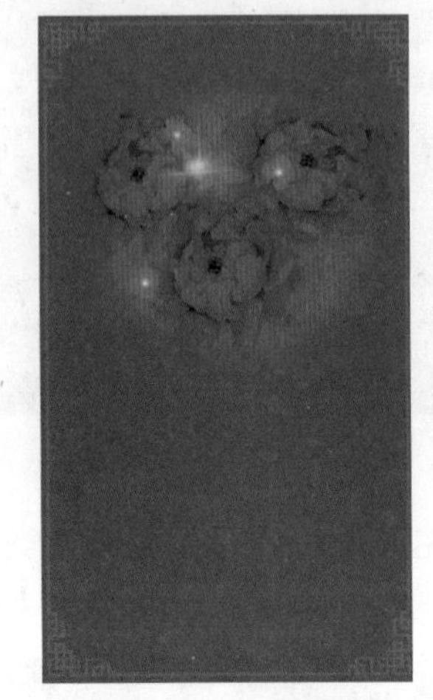

图13-119 拖动边框图像到文件中

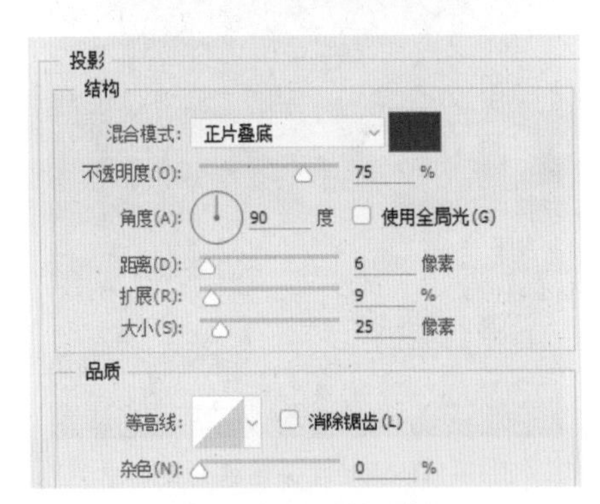

图13-120 “投影”选项

Step 22 通过前面的操作，为图像添加投影效果，如图13-121所示。

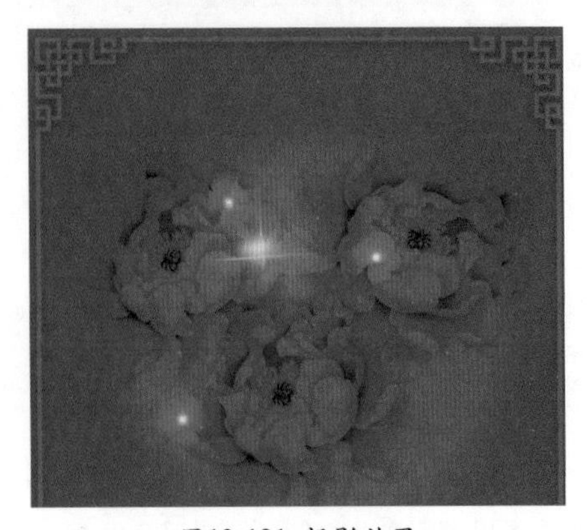

图13-121 投影效果

Step 23 使用直排文字工具 T 输入文字“请柬”，设置“字体”为华文琥珀、“字体大小”为43点，如图13-122所示。

图13-122 输入文字

Step 24 双击文字图层，在“图层样式”对话框中，选中“渐变叠加”选项，设置“样式”为线性、“角度”为90度、“缩放”为100%、“渐变”为橙黄橙渐变，如图13-123所示。

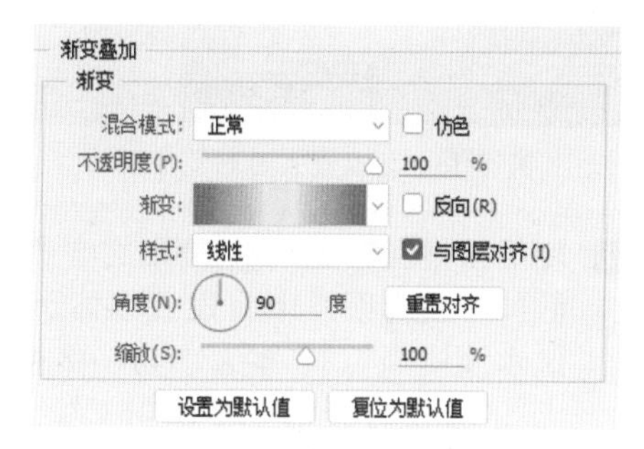

图13-123 “渐变叠加”选项

Step 25 降低“红晕”图层“不透明度”为60%，如图13-124所示。

图13-124 降低不透明度

Step 26 通过前面的操作，得到最终效果，如图13-125所示。

图13-125 最终图像效果

03 鲜奶汇包装效果图

包装是产品的外观，好的包装能够提升产品的档次，接下来制作鲜奶汇包装设计，最终效果如图13-126所示。

图13-126 鲜奶汇包装

Step 01 按“Ctrl+N”快捷键，执行“新建”命令，设置“宽度”为21厘米、“高度”为16厘米、“分辨率”为200像素/英寸，单击“确定”按钮，创建空白文档，如图13-127所示。

Step 02 设置前景色为浅绿色“#ECFCC2”、背景色为绿色“#1B9800”，选择渐变工具[工具图标]，在选项中，单击“径向渐变”按钮[按钮图标]，拖动鼠标填充渐变色，如图13-128所示。

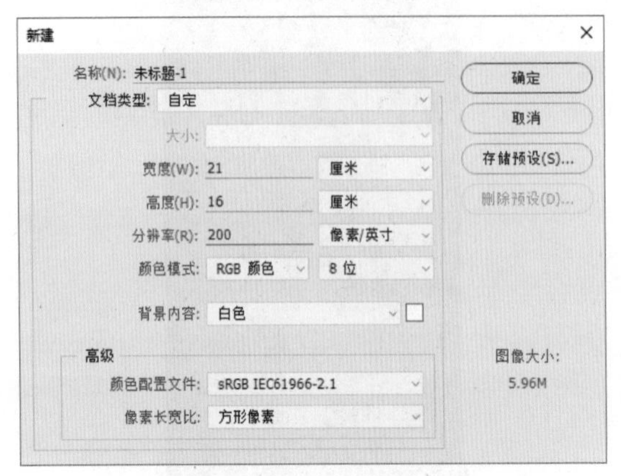

图13-127 “新建”对话框

图13-128 填充渐变色

Step 03 使用钢笔工具[钢笔工具图标]绘制路径，如图13-129所示。

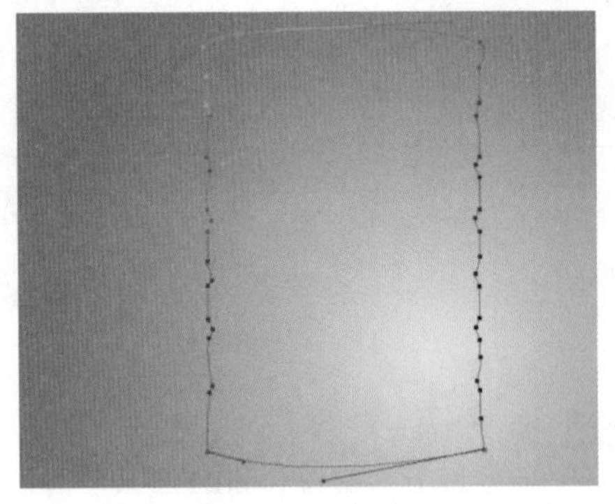

图13-129 绘制路径

Step 04 新建“奶粉罐”图层，按“Ctrl+Enter”快捷键，将路径转换为选区，填充深黄色“#B09452”，如图13-130所示。

图13-130 填充深黄色

Step 05 打开“光素材文件\模块13\效果图.tif ”，拖动到当前文件中，调整大小和位置，如图13-131所示。

图13-131 拖动效果图到文件中

Step 06 使用横排文字工具[T]输入文字“鲜奶汇”。在选项栏中，设置字体为“汉仪水滴体简”、字体大小为“48,40,35点”、颜色为蓝色“#74D0FC”，如图13-132所示。

图13-132 输入文字

Step 07 复制文字图层，栅格化拷贝的文字图层，如图13-133所示。

图13-133 栅格化拷贝的文字图层

Step 08 执行“滤镜→其他→最小值”命令，设置“半径”为10像素，单击“确定”按钮，如图13-134所示。

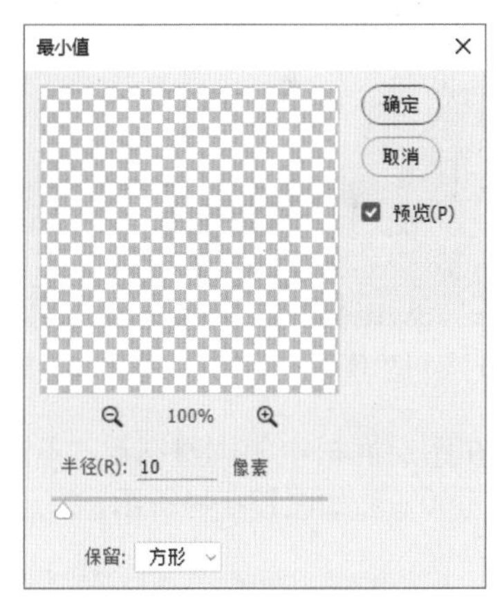

图13-134 设置“半径”

Step 09 通过前面的操作，得到扩展图像效果，如图13-135所示。

图13-135 扩展图像效果

Step 10 在图层面板中，单击“锁定透明度”按钮，锁定图层透明度，如图13-136所示。

图13-136 锁定图层透明度

Step 11 锁定图层透明度后，为图层填充白色，并移动“鲜奶汇拷贝”图层到文字图层下方，如图13-137所示。

图13-137 为图层填充白色并移动

Step 12 双击“鲜奶汇拷贝”图层，在“图层样式”对话框中，选中“描边”选项，设置“大小”为9像素、“描边颜色”为青绿色“#10EEBC”，如图13-138所示。

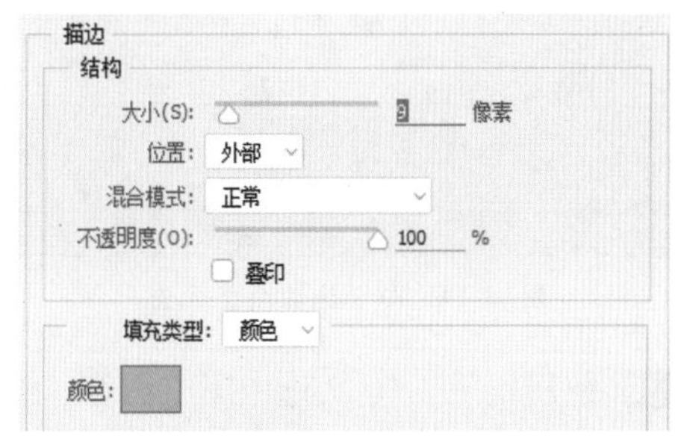

图13-138 “描边”选项

Step 13 通过前面的操作，得到描边效果，如图13-139所示。

图13-139 描边效果

Step 14 打开“素材文件\模块13\菠萝tif”和“草莓.tif”，拖动到当前文件中，调整大小和位置，如图13-140所示。

图13-140 拖动图像到文件中

Step 15 复制奶粉罐图层，向下拖动调整位置，如图13-141所示。

图13-141 向下拖动调整位置

Step 16 使用钢笔工具选中下方图像，载入选区后，按“Delete”键删除图像，如图13-142所示。

Step 17 为图层添加图层蒙版，使用黑白渐变工具修改蒙版，如图13-143所示。

图13-142 删除图像

图13-143 使用黑白渐变工具修改蒙版

Step 18 在图层面板中，调整图层“不透明度”为60%，如图13-144所示。

图13-144 ，调整图层“不透明度”

Step 19 通过前面的操作，得到图像效果，如图13-145所示。

Step 20 创建曲线调整图层，在属性面板中，选择“RGB”复合通道，调整曲线形状，如图13-146所示。

Step 21 在属性面板中，选择“红”通道，调整曲线形状，如图13-147所示。

图13-145 图像效果

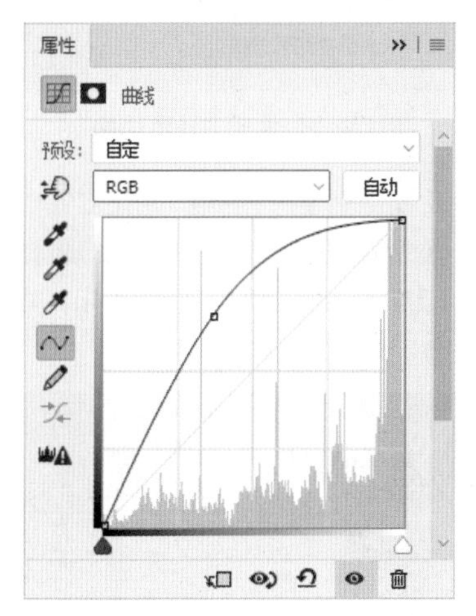

图13-146 整曲线形状

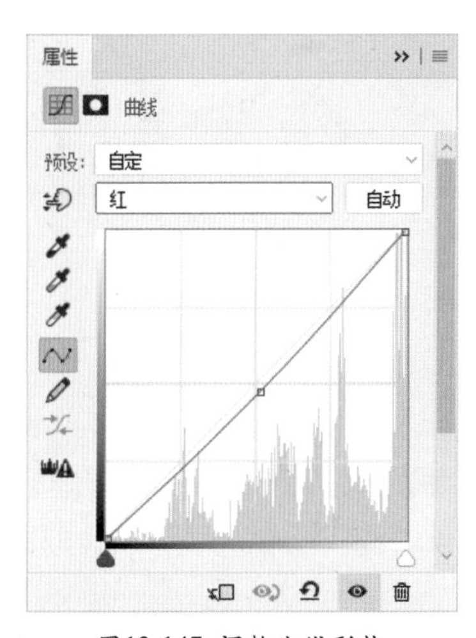

图13-147 调整曲线形状

Step 22 在属性面板中，选择“蓝”通道，调整曲线形状，如图13-148所示。

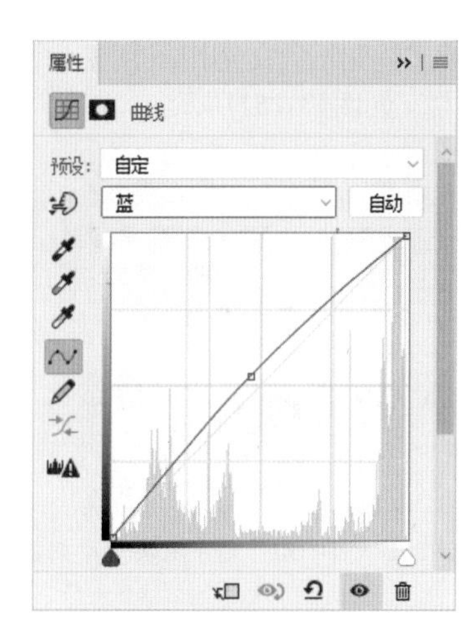

图13-148 调整曲线形状

Step 23 为图层蒙版填充黑色，隐藏曲线调整效果，如图13-149所示。

图13-149 隐藏曲线调整效果

Step 24 使用白色画笔工具在图像中涂抹，绘制出图像的高光，如图13-150所示。

图13-150 绘制出图像的高光

Step 25 将“鲜奶汇”文字图层调整到面板最上方，如图13-151所示。

图13-151 将“鲜奶汇”文字图层调整到最上方

Step 26 更改文字颜色为较深的蓝色“#09ACFA”，如图13-152所示。

图13-152 更改文字颜色

Step 27 使用钢笔工具绘制路径，如图13-153所示。

Step 28 按“Ctrl+Enter”快捷键，载入路径选区，按“Shift+F6”快捷键，执行“羽化”命令，设置“羽化半径”为100像素，单击“确定”按钮，如图13-154所示。

图13-153 绘制路径

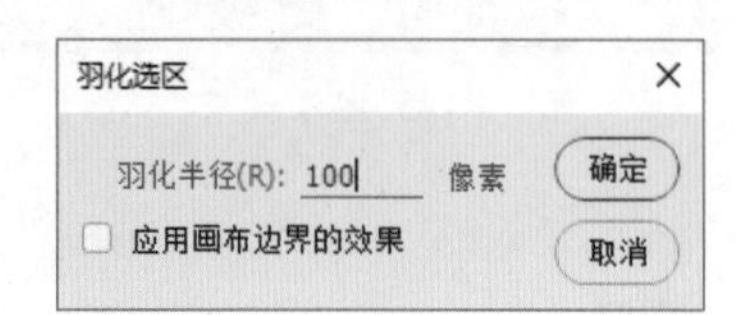

图13-154 设置“羽化半径”

Step 29 设置前景色为橙色“#FCC900”、背景色为黄色“#FEF000”，选择渐变工具，从左到右拖动鼠标，填充渐变色，如图13-155所示。

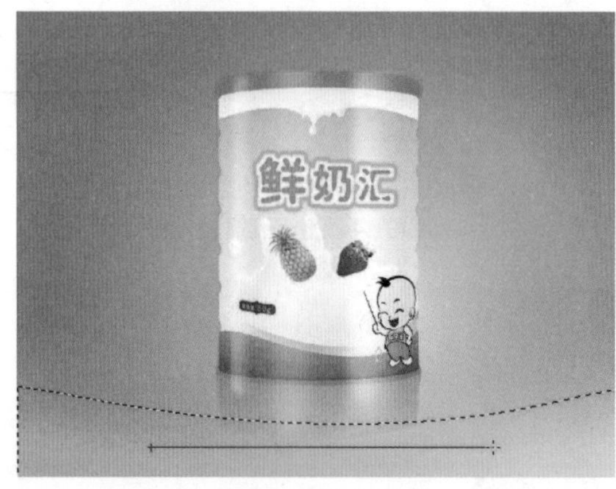

图13-155 最终效果

小 结

本模块为综合案例制作，由4个任务，共9个综合案例组成，包括2个文字特效设计案例（透明塑料字、立体字），2个特效合成案例（水彩人物、火箭猫），2个艺术效果图像制作案例（二次元动漫、彩铅手绘），以及3个商业广告设计案例（健康生活Logo、精美请柬、鲜奶汇外包装）。在制作综合案例效果的过程中，需要融会贯通Photoshop CC中的各种知识和技能，这样就有助于进一步强化读者对Photoshop CC的综合应用能力。